电源工程师研发笔记

U0038900

开关电源工程化设计与实战
——从样机到量产

文天祥　符致华　编著

机械工业出版社
CHINA MACHINE PRESS

本书针对中小功率范围的开关电源，对最为热门的 LED 驱动电源、适配器电源中主流拓扑进行了分析及实际设计，逐步给出了完整的工程化产品研发过程。并从项目管理角度对电源类产品研发生产的整个产品生命周期给出了一般性指导方法，以期给读者提供满足实际设计调试的经验补充。作为一本实践为导向的书籍，本书作者对当前电源的能效标准、安全标准、性能要求做了深刻解读，给读者提供了开关电源产品全流程的设计指导，同时给出了电源设计过程中的一些小技巧。

本书适合刚进入电源设计行业，以及长期工作在电源设计行业的一线工程技术人员使用参考。同样也适合各大院校电力电子、电子信息工程、自动化等专业的师生作为指导教材或是实验课程教材。

图书在版编目（CIP）数据

开关电源工程化设计与实战：从样机到量产 / 文天祥，符致华编著 . — 北京：机械工业出版社，2019.6（2024.12 重印）
（电源工程师研发笔记）
ISBN 978-7-111-62263-5

Ⅰ . ①开… Ⅱ . ①文… ②符… Ⅲ . ① 开关电源 – 设计
Ⅳ . ① TN86

中国版本图书馆 CIP 数据核字（2019）第 049536 号

机械工业出版社（北京市百万庄大街 22 号 邮政编码 100037）
策划编辑：江婧婧　　　责任编辑：江婧婧
责任校对：肖　琳　　　封面设计：鞠　杨
责任印制：单爱军
北京虎彩文化传播有限公司印刷
2024 年 12 月第 1 版第 6 次印刷
169mm × 239mm · 22.75 印张 · 477 千字
标准书号：ISBN 978-7-111-62263-5
定价：135.00 元

序

当今消费性电子产品更新换代越来越快，对供电电源的要求也越来越高，特别是高效、节能、高频、小体积化已成为各电源生产厂商追求的目标。国内从事电源研发设计的工程技术人员基数众多，纵观市面上的关于开关电源设计的书籍，公式繁多且侧重于理论，一定程度上脱离了现行工程技术，让初入门的电源研发人员感到十分困惑，而国外的经典书籍，全英语的内容，阻挡了一部分工程师的学习之路，因为翻译版本难免理解起来会容易产生偏差，对于工程师的指导意义有限。所以，本书的写作是基于作者十多年的一线电源研发设计经验，亲手实测数据及波形，总结实际量产产品中出现过的问题，并提炼出工程化技巧。目的是希望通过本书，能设计出符合安规认证，可靠性高，适合批量生产的电源。毫不夸张地说，这是当今市面上少有的关于开关电源工程化设计的书籍。本书针对中小功率范围，对开关电源领域最为热门的 LED 驱动电源和适配器电源中主流拓扑进行了分析及实际设计，并给出了完整的工程化产品研发过程。最后本书将一些电源设计中的小技巧单独列出进行总结分析，并从项目管理角度对电源类产品研发生产的整个产品生命周期给出了一般性指导方法，以期给读者提供满足实际设计调试的经验补充。

历史总站在巨人的肩膀上前行，本书的写作也一样，在写作的过程中笔者通过翻阅海量行业技术资料，以及大量全球主流电源相关标准条款文档，对当前电源的能效标准、安全标准、性能要求做了深刻解读。通过对全球优秀的技术资料进行引证和解析，同时融入笔者多年实践经验的理解，希望给广大读者提供有价值的参考。由于篇幅所限，本书无法列出所有参考文献，如有需求，请联系笔者。书中全部电路原理图使用软件 Altium Designer 绘制，仿真使用的软件为 LTspice。

知识浩瀚，苦修数载，几易其稿终成本书。本书成稿过程得到多方的支持，好友东莞贝特电子杨培增提供了相关样品进行测试和分析，台达电子徐朋提供部分测试结果，同时特别感谢机械工业出版社电工电子分社的编辑江婧婧，是她统筹协调整个出版进度，并认真进行了校对编排，没有她的帮助，难以完成此书的出版工作。同时对电源领域的前辈，以及各大厂家技术资料的开源奉献一并致谢。

最后，特别感谢爱妻王牡丹女士十多年来的支持、包容和帮助，写作期间适逢小儿的出生，各种辛劳难于言表，没有她在背后的默默奉献，撰写此书的梦想只能束之高阁，儿子的天真可爱也是我努力前行的动力，从他咿呀学语到蹒跚走路再到如今的健步如飞，他的每一步成长既让我感到生命的奇妙，也让我更迫切地希望自己努力学习成为一个越来越好的父亲，希望他将来能看到这本书，并为父亲感到骄傲！

本书适合刚进入电源设计行业，以及长期工作在电源设计行业的一线工程技术人员使用参考。同样也适合各大院校电力电子、电子信息工程、自动化等专业的师生作为指导教材或是实验课程教材。因笔者水平有限，所接触的也仅是电源知识的极小一部分，我们努力为读者提供完整、严谨、易懂的知识体系，但无法避免存在瑕疵，请读者不吝给出意见和建议，邮箱地址 eric.wen.tx@gmail.com，谢谢！

文天祥
2019 年 4 月

作者简介
———— About author ————

　　文天祥，中国电源学会照明电源专业委员会委员，中国电源学会青年工作委员会委员，IEEE 会员。电力电子专业研究生毕业后，十年来一直从事电力电子研发设计工作，历任研发工程师、资深工程师、研发经理、平台架构师等，期间主导研发了多款行业乃至全球领先的产品，销售数量累计达千万级，为所在公司带来了巨大的经济效益。在技术积淀上，在开关电源拓扑、半导体元器件应用、LED 照明电子及系统应用、消费性电子产品可靠性设计等方面有丰富的经验和独到的见解，并在电源设计及应用领域获得多项国际专利。熟悉电子产品项目管理，以及消费性电子产品完整生命流程管控。作为电源学会委员，积极参与行业标准的制定和起草，并多次负责联系国际知名电源专家来中国举办电源类培训事宜，翻译出版电源相关书籍多部，代表性著作如下：

　　1. 译著（唯一译者）： Robert A.Mammano 写作的《Fundamentals of Power Supply Design》，中文版书名：《电源设计基础》，2018 年 10 月出版，辽宁科学技术出版社。

　　2. 译著（唯一译者）： Sanjaya Maniktala 写作的《Intuitive Analog to Digital Control Loops in Switchers》，中文版书名：《开关变换器环路设计指南——从模拟到数字控制》，2017 年 5 月出版，机械工业出版社。

　　3. 译著（唯一译者）： Morgan Jones 写作的《Building Valve Amplifier》（2nd edition），中文版书名：《电子管放大器搭建手册》（第 2 版）2016 年 9 月出版，人民邮电出版社。

　　符致华，IEEE 会员，电子专业本科毕业八年来一直从事开关电源研发设计工作，在开关电源拓扑、半导体元器件应用及消费性电子产品可靠性设计等方面有丰富的经验和独到的见解。主要研发各类开关电源和 LED 照明电子及应用，曾任高级研发工程师、研发经理等职位，负责产品从研发端到量产的整个流程，包括准确的元器件选型、系统失效异常分析和 EMC 的评估，为公司节省的研发成本达几千万元。曾就职于松下电子、欧普照明研发中心等公司。

目 录

第1章

单级功率因数校正（PFC）电路工程化设计

1.1 功率因数（PF）的历史渊源

功率因数（Power Factor，PF）一词，是电源工程师最为熟悉的一个名词，基本上从刚接触电源伊始，就会接触到 PF 这个名词。与之相对应的是，PF 的概念及意义，却是让众多工程师疑惑的问题，不管新手乃至经验丰富的工程师，在此概念上都或多或少存在过困惑。本节希望正本清源，理清 PF 这一概念，同时希望纠正网络上众多资料中错误的概念及表述。

本书的读者至少在如下一些描述中遇到过令他们头痛的问题，很多情况是在面试中被问到，它们看起来是那么理所当然，但实际回答时却无从下手：

问题 1：PF 会大于 1 吗？

问题 2：PF 有负数吗？

问题 3：PF 与电路负载有关系吗？

问题 4：直流电也存在 PF 的概念吗？

问题 5：PF 是表征电源的特性还是表征输入电网的特性？

问题 6：PF 是政府与产品生产者 / 使用者之间的博弈吗？即 PF 代表谁的立场？或者说为什么对 PF 有要求？

问题 7：PF 与电源电路拓扑结构有关系吗？

问题 8：PF 与电源效率有关系吗？PF 高了，效率会提高吗？

问题 9：PF 和总谐波失真（Total Harmonic Distortion，THD）成反比吗？（这一点后面有一小节专门会讨论到）

问题 10：为什么信息技术类设备在 75W 以上会要求"PF"（而目前国内照明类产品却一般在 25W 以上要求"PF"（注意：此处的 PF 都加了引号）？

问题 11：PF 和 PFC（Power Factor Correction，功率因数校正）的混淆（众多资料混淆了二者的概念）？

面对上述这些表面看似简单的问题，我们还是一步步从源头出发，拿起我们曾经忘记过的课本（不需要很复杂的数学理论分析，也不需要很高深的电路理论分析，只需要最简单的电路学或是电工学即可），有些电源行业从业者并不一定系统地学过电路分析等专业课程，但是这不妨碍我们的理解，在这里我们试图以一种较为简洁的方式来说明 PF 这一参数的意义和价值，为后面电源电路设计提供一定的理论基础。注意，本书不刻意去强调理论的重要性，因为本书的宗旨即是一本工程化研发笔记，如果过多着墨于理论分析，那就有悖于本书出版的目的，因为大量的公式和理论分析会让 80% 以上的工程技术人员望而却步，从而造成的结果是，一本书总是翻在前几页，而永远不会看完。在海量知识包围的今天，工程技术人员受到"快餐式"研发流程的影响，让他们花大量的时间在阅读理论分析上有点不太现实，所以在本书里，我们只讲最关键最必要的公式，也会把公式讲透。

图 1-1　功率因数的两个部分

从图 1-1 中可以看到，功率因数包括两个部分，一个称之为相移因数（这里用 $\cos\varphi$ 表示）；一个称之为畸变因数。用数学公式表达为

$$\lambda = \cos\varphi \times \frac{1}{\sqrt{1+\text{THD}^2}} \tag{1-1}$$

注意，在抛出所有的问题之前，读者需要知道的是，PF 的符号是希腊字母 λ，而不是 $\cos\varphi$。

诚如之前所述，读者对公式不太敏感，故我们仍以图形化来表示。

假设：对于从发电装置里出来的电压信号，我们默认将其作为基准，其波形是正弦曲线。在这里，我们定义如下：

相移因数 $\cos\varphi$ 被定义：固定在某一参考点下，电压与电流之间的相位差，即电流与电压不同步，这是从时序上去看，从图 1-2 看到可知，它是有正负向之分的。

$$\text{功率因数（PF）} \lambda = \cos\varphi \times \frac{1}{\sqrt{1+\text{THD}^2}}$$

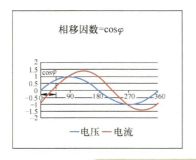 ×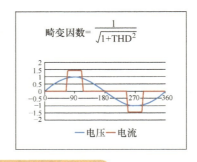

图 1-2　功率因数两个部分的图形化表示

畸变因数被定义为电流与电压的波形形状不同，因为如前面设定，电压为完美的正弦曲线，但电流由于接在电网上的负载不同，导致汲取的电流波形形状与电压波形不同，这是从波形角度来看。

基于式（1-1）我们可以看到，相移因数，其值为 –1~1。而畸变因数永远 ≤ 1，所以我们可以知道 PF 的数值范围为 –1~1，不会超过 1，这即回答了问题 1。同时我们一般是从电网端去观察，所以 PF 同时也反映出设备接入电网后，电网受到的影响程度，所以 PF 是同时反映出电源和电网端的性能。

由于接入电网的负载有各种各样不同的形态，PF 会受到负载的不同影响进而不同，一般有如下三种情况：

1. 纯阻性负载，即负载对相移没有影响，对畸变也不构成影响。典型负载如白炽灯泡，加热器等。

2. 纯无功元件（电容或是电感）负载，这只对相移产生影响，同样对畸变不构成影响。典型负载有电机类负载。

3. 非线性负载，是 1 与 2 的组合，这样即为我们通常见到的情况，这类负载不仅影响了相移，还导致了畸变的产生。典型负载如各类电子产品，如节能灯、电源类产品等。

仍旧以图形化来表征上述三类情况（见图 1-3）。

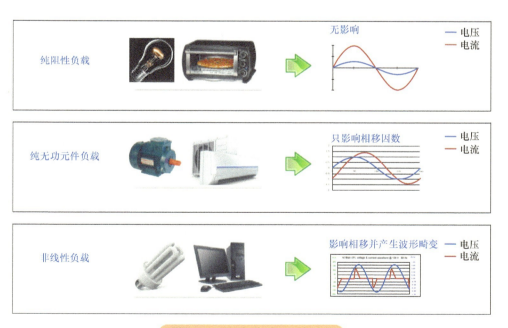

图 1-3　不同负载对 PF 的影响

不同负载下对应的 PF 结果如图 1-4 所示。

$$PF = \cos\varphi \times \frac{1}{\sqrt{1+THD^2}}$$

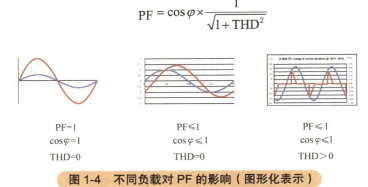

PF=1　　　　　PF≤1　　　　　PF≤1
$\cos\varphi=1$　　　$\cos\varphi\le1$　　　$\cos\varphi\le1$
THD=0　　　　THD=0　　　　THD>0

图1-4　不同负载对 PF 的影响（图形化表示）

当读者看到这里的时候，应该可以回答上面提出的多个问题的其中几个了。

问题 1：PF 会大于 1 吗？

不会大于 1，从数值维度上看，PF 介于 0 到 1 之间，最大为 1，不会超过 1，测量出超过 1 的情况，一般是测试仪器出现了问题或测试方法有误，这里要说明的是，许多低端的 PF 测量仪器，由于受测试准确度和带宽的限制，测出来的 PF 出现超过 1 的情况，这对于输入电流为非标准正弦时，测试结果错误更为明显，所以要尽量选择高带宽（尽量涵盖更多次谐波检测的）仪器来进行 PF（以及 THD）测量。

问题 2：PF 有负数吗？

PF 是可以存在负数的，因为从公式中可以看到，相移这一项，电流如果超前于电压，即为负数，而畸变这一项永远不会为负，这里必须说明下，从本书涉及的产品的角度来看，只考虑 PF 的绝对值，即我们常说的 PF 为 0 或正值，处于 0 到 1 之间。

问题 3：PF 与电路负载有关系吗？

有，上述图 1-4 中可以清楚地看到不同的实际应用负载会影响到 PF。

问题 4：直流电也存在 PF 的概念吗？

不存在，因为 PF 定义是在交流供电系统中，而且是以正弦信号作为参考。

再回到更复杂的两个问题：

问题 5：PF 是表征电源的特性还是表征输入电网的特性？

从定义来看，PF 是电源（或是其他负载）与电网共同依赖存在的一个参数，因为参考量即为电网电压，而从电网汲取的电流（不管大小、相位还是形状）却与负载相关。只是我们现在众多场合，以及众多教科书中将其表达简化了，默认电网及其形态是固有存在，而负载总是变化不可预知的，所以 PF 更多时候是用来表征电源（负载）本身。

问题 6：PF 是政府与产品生产者/使用者之间的博弈吗？即 PF 代表谁的立场？或者说为什么对 PF 有要求？

这是一个很有意思的问题，当各种标准条例出来后，政府（或者说是供电方）对消费者使用的产品 PF 值提出了要求，后面会详细分析当今全球主流市场/国家对 PF 的要求。为什么会出现这样的情况，这还仍然需要我们从 PF 的定义源头上去看。

1.1.1 有功功率、无功功率及其他概念

有功功率：又叫平均功率，因为交流电的瞬时功率不是一个恒定值，功率在一个周期内的平均值称之为有功功率，它是指在电路中电阻部分所消耗的功率，对电动机来说是指它的出力大小，以字母 P 表示，单位为瓦（W）。

无功功率：在具有电感（或电容）的电路中，电感（或电容）在半个周期的时间里把电源的能量变成磁场（或电场）的能量贮存起来，在另外半个周期的时间里又把贮存的磁场（或电场）能量送还给电源。它们的存在，只是与电源进行能量交换，并没有真正消耗能量。我们把与电源交换能量的振幅值叫作无功功率，以字母 Q 表示，单位乏（var）。

视在功率：在具有电阻和电抗的电路内，电压与电流的直接乘积叫作视在功率，以字母 S 表示，单位为伏安（VA）。

而真正用于做功（消耗）的功率我们用有功功率来表示。所以我们经常看到电厂的总装机容量用的是有功功率来表征，也即用来向使用都收费的那部分功率（这里简化概念，仅对民用家庭用电的计费来进行理解），但下面会引出另一个问题：

$$产生的功率 = \frac{消耗的功率}{功率因数} \tag{1-2}$$

$$PF = \frac{P}{S} \tag{1-3}$$

从式（1-2）和式（1-3）可以看到，如果 PF 越低，需要供电方提供的功率就越多，即供电方需要的成本也相应要升高，但是消费者是以进线电表的功率形式（即为有功功率）来支付电费，那问题就来了，低的 PF 导致的无功功率谁来承担。举例说明，一个负载为 400W，由于负载 PF 只有 0.8，那么供电局需要提供的功率为 400W/0.8=500VA，用户只为 400W 的负载交纳电费，而供电方需要提供 500VA 的功率，那多出来的 100VA 谁来承担？这样即出现了供电方，一般也是政府会要求使用者产品 PF 尽量要高，以尽可能地减少无功功率的产生。

外文资料对于功率因数（有功功率、无功功率）有一个类比，将功率三角形（有功功率、无功功率、视在功率）和一杯啤酒进行类比，这个类比极为恰当，如图1-5所示。

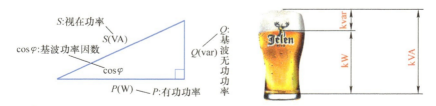

图1-5 功率三角形与啤酒的类比图

而对应于不同功率因数下的情况如图 1-6 和图 1-7 所示。

图 1-6   不同功率因数下对应的啤酒类比

图 1-7   可用 / 浪费的电力与啤酒的类比

"浪费"的电力(无功功率部分)即为这杯啤酒产生的"泡沫"。

当然,电费问题(关系到供电方的设备容量问题)只是这个博弈之中的一部分,如果大量的低 PF 用电负载加在电网上面,其危害还体现在另一个方面,它增加了传输线路的损耗。这里的传输线路,包括从发电机经过输送线缆、配变电站变压器,到终端用户之间的所有线路,线路中消耗的功率见图 1-8。

$$P \ = \ V \ \ \underbrace{\quad I \qquad \lambda}$$

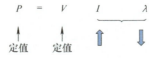

图 1-8   线路中消耗的功率

因为消耗的功率一定,V 即电网的端口输出电压一定,那么传输线上的电流和功率因数成反比,当 PF 降低的时候,那么线路上的电流增加,这是一个很恐怖的事情,因为电流的增加，意味着整个传输线路上的线缆、绝缘材料、变压器都需要更大的电流额定，通俗地来说，即传输线路会因为功率因数的降低而要升级，那么同样增加了成本，而更为严重的是传输配电线路中的损耗，其关系见图 1-9。

$$\left.\begin{array}{l} P_{\text{loss}} = V_{\text{loss}}\,I \\ V_{\text{loss}} = I\,R_{\text{loss}} \end{array}\right\} \quad \Rightarrow \quad P_{\text{loss}} = I^2 R_{\text{loss}}$$

图 1-9　传输配电线路中损耗关系

在这里，P_{loss} 是指线路中的损耗；R_{loss} 为整个路径上的阻抗；I 为线路中的电流；V_{loss} 即为压降。

线缆和导线中总是存在电阻，这样在传输中的损耗如图 1-9 所示，可以看到，损耗与线路电流的二次方成正比，所以提高 PF，可以减少线路中的电流，也可以减少输电线路中的损耗。

在这里我们可以得到关于问题 2 的答案了：

- 低的 PF 用电设备，对供电系统及输电系统存在不利影响。
- PF 与消耗的实际有功功率无关，对终端用电用户不存在影响，因为终端用户只对有功功率付费，即产品消耗的实际功率。

再回到定义：

$$\text{PF} = \cos\varphi \times \frac{1}{\sqrt{1 + \text{THD}^2}} \tag{1-4}$$

那么不利影响产生的原因是因为相移因数还是因为畸变因数，抑或是二者的综合影响呢？

1.1.2　相移因数和 THD 的各自影响

如图 1-10 所示，发电厂产生的高压，经过电力传输变压器，最终供给终端用户使用，其电压范围一般为 220~380V（中国地区）。

注意这里，用电设备产生的谐波 THD 及相移因数 $\cos\varphi$ 会呈现在 220~380V 的电网中，但是谐波却不能够通过电力隔离传输变压器，返回到发电厂，而相移因数却可以。如果是从终端用户来看，二者对消费者都没有影响，即消费者感受不到一个设备的 PF 是高还是低的区别。

图 1-10　配电传送路径中谐波和波形相移的传输

所以这里的结论就很明显了:

1)PF 低只会降低输电以及配送的效率。

2)而电流谐波由于不能通过变压器网络,故对发电系统没有影响。

看起来所有的副作用只由相移因数 cosφ 产生,那么是不是电流畸变根本没有任何副作用?答案是,有副作用,但仅存在于建筑物安装配线过程中。

如下是一简单影响分析。

电流谐波因为不能通过 380V~10kV 的传输变压器,也对绝大多数家用的 220~240V 用电系统也不会产生影响,那么谐波的影响体现在 380V 系统中。

图 1-11 为电流畸变对各个环节的影响。

图 1-11　电流畸变对各个环节的影响

在大型商业建筑中,很多采用的是三相四线供电系统,即低压配电系统中,这种三相四线制系统在工业供电、民用住宅以及城市供电等电力系统中普遍应用。图 1-12 为三相四线的供电电缆实物图。

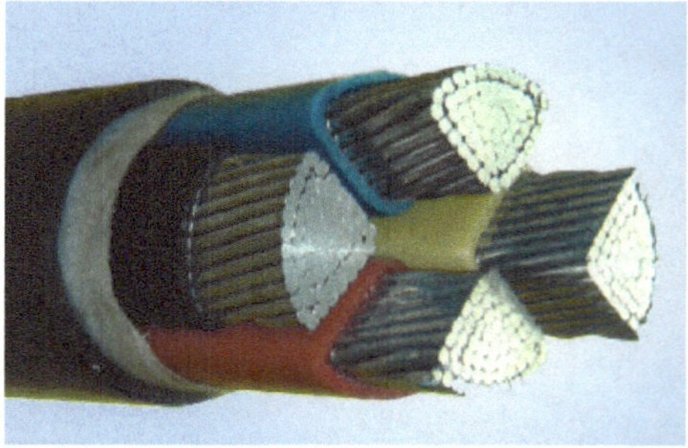

谐波 THD 会影响三相四线制中的中线,具体来说,如果用电设备产生大量谐波的话,只有奇数次谐波才有影响(如 3 次、5 次、9 次、15 次等谐波)。

而中线一般也作为保护性接地,即通常所说的 PEN 接地线,这在大型建筑物的三相 380V 供电系统中广泛存在。

图 1-12　三相四线的供电电缆

所以结果就是,谐波电流会流入到中线上,这样的后果就是导致中线上过热,最终可能导致火灾发生。而正常情况下,由于三相平衡,接地中线上是没有电流流动的。所以,读者看到这里,就知道为什么政府及标准对谐波有要求了。虽然由于奇数次 3 次谐波导致的类似 PEN 接地中线过热问题这种情况发生的概率极低。

下图 1-13 从理论层面分析了三相四线制中谐波的影响。

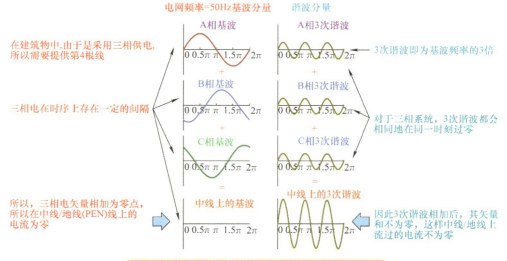

图 1-13　谐波在三相四线制电缆中的叠加效应

可以看到，不为零的中线电流会导致中线或地线过热。

然而畸变的电流可以用不同次数的谐波电流来量化表征，即 THD：

$$THD = \sqrt{\sum_{n=2}^{\infty}\left(\frac{i_n}{i_1}\right)^2} \tag{1-5}$$

这里 i_n 即为第 n 次谐波的幅值，由式（1-5），我们通过归一化计算（相对于基波的大小百分比），可以得到图 1-14 所示的直方图。

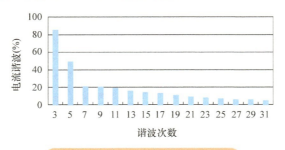

图 1-14　归一化谐波比例直方图

仔细分析上图，可以得到一个比较有意思的结论，即各次谐波的存在是非常有规律的，总的来说，可以分成三组：

1. 奇数 3 次谐波，如 3 次、9 次、15 次等，如前所述，它们的向量叠加对 380V 建筑物供电系统有影响，但不能通过变压器折回到发电厂。但是也可以看到，从 9 次谐波后开始，各次谐波的绝对值非常小以至于影响微乎其微。

2. 奇数非三次谐波，如 5 次、7 次、11 次等，它们没有向量相叠加的情况，而且一般来说其绝对值也很小。

3. 偶数次谐波，从周期函数的傅里叶分解可以看到，它们是不存在的。

最后做一总结，如图 1-15 所示。

		cosφ 变差	THD 变差
	 电厂	需要电厂产生更多的电能，但用户不会为之付费	无影响
	 输送及变电厂	会在线路中产生更大的电流，这需要升级线缆，增加绝缘强度，材料成本增加，同时线路中的损耗也增加	无影响
	 商业建筑工业建筑	无影响	会导致380V三相四线制配电系统中的中线过热
	 消费者	无影响	无影响

图 1-15　相移和 THD 对供电、配电、用电端的影响概览

1.2 现行标准 IEC 61000—3—2 及其他

由于本书侧重的范围为中小功率等级，所以参考的标准也就是现行最为广泛采用的一份关于谐波的强制性标准，也就是 IEC 61000-3-2，随着时间的推移，此标准不断更新，全球各国（包括中国）也通过比照自身的国情，都或多或少在其上进行修正，在这里我们不详述标准的具体内容，仅突出大家可能以前从来没注意到的问题。

1. 此标准为 IEC 61000—3—2Electromagnetic compatibility（EMC）- Part 3-2: Limits - Limits for harmonic current emissions（euipment input current ≤ 16 A per phase），中文即为电磁兼容（EMC）- 第 3-2 部分：限值 - 谐波电流发射限值（设备每相输入电流≤ 16A）。我们本书中所讨论的产品基本上在此标准覆盖的类别范围之内⊖。

可以看到，谐波电流限值是一项电磁兼容（Electro Magnetic Compatibility，EMC）要求，确切地说是 EMC 中的 EMI 部分要求，相信读者通过前面的论述，已经知道了谐波电流过多会影响到什么，所以这是属于电磁干扰（Electro Magnetic Interference，EMI）的范畴。

2. 此标准的适应范围也被限定在以下类别中（具体细节请大家查阅相对应的标准）：

- 除了 C 类设备，额定功率小于 75W 不做要求；

⊖　本书所提及和参考的标准，均是成书前的最新版本，但标准和法规是不断更新的，读者在设计和参考时需要注意当前标准的状态。——作者注

- 大于 1kW 的专业设备不在此要求规定之内；
- 对称受控加热单品功率 < 200W 的不做要求；
- 白炽灯调光器（与白炽灯灯具一起使用时）功率 <1kW 也不做要求。

3. 这个标准中，提到了两个功率等级即 75W 和 25W，以及四类设备 A/B/C/D，注意它们指的是输入功率，而不是实际输出功率。由于现在 LED 照明越来越流行，针对 LED 照明所对应的谐波要求，对 PF 的要求一直处于模棱两可的情况，直到本书写作的时候，即 2019 年，LED 灯以及 LED 灯具的谐波要求都没有统一，后续会有一个专门的章节来解析当今全球主流国家和机构在 LED 照明这方面的要求。

但是 IEC 61000—3—2 作为唯一的指导性标准，这个标准让绝大多数入门级工程技术人员，甚至于安规认证人员有点头痛，因为 A/B/C/D 四类的划分并不是特别明显，举例来说，A 类的典型设备包括一项目是带调光设备的白炽灯，而 C 类设备中却又指定照明设备。所以笔者会予以澄清，特别是本书的工程化指导很大程度上是用于 LED 电源设计和适配器电源设计。

（1）很多工程技术人员乃至一些认证公司的技术人员，一看到照明，特别是 LED 照明就默认地选择 C 类限值。这不一定正确，从 C 类的限值来看适用于照明设备，但如白炽灯调光器就不属于照明设备；其次，C 类的设备也不全是采用 C 类的限值，如带有内置式调光器或壳式调光器的白炽灯灯具属于 C 类的设备，但是限值用 A 类的；有功功率不大于 25W 的放电灯，可以用 D 类设备的限值。

（2）LED 灯（特别是功率小于 25W 的 LED 灯具）既不能当作是白炽灯，也不能认为是放电灯。标准中有功输入功率小于 25W 的要求，但是这些要求不适用于 LED，这就是为什么笔者一直重复说到的 LED 照明标准缺失的问题。将来的标准将包含基于 LED 光源的独立条款，这会在后面章节中单独讨论。

（3）测试时只要按照铭牌上标注的功率分 25W 上下测就可以了。这种看法是片面的，因为照明设备的 PF 相差很大，标准中要求是以有功输入功率来判定不同的限值。目前一些地域性标准或是招标性规范中开始对其进行了细分处理。

对于 D 类设备我们就很清楚了，即常规的信息技术类设备，如个人电脑、平板电脑、电视等。其功率≤600W，这样我们电源研发人员平常设计的适配器一般是属于此类。

综上，此标准的要求，即对 40 次以内的电流谐波提出要求，由之前的直方图（见图 1-14）可以看到，谐波次数越高，其绝对分量 / 有效分量也越来越小。

读者还会问，为什么有两个界限，75W 和 25W，这个笔者查阅了大量的资料，并没有得到一个统一认同的说法，但从查证的资料来看，都指向一个事实就是接入电网中此类设备中的数量，输入功率 < 75W 的设备不在此标准要求之内，是考虑到标准定义之时，IEC 61000—3—2 第一版发布于 1995 年，由于当时电气设备的效率低下，可能存在用电设备普遍功率较高的情况，故 75W 是作为一个分界点而提出来。

但是照明设备却定义在 25W 为分界点，基于前面的推论，足够的调研数据表明，照明占全球所有用电设备中消耗能源的 20% 左右，数量庞大，一幢楼宇里用的照明设备成千上万，故 IEC 61000—3—2 单列一类给照明设备，同时将谐波的限制功率分界要求也降低到 25W。

　　还需要提及一点，标准这里定义的都是电流谐波 THD，没有涉及相移因数（可以参考后续章节）。

1.3　PF 与 THD

PF（有的也用 λ 表示）和 THD 的关系，我们重写公式如下：

$$\lambda = \cos\varphi \times \frac{1}{\sqrt{1+\text{THD}^2}} \tag{1-6}$$

　　将此公式通过作图得到如图 1-16 所示（通过具体的实例取点可以得到），坐标轴为 THD 和相移因数，得到不同的条纹区间即为 PF 值的区域范围。

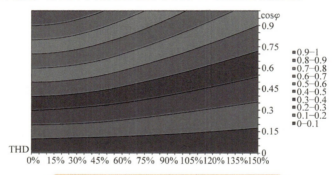

图 1-16　相移因数和 THD 综合影响（1）

　　当 PF 为 0.5~0.6 的时候，以及 PF 为 0.9~1 的时候，两个区域如图 1-17 所示，这两个区域即为目前中小功率用电设备的典型 PF 值。

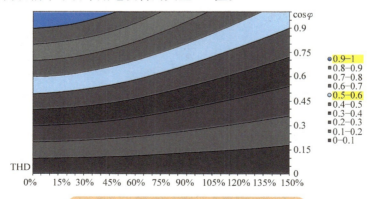

图 1-17　相移因数和 THD 综合影响（2）

　　再深入下去，我们取两个点，如在 PF=0.5~0.6 的区间里选一个点，在 PF=0.9~1 的区间里选一个点，如图 1-18 所示，可以得到：

PF = 0.55，THD = 120%，$\cos\varphi$ = 0.86

PF = 0.90，THD = 20%，$\cos\varphi$ = 0.92

有意思的问题来了，两个 PF 值相差很大，但其实相移因数并没有太多的差异，而影响 PF 的却是 THD，从 20% 变化到 120%。

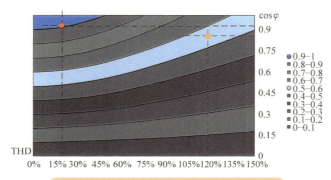

图 1-18　相移因数和 THD 综合影响（3）

同样，也可以用 MATHCAD 工程计算软件来做出这一个关于三维关系图，如图 1-19 所示。

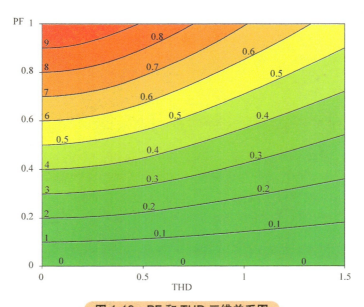

图 1-19　PF 和 THD 三维关系图

如果固定相移因数，这个隐含项通常也被大家忽略掉了，同样我们可以得到 PF 与 THD 的关系如图 1-20 和图 1-21 所示。

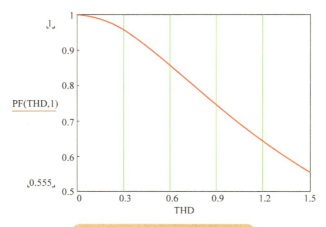

图 1-20　PF 和 THD 综合影响

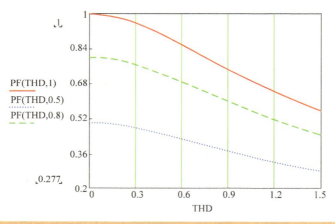

图 1-21　PF 和 THD 综合影响之相移因数为 1、0.5、0.8 时 THD 和 PF 的关系

　　到这里了，我们可以清楚地看到，正是由于不同 PF 之间的相移因数差异化不大，而 THD 占主导，所以现在的开关电源设计书籍中，都选择性地"忽略"了相移因数这项，即提高 PF 一般变成了减少 THD，这也与 IEC 61000—3—2 标准的定义一致。所以很多场合下，PF 默认与 THD 画上了等号，这也误导了一些工程师。

1.4 信息技术类和 LED 照明产品现行标准关于 PF 的要求

　　在这里，笔者需要梳理一下现行标准对于 PF 的要求，第一类，即 IEC 61000—3—2 的 D 类设备，由于目前消费性电子产品的电源效率越来越高，所以 75W 以下的设备也开始有意识往高 PF 值方向设计，但目前还没有看到正式标准有发布此类要求。不过，从长远来看，信息技术类电源的用量也很大，从常规电脑到手机充电器，再到家电类等，品类众多，未来能预计到此类设备对于功率因数的要求应该会加强。

回归到 LED 照明类，因为 LED 照明设备这几年呈指数式增长模式，但由于 LED 灯具其光效之高，而很大一部分 LED 灯，如球泡、LED 灯管等其功率又在 25W 之下，这样井喷式的 LED 灯具对各国及标准都提出了挑战。在这里，笔者只考虑 LED 照明市场比较成熟，且标准规范化的地区。因为中国地区的标准基本是参考欧洲标准，但是由于标准的演进过程很缓慢，目前仍没有统一的要求，反而是存在大量参差不齐的地方标准和企业标准。

在截止本书写作完稿之时（2019 年），能源之星正式发布了灯泡 V2.1 版本（发布时间为 2017 年 6 月），见表 1-1。

这份资料是作为 LED 灯泡类（注：能源之星只覆盖部分 LED 照明产品，具体细节请读者查阅相关文件）生产厂家其产品进入美国地区的指导文件，但是这份报告远远没有包括所有的 LED 灯。

表 1-1　能源之星灯泡 V2.1 版本中对于 PF 的要求

功率因数，所有灯（输入额定功率≤ 5W 除外）

灯类型	能源之星要求	测量方法 / 参考文档	补充测试指导
紧凑型荧光灯	每种型号的灯，其功率因数值需要≥ 0.5	ANSI C82.77-10-2014 测试方法或 DOE 关于紧凑型荧光灯的测试流程	样本数量：每个型号 10 个灯，如果没有特别说明，5 个灯底座向上，5 个灯底座向下
固态照明	输入功率≤ 10W 的定向灯，功率因数值≥ 0.6　其他功率值，功率因数值≥ 0.7	ANSI C82.77-10-2014 测试方法或 DOE 关于紧凑型荧光灯的测试流程	测试需要在额定输入电压下进行报告值是测试值四舍五入取整后的平值

能源之星发布的灯泡 V2.1 版本于 2017 年 10 月 1 日正式取代之前的版本，其对于功率因数的要求可以看到，5W 以下的灯泡具有豁免权，即不需要考虑功率因数，所以电路设计中可以使用成本很低的电路。

对于 5W 以下的灯仍不做要求，5~10W 的灯要求功率因数≥ 0.6, 10W 以上要求功率因数≥ 0.7。考虑到产品的偏差，PF 的值可以允许有 ±5% 的波动。值得注意的一个细节就是，北美的电压范围是全电压 120~277V 输入，表面上看来，在全电压下满足 PF 一定值有难度，但实际上灯泡类产品的输入电压一般相对固定，很多是 120V 的输入，所以这个 PF 标准在能源之星中并不是太严格，所以一般都能够满足。另外，可以看到，能源之星灯泡 V2.1 版本中对于 LED 照明产品，没有细化条款，比如 THD 或是相移因数，正是由于这个原因，现在很多美国的 LED 灯泡类产品采用的电路导致 THD 高达 40%~50%，但仍然能满足能源之星的要求。

正是因为能源之星并没有包含全部的 LED 灯类别，其中很大的一类就是 LED 灯管，用来代替原来的荧光灯管，包括 T5、T8、T10、T12 等，所以作为能源之星的补充，另一个机构 Design Lights Consortium（即 DLC），其对 PF 以及 THD 有明确的要求，如下是最新的要求（截止本书撰写时，2018 年 6 月，DLC 发布了 V4.4 版本的要求），见图 1-22，其中明确提到 PF ≥ 0.9，THDi ≤ 20%，这也算是一个比较明确的要求。

Power Factor and Total Harmonic Distortion:

In addition to the specific requirements above,all DLC-qualified luminaires must have a power factor of ≥0.9,and a THDi of ≤ 20%.This applies to every category listed in the above Technical Requirements Table V4.4 .Qualified products must meet the requirements in their worst-case loading conditions.

功率因数及总谐波失真要求

除了以上特别要求以外，DLC 认证的灯具必须满足功率因数≥0.9，THDi≤20%。此要求适应于DLC V4.4中所列出的所有类别的灯具。符合认证的产品必须在最恶劣负载情况下仍然要满足此项要求。

图 1-22　DLC V4.4 对于 PF 的要求（英文原文和中文对照）

这里还补充了一句细节，PF 和电流 THD 必须在最恶劣负载情况下仍然要满足要求，这样意味着对于可变功率的 LED 灯来说，这需要测得各种不同的负载条件。而同样考虑到产品的容差，DLC 标准同时给出了误差的范围，其中对于 PF 可以允许最小为 0.87，而 THD 最大可以到 25%。DLC V4.4 对于 PF 和 THD 等的误差要求见表 1-2 和表 1-3。

表 1-2　DLC V4.4 对于 PF 和 THD 等的误差要求 1

性能参数	误差
光输出	±10%
灯具光效	−3%
CCT	由 ANSI C78.377-2105 规定
CRI	−2
功率因数	−3%
输入电流总谐波失真	+5%

表 1-3　DLC V4.4 对于 PF 和 THD 等的误差要求 2

公制	需求	公差	实际需求
功率因数	≥ 0.9（≥ 90%）	−0.3（−3）	≥ 0.87（≥ 87%）
THD	≤ 20%	+5%	≤ 25%

值得说明的是，DLC 对于 PF 和 THD 的误差进行了说明：对于任何以百分比为测量单位的性能指标，相应的公差以百分比形式表现。例如，≥ 0.90（即≥ 90%）的功率因数有 −3% 的公差，也就是功率因数必须≥ 0.87（即≥ 87%），即最终的范围要求如下。

再看欧盟的要求，现行的欧洲能效标准是 ErP 指令，ErP 对于 PF 的要求见表 1-4。

表 1-4　ErP 对于 PF 的要求

类　别	要　求
对集成控制器的灯功率因数（PF）要求	额定功率 $P \leqslant 2W$，无要求 $2W <$ 额定功率 $P \leqslant 5W$，$PF > 0.4$ $5W <$ 额定功率 $P \leqslant 25W$，$PF > 0.5$ $P > 25W$，$PF > 0.9$

　　从这里可以看到，欧盟 ErP 指令对此划分得更为细节，从 2W 以上即开始对 PF 有要求。正是由于 LED 灯具的种类繁多，在这里是很明显地细分出来了。

　　注意到，能源之星、DLC、ErP 对 PF 的要求都是针对灯（即集成了电源驱动的一体化设计），而不是驱动电源的要求，这样对于那些生产电源或是驱动的厂家而言，还只是有 25W 和 75W 的两个大的门槛要求。中国质量认证中心 2014 年颁布了一份 CQC 3146—2014《LED 模块用交流电子控制装置节能认证技术规范》，这是目前国内唯一一份驱动电源申请 CQC 认证的要求，且于 2017 年 11 月更新到 CQC 3146—2017，其中对于 LED 模块控制装置中 PF 以及效率的要求见表 1-5，CQC 还是非强制性的，所以仍有使用低功率因数电源放在灯具里的产品存在，这个问题最直接的影响就是，对于灯具组装厂家而言，如果选择了比较低端的 LED 驱动电源来适配 LED 灯，然后成品出售时，面临着一定的认证失败的风险。

表 1-5　CQC 中对于 LED 模块控制装置中 PF 以及效率的要求

控制装置类型	标称功率	节能评价值	线路功率因数
非隔离式	$P \leqslant 5W$	84.5	
	$5W < P \leqslant 25W$	89.0	0.80
	$25W < P \leqslant 55W$	92.0	0.85
	$P > 55W$	92.0	0.95
隔离式	$P \leqslant 5W$	78.5	
	$5W < P \leqslant 25W$	84.0	0.80
	$25W < P \leqslant 55W$	88.0	0.85
	$P > 55W$	90.0	0.95

　　前面的内容可以看到，PF 总是与其两个部分同时存在，现在的绝大多数标准都是笼统的给予 PF 一个具体数字化的要求，有没同时对 PF 两个维度都给予要求的情况呢？答案是肯定的，笔者通过查阅资料，发现在标准 IEC 60969—2016《Self-ballasted compact fluorescent lamps for general lighting services - performance reuirements》（2016 年 V2.0 版）中，分别提及相移因数和 THD 这一要求，并给出了推荐要求值（见表 1-6），这是唯一一份对 PF 的两个维度都做出要求的一个标准。

　　重写 PF 的公式及两个部分如图 1-23 所示。

表 1-6   标准 IEC 60969 中对于相移因数的推荐性要求

J.2 对于相移因数的推荐值

计量标准	$P \leqslant 2W$	$2W < P \leqslant 5W$	$5W < P \leqslant 25W$	$P > 25W$
$K_{displacement}$（$\cos\varphi_1$）	无要求	$\geqslant 0.4$	$\geqslant 0.7$	$\geqslant 0.9$

注：此值仅为实际样品测量值，仅作为指导。

$$\lambda = K_{displacement} \cdot K_{distortion}$$

$$K_{displacement} = \cos\varphi_1$$

$$K_{distortion} = \frac{1}{\sqrt{1 + THD^2}}$$

$$\lambda = \frac{\cos\varphi_1}{\sqrt{1 + THD^2}} \qquad THD = \sqrt{\sum_{n=2}^{40}\left(\frac{I_n}{I_1}\right)^2}$$

图 1-23   功率因数的两个部分以及 IEC 61000—3—2 中 THD 的计算方法

从标准表述来看，所有的值仅为实际测试值，仅是给出参考，所以实际产品可能仍然不会遵守此值，因为单纯的测试相移因数需要一定的测试技巧，相角 φ 定义为输入电压和输入电流一次谐波（基波）之间的相位差。

所以，对于欧洲的照明类设备，综合一起，可以得到表 1-7。

表 1-7   欧洲照明类设备对 PF 的要求

指标	不同功率下的限值			
	$P < 2W$	$2W \leqslant P \leqslant 5W$	$5W < P \leqslant 25W$	$P > 25W$
$K_{displacement}$（$\cos\varphi_1$）	无要求	$\geqslant 0.4$	$\geqslant 0.7$	$\geqslant 0.9$
$K_{distortion}$（IEC 61000—3—2）	无要求	无要求	条款 7.3b	条款 7.3a

1.5 产品真的需要这么严格的 PF 要求吗

由上面的分析可以知道，标准对照明类产品 PF 的要求越来越严格，如额定功率 2W 以上就要求，但是我们不禁要问，照明类产品真的需要这么严格的 PF 要求吗？标准制定者（一般是国家利益代表方）每提出一个标准要求，产品生产商就需要认真应对。但实际上我们分析电网以及用电负载的情况，可以得到一个非常有意思的结论。

因为，工业用电的场合，作为动力负载的 99% 是感性负载，导致电流相位滞后于电压相位而使得 PF 值低下，但很多时候一般会采用加入容性电抗器进行补偿以提高功率因数。而 LED 照明设备，如果不加 PFC 电路的话一般 PF 在 0.5 左右，整流桥后存在大电容，电源呈容性（当然，对于一些单级 PFC 电路，也不存在大电解电容）。可以这样想象一下，如果感性负载场合采用低 PF 的 LED 灯，那么 LED 灯存在的固有容性刚刚好可以和电路上的感性相互抵消使得整体电路 PF 值得到提升，主要的原因是本身感性电路上电流波形相对滞后，之后又加入有容性的 LED 灯，使得电压波形也滞后，结果就是使电压相位和电流相位又接近一致，达到最佳的效果，这是一种阴差阳错的"互补"过程。

　　PF 的两个影响因子为相移因数和 THD，先看相移因数。

　　相移因数是一个矢量，所以感性和容性的低相移因数在一定程度上可以抵消，如图 1-24 所示。

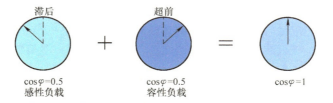

图 1-24　理想情况下，容性负载和感性负载的相移因数相抵消

　　而电网中基本上是呈感性，所以容性设备的存在一定程度上能够补偿 PF。实际负载情况是感性负载与容性负载的叠加，如图 1-25 所示。

图 1-25　实际负载情况是感性负载的与容性负载的叠加

　　其实 THD 也是一个矢量，不同次的谐波也在一定程度上会相互抵消掉。

　　所以这里本书给出的一个观点是：除非所在电网只有同一种负载使用，如电网此时的负载全是低 PF 的 LED 灯具产品或是其他低功率因数的产品，这时才对电网质量有影响，不然的话，电网中的混合性负载可能会"意外"地抵消掉相移因数、THD 的不利影响。当然，如果在局域区间里，如一个学校或是一个办公室，这种密集使用照明设备的场合，而又没有其他感性负载时，这仍然会造成一定的问题，本书后续章节会介绍一个实例来说明这种情况。

　　其实，高 PF 的设备并不是都代表着高质量和高可靠性，这是因为一些高 PF 产品需要更复杂的电路设计，更多的电子元器件，而更多的元器件则会导致可靠性降低，产品成本升高，寿终时产生更多的电子废弃物，从这一点来说，与大家常知的概念有点矛盾。但大家可以释然的是，因为工程师面对的是产品设计，仍然是以技术为导向，复杂的电路设计能够有助于工程师了解更多的技术知识，然后才是系统层面的考虑。

1.6 PF 与 THD 优化的工程化方法

在具体介绍解决方案前这里还是先理清概念，功率因数校正（Power Factor Correction，PFC）是一种方法，或者说是一种途径来提升 PF，改善 THD。它与 PF 是不同的概念。把 PFC 说成是 PF，或是反过来都是不对的，实际上现在许多设计资料，网站内容介绍等都在混用这两个概念。

LED 照明驱动电源以及适配器类电源的广泛推广和使用，在其不断演进过程中涌现了许多提高 PF 的方法，来满足不同的标准规范。其实，荧光灯，特别是紧凑型自镇流荧光灯（CFL）已经使用了有几十年之久，其电路中有一些简单的 PFC 电路已经得到广泛使用，如表 1-8 是小功率 CFL 中用得最多的几种电路。而对于 LED 照明发展的前期，在许多低成本电路中也得到了广泛使用。注意，这里采用的 PFC 电路均为无源校正方式，随着 LED 照明专用芯片（ASIC）的广泛发展，芯片成本也日益下降，所以目前主流 LED 灯具已开始采用 ASIC 来实现有源 PFC。但为了信息资料的完整性以及电路的历史溯源，这里仍就照明中常用的无源 PFC 做一些简单的分析。

表 1-8　常用无源 PFC 方法一览

比较	低 PF	高 PF	高 PF	高 PF
	整流电路	填谷电路	电荷泵	填谷 + 电荷泵
PF（λ）	$0.55 \sim 0.60$	$0.85 \sim 0.92$	$0.90 \sim 0.95$	$0.90 \sim 0.98$
THD	$\geq 120\%$	$\geq 40\%$	$25\% \sim 30\%$	$18\% \sim 25\%$
相移因数 $\cos\varphi$	~ 0.86	~ 0.90	~ 0.90	
成本上升		$10\% \sim 15\%$	$15\% \sim 20\%$	$20\% \sim 25\%$
总结		最便宜，THD 高，PF 也难达到 0.9	PF 值和 THD 都能满足标准，但电路可靠性差，且不能满足大功率的电源要求	最佳，但成本最高，设计复杂

可以看到，填谷式高 PFC 电路，简单的方式可以实现 0.85 以上的功率因数，而 THD 却高达 40%，不难发现，这个正可以满足 1.4 节所介绍的能源之星灯泡中的要求，这也是在 2010 年左右，大量 LED 球泡灯、荧光灯等小功率产品广泛采用填谷式 PFC 电路的原因。

传统桥式整流与大容量电解电容滤波电路如图 1-26a 所示。由于只有在 AC 线路电压值高于电容（C1）上的电压时才会有电流通过，致使 AC 侧的输入电流 I_{AC} 发生严重失真，电流导通角仅约 60°（这取决于输出负载等因素），如图 1-26b 所示，从 60° 到 120°，从 240° 到 300°。这样的结果就是：输入电流发生严重畸变，导致线路功率因数很低，大概 0.4~0.6，同时谐波电流值很大，如 3 次谐波达 70%~80%，总谐波失真（THD）达 120% 以上。这种电路在目前的手机充电器等小功率（5W、10W 这样的手机充电器），以及 75W 以下充电器、电源适配器中大量存在。从图 1-26 可以看到，尖窄的导通角会导致较大的 THD，所以自然地就会想到让电流导通角增大，这样就有了填谷式（也称之为逐流电路）的提出。

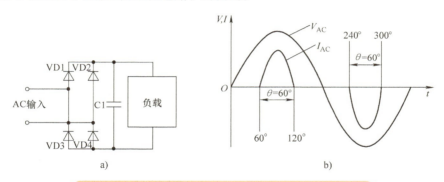

图 1-26　桥式整流滤波电路及其输入电压与电流波形

1.6.1　填谷式 PFC 电路

填谷式功率因数校正电路（Valley-Fiu PFC），如图 1-27 所示，基本型填谷式无源 PFC 电路的输入电流波形见图 1-28，注意，电容和二极管的方向可以调换。此电路最初由 James J.Spangler 于 1988 年提出，并于 1991 年 12 月发布于 IEEE（http://www.spanglerprototype.com/pfc/IAS_1991_PFC_Techniues.pdf），开始用于荧光灯电子镇流器中，随后得到一些改进并被广泛使用，其改进型电路如图 1-29 所示。

图 1-26a 中的电容 C1，若用图 1-29a 所示的三个二极管（VD5、VD6 和 VD7）和两个等值电容 C3 与 C4 来替代，则可以大大地改善输入电流的失真。由 VD5 ~ VD7 和 C3 与 C4 组成的填谷式无源 PFC 电路，在 AC 线路电压较高时，由于二极管 VD6 的接入，电容 C1 和 C2 以串联方式被充电。只要 AC 电压高于 C3 和 C4 上的电压，线路电流将通过负载。一旦线路电压幅值降至每个电容上的充电电压 [$V_{AC(PEAK)}$/2] 以

下，VD6 则反向偏置，而 VD5 和 VD7 导通，C1 和 C2 以并联方式通过负载放电，此时 AC 电流不再向负载供电。这种不完全滤波填谷电路的输出电压（V_o）波形呈脉动形状，极不平滑，但工频输入电流却得到修整，导通角达 120°，即从 30° 增加到 150°，从 210° 增加到 330°，如图 1-29b 所示，这是比较理想的波形图，实际上的输入电流波形远没有这么好看。

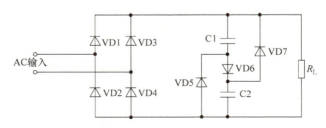

图 1-27 无源 PFC 电路之填谷电路

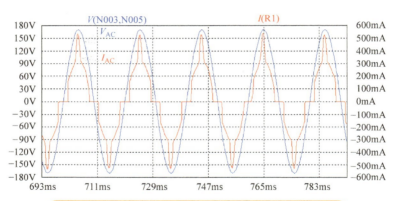

图 1-28 基本型填谷式无源 PFC 电路输入电流波形

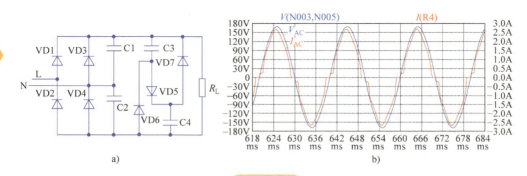

a)

b)

图 1-29

a）改进后的填谷式 PFC 电路（Spangler 和 KitSum）

b）改进后的填谷式 PFC 电路的输入电流的波形

简单地说，就是串联充电、并联放电，其简化等效图如图 1-30 所示，红色即为充电方向，可以看到此时是两个电容作为串联在充电，而放电的时候，由于 C1 和 C2 容值相等，它们都充到了 $V_{in}/2$ 的电压，并以这个电压作为并联的方式进行放电，如图 1-30 中绿色线所示。

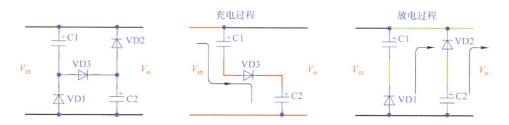

图 1-30 无源 PFC 电路简化等效电路，以及充放电路径（C1=C2）

但此填谷电路存在几个严重的缺陷：

1. DC BUS 总线的电压波动太大，对于后端控制器来说，即占空比变化范围太大，需要留下足够的设计裕量来考虑这个情况，因此，这个电路也不适用于全电压范围下的电源设计。

2. 此电路不太适用于降压型电路，举例来说：比如 220V 的 AC 整流滤波后是 310V 左右的 DC，电容串联充电，每个电容器分得的电压大概是 155V 左右，然后并联放电也是 155V 左右，所以降压电路的输出电压必须小于 155V，这样在某些场合效率等影响过大。

3. 此电路仍然不能很好地满足 IEC 61000—3—2 C 类的要求，所以改进型电路中会在中间二极管处加入电感或是功率电阻，这有助于减少 THD，但是损耗会增加。文章（http://www.spanglerprototype.com/pfc/IAS_1991_PFC_Techniues.pdf）中也提到了加入电感以及电阻对 THD 的改善。

1.6.2 电荷泵 PFC 电路

21 世纪 90 年代至今，由于节能型荧光灯的普及，越来越多数量的节能灯具被安装，为了实现真正的绿色电光源，高功率因数的电子镇流器得到发展，但随之价格逐渐成为主导因素，电荷泵功率因数校正（Charge Pump PFC）电路由于其成本低廉而大行其道，慢慢发展出来有电压源电荷泵功率因数校正（VS-CP PFC）、电流源电荷泵功率因数校正（CS-CP PFC）电路和输入电流连续型电荷泵功率因数校正（CIC-CP PFC）电路三种主要电路结构。

电压源电荷泵功率因数校正电路如图 1-31 所示，其由高频电压源为泵电容提供基准电压，当输入电压高于电容电压和高频电压源的和时，输入电流给电容充电；当高频电压源和电容电压的和高于直流母线电压时，电容放电。这样输入电流不直接给滤波电容充电，改善了输入波形，提高了功率因数。这种电路结构简单，实现容易，但是开关应力较大，目前这种电路已经应用于电子镇流器和开关电源中。

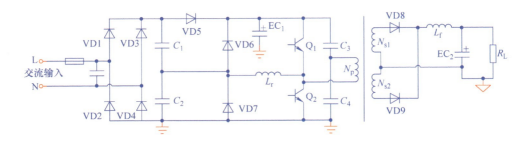

图 1-31 VS-CP PFC 电路

电流源电荷泵功率因数校正电路如图 1-32 所示，其利用高频电流源实现功率因数校正的功能。当输入电流小于高频电流源的电流时，泵电容充电；当输入电流高于高频电流源的电流时，泵电容放电。该电路开关应力较小，但是在一般电路中，幅值恒定的高频电流源不易实现，这种电路多用于电子镇流器电路中。

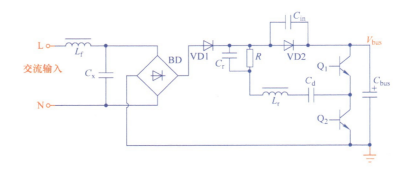

图 1-32 CS-CP PFC 电路

输入电流连续型电荷泵功率因数校正电路如图 1-33 所示，其由一个电感和高频电流源结合来实现功率因数校正的功能，其基本原理和电流源电荷泵功率因数校正电路相似。这种电路性能优良、开关应力小。但是电路较复杂，实现高功率因数的条件也比较苛刻，在一般的电路中很难实现，通常要借助于计算机仿真来调节电路参数，实现高功率因数。但是这种电路在电子镇流器电路中也有应用，具体可以参考后面的参考文献。

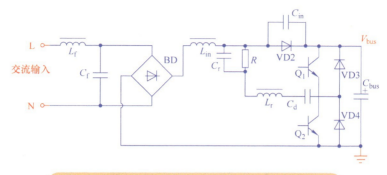

图 1-33　输入电流连续型电荷泵功率因数校正电路

总而言之，电荷泵功率因数校正电路结构简单，成本低，不需要复杂的控制电路，只要电路中能提供一个高频源就可以实现功率因数校正。其校正后的电路功率因数可以达到 0.99 以上，并且可以有效地消除谐波，能满足 IEC 61000—3—2 的谐波要求。电荷泵功率因数校正电路是一种非常难调试的试凑型电路，而且负载功率、输入范围、器件容差等变化对结果的影响很大，整体的研发设计成本和可靠性都不占优势。所以目前市面上除了小功率电子镇流器中有零星使用外，LED 照明中鲜有量产的情况。

1.6.3　电荷泵填谷 PFC 电路

这种类型的电路集合了填谷电路和电荷泵的特性，但是电路过于复杂，这需要复杂的参数匹配和调试。真正量产的产品不多，现在也基本上看不到此类电路的广泛应用了。典型的电荷泵无源填谷 PFC 电图如图 1-34 所示。

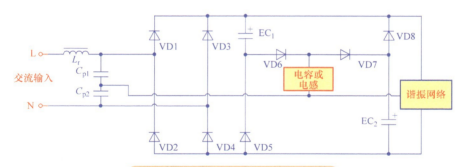

图 1-34　电荷泵无源填谷 PFC 电路

1.6.4　升压有源功率因数校正（APFC）电路

前述三种电路类型都是从导通角的角度考虑，那么有源 PFC（Active Power Factor Correction，APFC）的提出，则是从电路的角度，让输入的电流相位 / 波形形态紧紧跟随着输入电压，这样实现接近 1 的 PF 值。理论上而言，任何电路都可以实现输入电流跟随输入电压，也有大量文献从多种角度分析了不同电路的优劣性，如表 1-9 所示，但具体的对比本书不再赘述，可以参考本章后的参考文献。

表 1-9 不同电路拓扑的 PFC 比较

基本变换电路	输入电流波形	DCM PFC 功能	可实现功率等级
降压变换电路（Buck）		差	中小功率
升压变换电路（Boost）		好	中小功率
升降压变换电路（Buck-Boost）		极好	中小功率
反激变换电路（Flyback）		极好	小功率
正激变换电路（Forward）		不能实现	
Cuk、Sepic、Zeta 变换电路		差	中小功率

升压有源功率因数校正（Boost APFC）电路能在今天大行其道，最关键的几个原因如下：

• Boost 电路输入端接电感，天然地对输入电流存在整形滤波效果，输入电流本质上连续，这可以减少滤波器的使用，使滤波成本和体积减少。

• 设计简单化，Boost 电路的开关器件是低端驱动，而不像 Buck 电路那样，很多场合下需要高端侧驱动，这样增加了电路实现的复杂度。

• 高压输出（较高单位体积能量存储能力），有良好的输出维持能力。

• 相对于 Buck 电路拓扑，由于整流桥后母线电压从 0~400V 左右波动，这样 Buck 电路总会在一段时间内输入电流断续，而 Buck-Boost 电路拓扑，其开关器件上的耐压远大于 Boost 电路上的耐压。

• AC 输入直接进入母线储能电容，可以减缓雷击浪涌的不利影响。

• 能够实现全电压范围的输入，这对于适配器类的电源（如电脑电源、笔记本电源等）的设计大为简化，有利于产品的全球化销售。

- 已有大量的 IC 可以选择，相关的分析文献可以帮助设计者完成设计。

而其主要缺陷：

- Boost 电路拓扑，导致输出级的电解电容应力很大，对于全电压输入场合，Boost APFC 的输出电压一般在 390~420V，这样一般需要选择 450V 等级或以上电压等级的电解电容作为输出级，如此大的电解电容，其成本、体积也是经常碰到的一个难题。

- 对于大多数负载而言，400V 高压不可以直接拿来使用，必须再加一级隔离降压或是调节电路。

- 由于没有开机启动冲击电流限制（这与前面提到的抗雷击浪涌的优点恰好相反），所以要么用低成本的消耗型冲击电流抑制电路，要么选择高成本的有源抑制电路。

- 对于全电压范围下，占空比变化比较大，磁性元件的设计是个挑战。由于输出电压与输入电压的压差，这样导致在低压输入时效率会下降，同时会影响到 PFC 电感的设计。

- 同时对于短路保护需要特殊加以设计。

如果说前述的填谷电路对于工程师的技术要求和电子电路基础知识的要求比较低的话，那么 APFC 则对电源工程师的专业知识提出了较高的要求。虽然 LED 电源从最开始发展到现在，从一度朝阳新兴的产业到现在的成熟化，乃至有人称之为红海产业，LED 驱动电源的技术发展却极为有限。这也是因为现今电力电子技术的发展受到半导体基础物理材料的缓慢发展所致。而电力电子拓扑学，由于受限于商业化成本、可实现度，以及生产难易度等因素的综合影响，能真正走向平民化，实现量产的消费性电子电路还和几十年前没有太多区别。

1.6.5　单级反激式 APFC 电路和双级 APFC 电路

为了融合 PFC 电路以及实现输出控制，在 Boost APFC 的基本上，逐渐演化出了一种单级反激式 APFC 电路结构。这中间又有许多变种，本书仅分析最为常用的一种。单级反激式 APFC 作为一种因为 LED 驱动电源而衍生出来的功率因数校正电路，由于其性价比超高的优势，故从出现之初，就受到了 LED 电源产业界的喜爱。单级反激式 APFC 变换器中的 PFC 级和 DC-DC 级共用一个开关器件，并采用 PWM 方式的同一套控制电路，同时实现功率因数校正和对输出电压的调节，这几年在 LED 驱动电源以及中小功率电源适配器（<150W）中得到广泛使用。双级 PFC 变换器使用两个开关器件（通常为 MOSFET）和两个控制器，即一个功率因数控制器和一个 PWM 控制器。只有在采用 PFC/PWM 组合控制器芯片时，才能使用一个控制器，但仍需用两个开关器件。两级式 PFC 电路在技术上十分成熟，早已获得广泛应用，该方案虽然存在电路拓扑复杂和成本较高的缺点，但同时也拥有一些特殊的优点，如抗浪涌、保持时间长、输出纹波小等，本书的第 2 章会给予详细介绍。

PWM 电路这么多年已日趋走向成熟，芯片内部集成过电流保护（OCP）、过电压保护（OVP）、过功率保护（OPP）等各种保护功能，国内外适配器电源厂家、LED驱动电源厂家也在广泛地使用，单级反激式APFC电路目前是解决10~80W最具性价比的选择。

单级反激式APFC变换器电路简单，但功率因数校正后的结果和对输入电流谐波抑制的效果不如双级PFC变换器。单级反激式APFC电路目前作为LED驱动电源比较成熟的一个应用，无论从方案选择还是成本、设计等各方面，工程师有必要了解其潜在的问题。一个典型的单级功率因数校正电路图（部分截图）如图1-35所示（注：为了简化描述，本书中的单级反激式APFC电路，以下简称为单级PFC）。

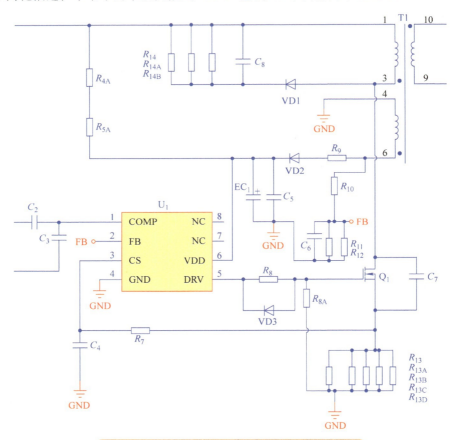

图1-35 单级功率因数校正电路图（部分截图）

1. 双级PFC电路的THD很容易做到10%左右，而单级PFC大多数只能做到20%左右，这是因为芯片在有限的引脚分布中要实现PFC+PWM双重功能，不得不牺牲一些特性（如调整率、启动特性、THD等）。

2. 雷击浪涌安规问题：前级PFC后有大电容吸收能量，而单级PFC初级却赤裸裸地暴露在电网中，对浪涌需要更严苛的防护，一般做到共模浪涌2kV至少需要两级压敏电阻，由于标准缺失，目前很多这种电源以 1kV 甚至更低的标准进行测试，所以经常会使用 800V 或是以上级别的 MOSFET，以防止浪涌时损坏。而大规模使用的 MOSFET 一般等级为 600~650V，但在这种电源架构下显得裕量不足。

我们对电源进行浪涌测试，大小为差模浪涌 1kV，分别测试前压敏电阻 ZNR2 和桥后 MOSFET（2）上的电压，得到波形如图 1-36 所示，可以看到，浪涌产生的时候，虽然压敏电阻起到作用，但残压的存在还是在 MOSFET 上产生了尖峰，其值可达 670V，对于 650V 等级的 MOSFET 来说是一个危险的情况。

3. 电源保护问题：单级 PFC 的芯片是一个解决电流失真调制 THD 的电路，不可能全部内置好这些功能，专用的单级 PFC 芯片一般是倾向于实现 PF 和 THD，而在保护特性上所做不多，特别在一些单一故障情况下，保护略显不足。

4. 空载下待机成为一个难点，特别是随着智能照明场合的要求不断增多，待机的要求也越显突出。

5. 关于纹波电压问题，特别是 100Hz/120Hz 的工频纹波问题很严重，如果想消除到一定程度，必须依靠足够的输出电容，即大容量的电解电容来处理，这无形增加了产品的体积和成本，但是工频纹波问题是 LED 驱动电源的一个痛点，后面我们有专门的章节来讲解怎么处理。

6. 大量的电解电容的使用，大尺寸的磁性元件的使用，使得小体积也难于实现。

7. 单级 PFC 工作频率高，而且属于调频方式，工作在 50~150kHz 间，EMI 问题难解决，再加上如果是全电压范围的电源，高低压下的频率变化比较大，所以 EMI 测试及整改也变得复杂化，这是很多工程师报怨单级 PFC 的 EMI 比较难解决的原因。

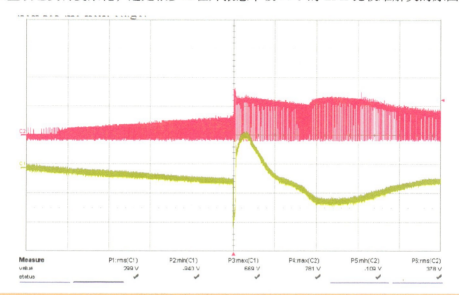

图 1-36　单级功率因数校正电路浪涌时的对应电压波形
（黄色：压敏电阻上的电压，红色：MOSFET 的电压 V_{ds}）

1.7 单级 PFC LED 驱动电源工程研发实例

图 1-37 即为常见的一款典型一次侧恒流控制的高功率因数 LED 驱动原理图，特点如下：

- 标准的单级 PFC 构架
- 无光耦合器，一次侧控制（PSR）

如之前所说，这两个特点成为了现在 LED 中小功率（80W 以下）的标准配置方案。

1.7.1 LED 驱动电源一般性能指标要求

这是此电源的一般性能指标要求，这些也是 LED 驱动电源的常见要求：

- 额定输入电压：全电压 AC 100~240V/50~60Hz，可工作范围：AC 85~277V
- 额定输出电压：DC 25~36V
- 输出电流 1.5（1±5%）A，恒流准确度的要求
- $\eta > 88\%$（满载），输入为额定 AC 230V
- PF > 0.9（满载），输入为额定 AC 230V
- 谐波满足 IEC 61000—3—2 Class C 类谐波要求
- 防水等级：IP67

1.7.2 元器件工程化设计指南

既然是工程化设计，下面笔者会从关键元器件的选型开始，讲解本例中各个元器件的计算和经验选型，注意，本章所述的一些基本理念和设计技巧对于全书的其他章节均有指导意义，可以相应地进行参考。

1.7.2.1 熔断器

熔断器作为电源最核心的保护元件，很多时候也是产品的最后一道防护。熔断器的选型 [Time-lag Fuse，或 Slow-Blow 即为慢熔断型熔断器，以下部分图（见图 1-38）来自于 Littlefuse 的规格书] 至关重要，产品设计时并不是可以随便选择一个规格就可以用于电路之中，而是要仔细评估安规、使用条件、产品本身特点等各个方面。从本质上来看，熔断器是一种热敏感型元件，虽然我们经常提及的熔断器中的一个参数是电流，但最终熔断器仍然还是以热量积累的形式将其熔丝熔断。

熔断器其工作原理为：熔断器通电时因电流转换的热量会使熔丝的温度上升，当正常工作电流或允许的过载电流通过时，电流产生的热量通过熔丝和壳体向周围环境辐射，通过对流和传导等方式辐射的热量能与产生的热量逐渐达到平衡。当散热速度跟不上热量辐射速度时这些热量就会在熔丝上逐渐累积，使温度上升，一旦超过熔断材料的熔点时，会使熔丝熔化而断开电流，达到保护的作用。

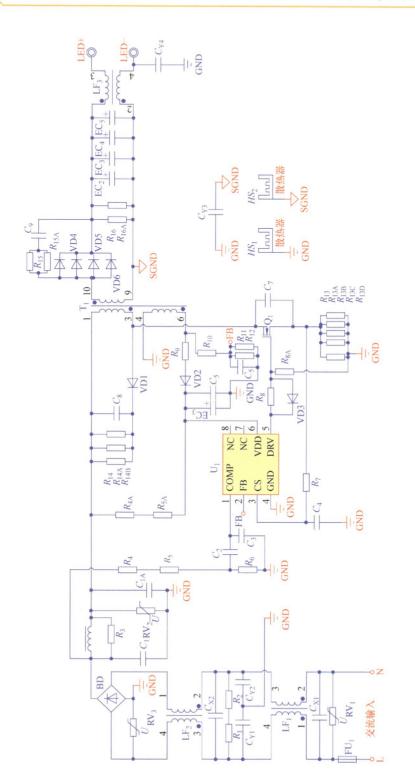

图 1-37　单级一次侧控制的高功率因数 LED 驱动原理图

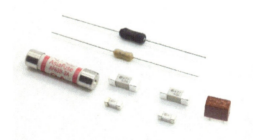

图 1-38　各种形状的熔断器（来源：贝特卫士）

熔断器的主要参数解读及考虑如下详述，这是一种工程化的经验选择方式，理论值与实际的偏差经常让工程师很困惑，所以务必要弄清楚前提条件以及实际情况。

外观形状： 熔断器发展到今天，有各种各样的形状可供选择，如方形、棒状形、盒形，同时由于表面贴装技术（SMT）也日趋成熟，熔断器的性能和体积一般成为我们首要考虑的因素。

额定电流： 电路能够长期正常工作的最大电流值，这不是动作电流值。而这个电流一般为 25℃室温下的额定电流。正确选择熔断器的额定电流值，必须考虑的是不同标准下的降额标准，一般我们按最严格的 UL 降额标准 75% 来考虑，而 IEC 则可以允许 100% 满额使用。额定电流参数是反映出熔断器的过载能力。读者需要注意，对于熔断器，IEC 和 UL 是采用不同的标准体系，所以如果设计的产品是出口不同的国家（地区）的话，需要分别对待。

额定电压： 熔断器断开后能够承受的最大电压值。正确选择熔断器的额定电压应该大于或等于产品输入额定电压。举例说明，如果做的是全电压的产品，即一般范围为 AC 90~277V，那么熔断器额定电压应该为 AC 300V 等级，而不能选择 AC 250V 等级。这对于安规认证很重要，原因就在于，当熔断器断开后，开路两端一般承受的电压即为输入电压，所以熔断器要在这个开路电压下不产生拉弧（拉弧即认为存在电气通路）而进一步发生过电流/热等恶化情况。

环境温度： 规格书中标出的电压电流值，都是默认为环境温度 25℃下的数据，但是在实际应用中，环境的温度不可能稳定在 25℃下，所以还得考虑到温度降额（见图 1-39）。从图 1-39 中不难看出，在环境温度达到 90℃时，只有 80% 的额定电流了。假设这个环境温度达到 150℃或更高的情况下，按图 1-39 中的曲线来看，额定电流会不会达到更低以至于达到零呢？为什么？

所以在正常工作情况下，熔断器的最小额定电流值为

$$I_{nmin} = \frac{36V \times 1.5A \times 1.05}{0.9 \times 0.75 \times 0.8 V_{acmin}PF\eta} = 1.21A \qquad （1\text{-}7）$$

计算出来的数值是否感觉小得不正常？暂且带着这个疑问，进行下面的步骤。

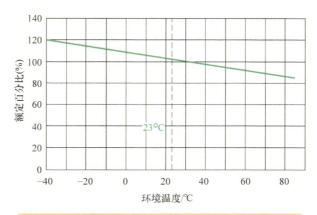

图 1-39　熔断器的温度降额曲线（来源：Littelfuse）

熔断特性：时间 / 电流特性。熔断特性表标明了不同的电流负载下熔断的时间范围（见表 1-10），供验收人员测试判断的依据。

熔断特性曲线标明了不同电流负载跟相应熔断时间的函数关系（见图 1-40），供我们设计选用时参考。

表 1-10　熔断器在不同电流下的熔断时间（来源：Littelfuse）

额定电流百分比（%）	工作时间
150	最小熔断时间 1h
210	最大熔断时间 120s
275	最小熔断时间 400ms，最大熔断时间 10s
400	最小熔断时间 150ms，最大熔断时间 3s
1000	最小熔断时间 20ms，最大熔断时间 150ms

分断能力：熔断器安全指标之一。它表明熔断器在额定电压下能安全切断的最大电流。当流经熔断器的电流非常大，以至于短路的时候，要求熔断器能安全分断电路，而不带来任何不安全现象，如破碎、燃烧、喷溅、爆炸，或引起周围人身或者其他零件的破坏等。

热熔能量值：熔断器的熔丝熔断时的能量值，表示熔断器能够承受浪涌的能力，其中 I 为过载电流，t 为熔断时间。

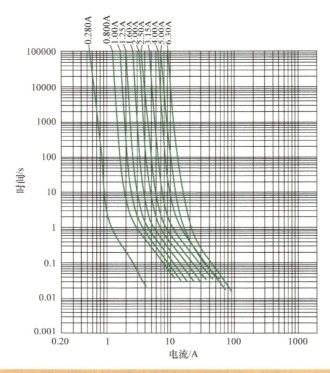

图 1-40　不同类型的熔断器其熔丝熔断时间曲线（来源：Littelfuse）

　　按最低电压输入，最大功率输出，额定 50Hz 的情况下的热熔能量值（参考图 1-41，为基本波形的热熔能量值计算公式）。

$$I^2 t_{nom} = \frac{1}{2} I_{nmin}^2 \times \frac{1}{50} \times \frac{1}{2} = \frac{1}{2} \times (1.21A)^2 \times \frac{1}{50} \times \frac{1}{2} = 0.007A^2 s \qquad (1-8)$$

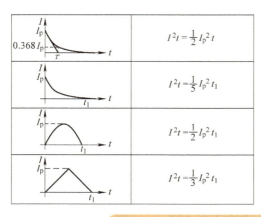
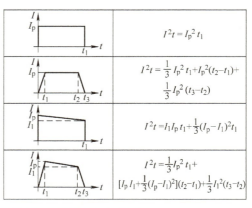

图 1-41　不同浪涌波形下，熔断器的热熔值计算方法

特殊地，本例中需要承受的浪涌电流为 8/20 μs 的雷击电流波形（类似正弦波）如图 1-42 所示，其峰值电流 2（1 ± 10%）kA，则：

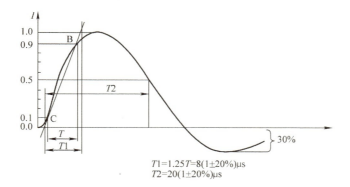

图 1-42 IEC 61000—4—5 定义的雷击测试短路电流波形 8/20 μs

$$I^2 t_{max} = \frac{1}{2} \times [2000A \times (1+0.1)]^2 \times 20 \times (1+0.2) \times 10^{-6}s = 69.7A^2s \qquad (1-9)$$

a）正常使用的情况下，$I^2 t_{nom}$ 的值小得可以忽略不计，另一层含义就是正常工作的情况下，熔断器的熔丝可以保证不会熔断。所以在 I_{nmin} 的基础上留下 1.5 倍的余量，即 1.82A，就可以满足大多数设计的要求，见表 1-11。

b）考虑雷击的情况下，必须选择热熔值比较大的熔断器，按以往经验，必须大于 1.2 倍的 $I^2 t_{nom}$，即需要达到 69.7A^2s。

表 1-11 不同电流等级熔断器的分断能力，热熔值选型表（来源：Littelfuse）

电气特点							
电流代码	额定电流 /A	额定电压 /V	分断能力	冷态电阻 /Ω	最大电压降 $1.0 \times I_N$/mV	最大功耗 $1.5 \times I_N$/mW	最大热熔值 $10 \times I_N$/A^2s
0800	0.800	300		0.0960	110	280	5.1200
1100	1.00	300		0.0715	115	400	8.0000
1160	1.60	300		0.0400	95	600	18.4320
1200	2.00	300	50A，在 AC 300V 情况下	0.0298	90	700	29.0000
1315	3.15	300		0.0170	80	1100	78.3880
1400	4.00	300		0.0128	75	1200	126.4000
1500	5.00	300		0.0101	70	1000	106.2500
1630	6.30	300		0.0077	65	1200	160.7400

从表 1-11 中可以看出，同时满足 a 和 b 两个条件的熔断器是 3.15A 及以上的部分，但是由于熔断器的热熔值选取的越大，分断能力就越强，会导致故障发生后熔丝不能有

效熔断，所以本例选择的是 3.15A（在不考虑雷击的情况下，只需要满足 a 条件即可）。这里需要提及到一点，一般的慢熔断型熔断器的热熔值要远大于快熔断型熔断器，这也是为什么在电源设计中，在输入端较多采用慢熔断型熔断器的原因。

安全认证：熔断器作为一种安全元器件，必须经过有关机构的认证，才能生产、销售和使用。许多国家都对熔断器有各自的认证要求，经过认证并具有相应标志的熔断器才会被允许进入该国市场销售。但需要注意的是，由于熔断器本体面积，所以不可能将所有的安规认证都喷印在丝印表面上，所以还是需要去查看产品规格书，在设计时要考虑所选用的型号是否有对应地区的安规认证。各种熔断器表面丝印标识如右图 1-43 所示。

图 1-43　各种熔断器表面丝印标识

小结：

1. 熔断器在选取的过程中，需要注意的不仅仅是正常工作情况下的额定电流，还要考虑输出短路、输出瞬间过载和雷击等情况下不能出现熔断器熔丝的意外熔断，导致电源非意愿性失效。但同时也要注意在线间短路等情况下熔断器的熔丝出现意愿性熔断时，熔断器的熔丝必须要熔断来保护电路，这即是我们经常在工程设计中所说的，当断不断，反受其乱。正是因为熔断器有严格的分断能力和分断时间要求，而不同的生产厂家有不同的规格参数和分断电流值，所以读者们在选用熔断器的时候必须要求厂家给出对应的规格书以供参考，而不是简单地看额定电流大小去选取一个有可能危及人身安全的元器件，另外，在进行元器件替换的时候也要充分对比不同供应商的规格参数才能进行代替使用。

2. 随着成本压力的增加，在小功率 LED 驱动电源，以及小功率适配器场合，许多生产、设计厂家选用了绕线型熔断器电阻（有的也称之为绕线型电阻或熔断器电阻等），虽然安规认证上允许使用，成本上的确相对于常规熔断器有一定的优势，但是其分断能力、分断时间很难控制，以至于个体与个体之间的差异度很大，批次性问题很突出，加之小功率电源一般采用塑料外壳，故在现场中经常发生在故障状态下不能有效快速断开，造成外壳烧毁等严重的安全事故。目前随着大家对安全质量的意识逐步提高，所以在设计中开始尽量避免使用此方案，因为要保证电源能在各种正常工作状态以及故障状态下熔断器的熔丝都要能有效断开，这需要大量的工程实验，其研发成本相较于常规熔断器的成本要大很多。有时甚至出现这样的情况，为了保护熔断器不会发生过热，还需要采取其他保护电路来保护它（如有的厂家就研发温度熔断器加上绕线式熔断器的二合一产品），有舍本逐末的感觉。

3. 还有一种特殊的情况，即利用 PCB 走线作为熔断器（见图 1-44），使用这种设计的一般是呈现两种极端形式，即一种是不顾安规认证，纯粹为了成本而省掉熔断器这个元件，在一些不注意产品质量的公司会采用这种方式。而另一种则是利用自己多年的生产经验和研发设计经验，对 PCB 熔断器的设计以及生产工艺的管控达到了很精湛的情况下使用，并在对应的位置会加上防火、灭弧装置。笔者建议一般电源的设计中，不要采用此方式，因为小小的一条 PCB 走线，蕴含着太多的安全因素。

图 1-44　用 PCB 走线代替熔断器——不建议使用

4. 熔断器为安规器件，必须要有对应的安规认证证书才能安全使用。

最后列出熔断器设计选择的检查表：

① 额定工作电流

② 使用电压场合（AC/DC）

③ 环境温度

④ 过电流以及熔断器的熔丝必须断开的时间长度

⑤ 产品中的最大故障电流

⑥ 脉冲、浪涌电流、雷击电流、启动电流，以及电路瞬变脉冲

⑦ 物理尺寸限制，如长度、直径、高度等

⑧ 安规认证，如 UL、CSA、VDE、PSE、CCC 或是军用标准等

⑨ 熔断器以及熔断器座特性（安装类型 / 形式、可拆卸性等）

⑩ 产品生产时的应用测试和验证测试

最后总结：就算经过充分的理论和计算得出的熔断器选型，也必须在样机上再次进行充分验证，以确保其当断即断。

1.7.2.2　压敏电阻

浪涌电压抑制器件基本上可以分为两大类型，第一种类型为橇棒（crow bar）器件，其主要特点是器件击穿后的残压很低，因此不仅有利于浪涌电压的迅速泄放，而且也使功耗大大降低。另外该类型器件的漏电流小，器件极间电容量小，所以对线路影响很小。常用的撬棒器件包括气体放电管、气隙型浪涌保护器、硅双向对称开关等。

另一种类型为箝位保护器，即保护器件在击穿后，其两端电压维持在击穿电压上不再上升，以箝位的方式起到保护作用。常用的箝位保护器是金属氧化物压敏电阻（MOV），瞬态电压抑制器（TVS）等。在整个电源输入端上的金属氧化物压敏电阻（MOV）提供过电压箝位保护。它们的性价比高，且能最大限度地减少可能涌入后端电路的浪涌瞬态能量。压敏电阻的英文说法有如下几种，其实绝大多数场合下都是指代同一个器件：

Voltage Dependent Resistor：简写为 VDR，压敏电阻；

Metal Oxide Varistor：简写为 MOV，金属氧化物压敏电阻；

Zinc oxide varistors：简写为 ZVR，氧化锌压敏电阻器。

压敏电阻的保护原理： 压敏电阻与被保护的电器设备或元器件并联使用。当电路中出现雷电过电压或瞬态操作过电压 V_s 时，压敏电阻和被保护的设备及元器件同时承受 V_s，由于压敏电阻响应速度很快，它以纳秒级时间迅速呈现优良非线性导电特性，此时压敏电阻两端电压迅速下降，远远小于 V_s，这样被保护的设备及元器件上实际承受的电压就远低于过电压 V_s，从而使设备及元器件免遭过电压的冲击。图 1-45 为压敏电阻的 *V-I* 曲线，图 1-46 为常用的并联使用方法。

压敏电阻其实有着和二极管类似的 *V-I* 特性曲线。即在开启电压（箝位电压）以下，它呈现高阻，电流基本上没有（除了寄生电容/漏电流）。在箝位电压（这个电压一般以 1mA 的通过电流在规格书中定义出来）以上时，它变成"导通"状态（低阻），从而流过全部的电流。

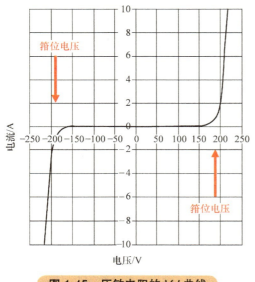

图 1-45　压敏电阻的 *V-I* 曲线

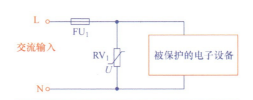

图 1-46　压敏电阻常用的并联使用方法

表 1-12 为某一品牌规格书中的内容，这里我们通过它来解析压敏电阻的各项参数。

表 1-12　某公司的 10D（直径）系列压敏电阻规格参数

型号	压敏电压 （@1mADC） V_{1mA}/V	最大连续 工作电压 $V_{AC(rms)}$/V	V_{DC}/V	最大限制电压 （8/20μs） V_P/V	I_P/A	最大冲击电流 （8/20μs） I_{max}/A	额定功率 P/W	最大能量 （10/1000μs） W_{max}/J	参考电容 @1kHz C_P/pF	$T_{min(厚度)}$/mm	$T_{max(厚度)}$/mm	W（宽度） ±1.0/mm	UL 1449 3rd SPD 应用类型
TVR10201-V	200（180~220）	130	170	340	25	3500	0.4	35	570	2.9	4.4	1.7	
TVR10221-V	220（198~242）	140	180	360	25	3500	0.4	39	520	3.0	4.5	1.7	
TVR10241-V	240（216~264）	150	200	395	25	3500	0.4	42	480	3.1	4.6	1.8	
TVR10271-V	270（243~297）	175	225	455	25	3500	0.4	49	425	3.3	5.0	1.9	
TVR10301-V	300（270~330）	195	250	500	25	3500	0.4	53	380	3.5	5.3	2.1	
TVR10331-V	330（297~363）	215	275	550	25	3500	0.4	58	350	3.8	5.7	2.2	
TVR10361-V	360（324~396）	230	300	595	25	3500	0.4	65	320	4.0	6.0	2.3	
TVR10391-V	390（351~429）	250	320	650	25	3500	0.4	70	295	4.2	6.2	2.5	
TVR10431-V	430（387~473）	275	350	710	25	3500	0.4	80	260	4.3	6.5	2.5	适用于 SPD Type 3 应用
TVR10471-V	470（423~517）	300	385	775	25	3500	0.4	85	240	4.4	6.6	2.6	
TVR10511-V	510（459~561）	320	410	845	25	3500	0.4	92	220	4.6	6.8	2.8	
TVR10561-V	560（504~616）	350	450	930	25	3500	0.4	92	200	4.7	7.1	3.0	
TVR10621-V	620（558~682）	395	510	1020	25	3500	0.4	95	180	4.8	7.2	3.2	
TVR10681-V	680（612~748）	420	560	1120	25	3500	0.4	98	175	4.9	7.4	3.4	
TVR10751-V	750（675~825）	465	615	1235	25	3500	0.4	100	160	5.1	7.6	3.7	
TVR10821-V	820（738~902）	510	670	1355	25	3500	0.4	110	150	5.2	7.8	3.4	
TVR10911-V	910（819~1001）	550	745	1500	25	3500	0.4	130	130	5.3	8.0	3.7	
TVR10102-V	1000（900~1100）	625	825	1650	25	3500	0.4	140	120	5.3	8.3	4.0	
TVR10112-V	1100（990~1210）	680	895	1815	25	3500	0.4	155	110	5.7	8.6	4.3	

压敏电压：指通过规定持续时间的脉冲电流（一般为 1mA）时压敏电阻两端的电压值。

最大连续工作电压：指在规定环境温度下，能长期持续加在压敏电阻两端的最大正弦交流电压有效值或最大直流电压值。

最大限制电压：指在压敏电阻中通过规定大小的冲击电流（8/20μs）时，其两端的最大电压峰值，见图 1-47。

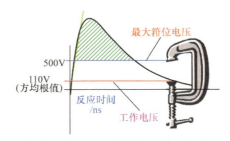

图 1-47　压敏电阻的箝位电压和工作电压示意图（来源：Littlefuse）

额定功率：在规定的环境温度下，可施加给压敏电阻的最大平均冲击功率。

最大能量：在压敏电压变化不超过 ±10%，冲击电流波形为 10/1000μs 的条件下，可施加给压敏电阻的最大一次冲击能量。

通流量（kA）：在规定的条件（规定的时间间隔和次数，施加标准的冲击电流）下，允许通过压敏电阻上的最大脉冲（峰值）电流值。但同时需要注意，压敏电阻在每次雷击冲击之后，其最大通流量都会按一定比例降额（见图 1-48），最终导致通流量大幅度减小，直至损坏。

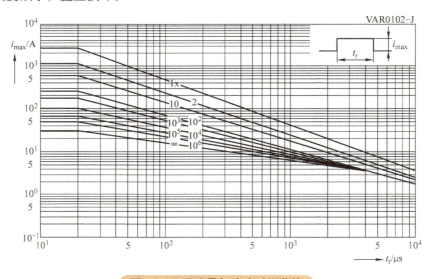

图 1-48　通流量与脉冲时间曲线

残压： 当流过放电电流时压敏电阻两端的峰值电压。

根据已知的最高输入电压 AC 240V，我们可以通过经验计算得出压敏电压为

$$V_{\text{rnom}}=1.5 \times 1.414 V_{\text{acmax}}=1.5 \times 1.414 \times 240\text{V}=509\text{V} \qquad (1\text{-}10)$$

得到压敏电压之后，再通过表 1-12 中数据就可以找到同时满足各个条件的压敏电阻型号为 TVR10561-V。

小结： 选择压敏电阻时，需要特别注意以下几点：

1. 最大工作电压（包括线间电压波动时）不能超过压敏电阻额定的最大连续工作电压，否则会缩短压敏电阻的使用寿命，但是所选的压敏电压也不能太高，这样会造成最大限制电压过大，从而失去对被保护的电器设备或元器件的有效保护；

2. 瞬态最大能量不能超出所选压敏电阻的规格值；

3. 压敏电阻所吸收的浪涌电流应小于产品的最大通流量。本例需要压敏电阻能够承受 2kA 的雷击，所以选择的通流量必须大于 2kA，理论上比 2kA 越大越好，但是由于成本和空间的限制，工程设计时往往只会选择比要求的通流量稍大一些的产品（压敏电阻的直径与其开启电压呈一定的正比关系，而耐流通能力则与其横截面的面积呈正比，所以一般的体积越大，耐流通能力也相对大一些）。但是由于压敏电阻是一个衰减型器件，即每次过电压吸收后，其箝位电压相应地被"老化"衰减了，这是一个不确定状态，因为实际产品在应用过程中会受到不同的浪涌冲击，所以这对于整个产品来说是一个薄弱点。

4. 漏电流与压敏电压直接相关，如果选取的压敏电压与工作电压接近，那么漏电流会大大增加，从而缩短压敏电阻的使用寿命，见图 1-49。为了保障系统的使用寿命，压敏电阻常与气体放电管（GDT）串联使用，在正常使用过程中，压敏电阻为开路状态，所以没有漏电流之忧，大大保障了使用寿命。但在小功率的单级 PFC 中，由于成本的问题，两者不能兼顾，我们只能折中选择使用方法。

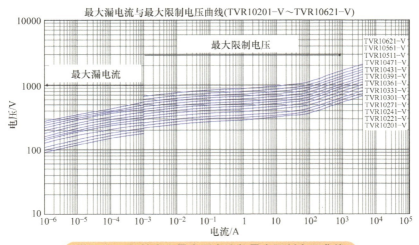

图 1-49　压敏电阻最大漏电流与最大限制电压曲线

注意最大箝位电压和残压的区别，从图 1-50 的对比能清楚地看出，不同的冲击下有不同的残压，所以可以根据残压的大小来比较准确地选取一款相对合适的压敏电阻。同时也需要谨记，不同的厂家有不同的规格参数，需要根据不同的厂家的参数来选取压敏电阻的型号。为了理解残压，我们特意针对压敏电阻进行了冲击实验，以下实际结果来源于国内一线压敏电阻生产厂家测试结果，具有较强的代表性。

类型	样品编号	2.0kV/2Ω 测试残压大小/V	4.0kV/2Ω 测试残压大小/V
471KD10	A1#	880	1040
471KD10	A2#	880	1040
471KD10	A3#	880	1000
471KD14	B1#	840	920
471KD14	B2#	800	920
471KD14	B3#	800	920
561KD10	C1#	1000	1200
561KD10	C2#	1040	1200
561KD10	C3#	1000	1200
561KD14	D1#	920	1040
561KD14	D2#	920	1080
561KD14	D3#	920	1040

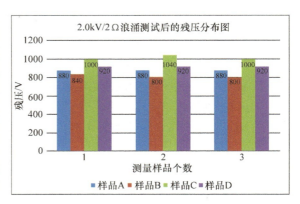

图 1-50　样品实际残压测试分析

从实测的结果可以看出，471KD10/561KD10 在 1.2/50μs 和 8/20μs，对应 2kV/2Ω 和 4kV/2Ω，产品两端残压比对应的 471KD14/561KD14 残压高，这和之前说到的在同一压敏电压条件下，体积大的抗通流能力要强的描述一致。

5. 压敏电阻具有较大的寄生电容，应用交流电路保护中，往往会在正常运行状态下产生数值可观的漏电流，如果在高频应用下需要加以考虑。

6. 压敏电阻为安规器件，除非设计的产品中不会用到压敏电阻，否则必须有相应的认证证书才能安全使用。

7. 温度，压敏电阻的工作温度一般为 85℃，更高等级的温度成本更高，所以 PCB 布板时，要将压敏电阻远离热源，防止其漏电流增大，加速老化。参考图 1-51。

注意：如前所述压敏电阻是一个性能衰减/退化型的器件，而且其衰减与实际应用场合关联度很大，一般的单次或是多次浪涌冲击都会导致其性能衰减（或者说退化），一般的主要是因为其瞬态冲击超过了其额定值。有研究表示，压敏电阻在 1.5 倍的额定浪涌电流下即会发生衰减，而且器件在衰减后，如果工作电压没有超过其阈值电压的话，是看不出任何征兆的，从而被继续使用下去，直到：①压敏电阻开始出现电压降低（这是一个恶性循环，通过观察其类二极管的 V-I 特性可知，其导通电压越来越低）。②压敏电阻漏电流增加。③由于是化学反应过程，所以温度加剧了以上①和②的过程（漏电流在高温下急剧增加）。

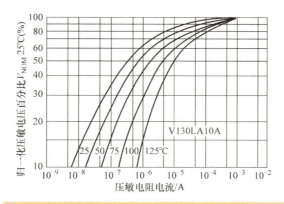

图 1-51　温度增加时，压敏电阻的漏电流越来越大

由①～③可知，压敏电阻如果元件内部由此而产生的高功率损耗无法通过对流耗散，那么，则可能发生极端情况：不断加热导致短路，随后会破坏压敏电阻，并且导致更为严重的情况，发生火灾。压敏电阻失效着火情况见图 1-52。

图 1-52　压敏电阻失效着火情况

但是压敏电阻因其成本低廉，高性价比，现在广泛应用于各种电子设备中，所以为了能够可靠使用，有如下办法：

1. 对于压敏电阻在寿命终止以及性能衰减时不产生危险，有一种做法是采用保护元件与之串联，这里主要有两种类型，一个是热保护型，即在压敏电阻上串一个温度型熔断器，当压敏电阻过热时即断开，保护器件厂家将这种元件整合成一个元件（当然用两个单独的元件也可以实现类似效果，但温度检测保护受限于实际安装方式等），一般称之为 iTMOV 或是 TMOV（这种器件是一种二合一的器件，所以当串联的温度型熔断器断开后，压敏电阻也就失去了抗浪涌的作用，类似的还有一种保险电阻与温度型熔断器整合于一体的，也是为了防止在失效时保险电阻过热，如前面熔断器章节所述），当然可以想象到成本会增加很多。TMOV 的不同类型见图 1-53。

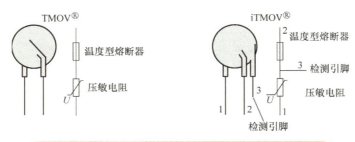

图 1-53　TMOV 的不同类型（资料来源于 Littelfuse）

这种元件的好处在于其能够防止压敏电阻在出现严重失效前就进行了保护，防止了进一步恶化。图 1-54 即为显示了采用 TMOV 后压敏电阻失效时损坏严重的情况（图片来源于 Littelfuse）。

图 1-54　常规压敏电阻、复合型压敏电阻，以及有温度保护的压敏电阻的失效结果（资料来源于 Littelfuse）

2. 与气体放电管组合使用。将压敏电阻与气体放电管串联起来，可以克服这一缺点。压敏电阻具有较大的寄生电容，当它应用于交流电源系统的保护时，往往会在正常运行状态下产生数值可观的泄漏电流。例如，一个寄生电容为 2nF 的压敏电阻安装在 220V、50Hz 的交流电源系统中，其泄漏电流可达 0.14mA（有效值），这样大的泄漏电流往往会对系统的正常运行产生影响。将压敏电阻与陶瓷气体放电管串联之后，由于气体放电管的寄生电容很小。可使整个串联支路的总电容减小到微法级。在这种串联组合支路中，气体放电管起着一个开关作用。当没有暂态过电压作用时，它能够将压敏电阻与系统隔离开，使压敏电阻中几乎无泄漏电流，这就能降低压敏电阻的参考电压。而不必顾及由此会引起泄漏电流的增大，从而能较为有效地减缓压敏电阻性能的衰退。

3. 多个压敏电阻并联使用，增大流通能力，或是直接选择流通能力大的压敏电阻。表 1-13 可以看到大体积（流通能力更强）的压敏电阻能够承受的浪涌能力也更强，但是仍然不是无限使用的，这主要是因为压敏电阻存在内阻，这样短路浪涌电流流过时会产生热量，这个热量耗散即限制了压敏电阻的浪涌电流能力。

表 1-13　不同尺寸的不同商家的压敏电阻通流耐受能力，可靠性数据

压敏电阻耐久性额定参数			
压敏电阻尺寸	松下	西门子	哈里斯半导体
14mm	1000A 浪涌，10 次	1000A 浪涌，10 次	1000A 浪涌，10 次
20mm	1000A 浪涌，100 次	1000A 浪涌，100 次	1000A 浪涌，100 次

一个电路设计小技巧：采用如下的配置方式，即在熔断器后放置气体放电管 GDT 和 RV_1 串联，好处有几个：①这样在浪涌来到的时候，先经过 GDT 和 RV_1 的预稳一级，将电压箝位在 GDT 和 RV_1 的箝位电压大小，并依靠 GDT 吸收了大量浪涌电流，这样减轻了后级元器件的浪涌电流水平，特别是共模电感或是差模电感的电流应力（因为电感是由线径较小的线绕出来的），在浪涌时经常出现的问题就是差模电感或是共模电感绕线因浪涌电流过大而断开。这个主要是利用了气体放电管的通流能力较大，且残压相对于压敏电阻来说，可以不用考虑。图 1-55 为实际压敏电阻使用技巧。②同时可以减少 RV_1 的漏电流影响，因为常态下气体放电管 GDT 阻断了 RV_1 的导通路径。

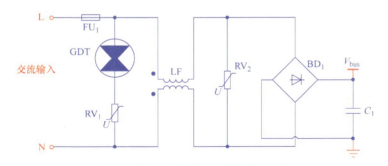

图 1-55　实际压敏电阻使用技巧

实际上，一些复杂的场合，我们还是有很多其他器件可以实现浪涌抑制。图 1-56 为常见的过电压保护器件特性，表 1-14 为几种常见的过电压保护器件特性。

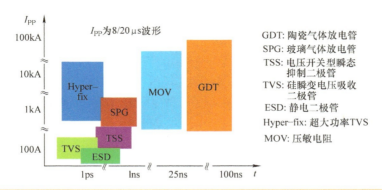

图 1-56　常见的过电压保护器件特性：响应时间及通流量（来源：君耀电子）

表 1-14　几种常见的过电压保护器件特性（来源：君耀电子）

器件　　　特性	箝位型过电压保护器件				开关型过电压保护器件		
	MOV	Hyper-fix	TVS	ESD	GDT	SPG	TSS
通流量（8/20μs）	大	较大	一般	小	大	较大	一般
响应速度	慢	特快	特快	特快	较慢	快	快
电容	较大	较大	较大	较小	较小	较小	较小
直流击穿电压精度	一般	精准	精准	精准	一般	一般	精准
脉冲击穿电压	低	低	低	低	高	高	低

　　MOV、GDT 和 SPG 具有较大的通流量，SPG 最大达 3kA，MOV 可达 80kA，GDT 可达 100kA，一般用于一级防护。

　　TSS、TVS 和 ESD 为硅基材料器件，半导体工艺制成，具有很多优点，如较精准的击穿电压、较快的响应速度等，一般用于二级防护电路。

　　Hyper-fix 为超大功率 TVS，具有 MOV 和 TVS 的优点，如精准的击穿电压、超大浪涌冲击电流、较快响应速度等，可替代 MOV 应用于交流电源输入端作为一级防护。

　　正因为如此，现在市面许多的防雷保护器都是基于这些器件的组合而成，实际防雷保护器电路原理图如图 1-57 所示。

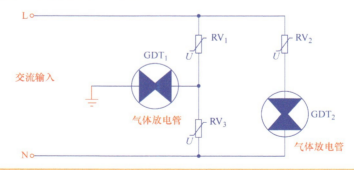

图 1-57　实际防雷保护器（Surge Protection Device :SPD）电路原理图

1.7.2.3 X 电容的选型

X 电容（金属化聚丙烯薄膜电容器）：抑制电源电磁干扰用电容器，常跨接在输入线 L、N 两端用来消除差模干扰，一般 X 电容都有能承受过电压冲击以及较好的阻燃性能。X 电容外观如图 1-58 所示，其相关参数描述如下：

图 1-58 X 电容外观

耐电压：按耐电压等级可以分为 X1、X2 和 X3 电容。2.5kV ＜ X1 耐压≤ 4kV；X2 耐压≤ 2.5 kV；X3 耐压≤ 1.2 kV。目前中小功率段使用最广泛的是 X2 电容。

额定电压：X2 电容的额定电压分为 AC 275V 和 AC 305V 等，一般为电源额定输入电压的 1.1 倍，图 1-59 是国内某品牌的 X2 电容规格书参数。

电容器类别（Class）	X2 类		
气候类别 / 阻燃等级 (Climatic Category/Passive Flammability Category)	40/110/56/B		
工作温度范围（Operating Temperature Range）	–40~+110℃		
额定电压（Rated Voltage）	AC 305V/AC 275V，50/60Hz		
最大连续交流电压 (Maximum continuous AC voltage)	AC 310V，50/60Hz		
最大连续直流电压 (Maximum continuous DC voltage)	DC 630V		
电容量范围（Capacitance Range）	0.0010~25.0μF		
电容量偏差（Capacitance Tolerance）	±10%（K），±20%（M）		
耐电压（Voltage Proof）	引线之间（Between Terminals）	DC 2000V（2s）$C_N \leqslant 1.0\mu F$	
		DC 1800V（2s）$C_N ＞ 1.0\mu F$	
	极壳之间（Between Terminals To Case）	AC 2120V（1min）	
绝缘电阻（Insulation Resistance）	$R \geqslant 15000M\Omega$，$C_N \leqslant 0.33\mu F$ $RC_N \geqslant 5000s$，$C_N ＞ 0.33\mu F$	（20℃，100V，1min）	
损耗角正切（Dissipation Facror）	$0.0010\mu F \leqslant C_N ＜ 0.010\mu F$	$\leqslant 20\times10^{-4}$（1kHz，20℃）	$\leqslant 20\times10^{-4}$（10kHz，20℃）
	$0.010\mu F \leqslant C_N ＜ 0.47\mu F$	$\leqslant 10\times10^{-4}$（1kHz，20℃）	$\leqslant 20\times10^{-4}$（10kHz，20℃）
	$0.47\mu F \leqslant C_N ＜ 1.0\mu F$	$\leqslant 20\times10^{-4}$（1kHz，20℃）	$\leqslant 40\times10^{-4}$（10kHz，20℃）
	$1.0\mu F ＜ C_N \leqslant 10.0\mu F$	$\leqslant 30\times10^{-4}$（1kHz，20℃）	
	$10.0\mu F ＜ C_N \leqslant 50.0\mu F$	$\leqslant 40\times10^{-4}$（1kHz，20℃）	

图 1-59 X2 电容规格书（节选）

放电电阻：如果 X 电容的容量大于 0.1μF，根据以下标准所述，必须要在 1s 内将 X 电容两端的电压降到 37% 的输入峰值电压以下。

UL1950：如果跨接在 AC L-N 之间的电容大于 0.1 μF 则需要进行放电实验，即对于 A 类设备其 AC 线上的残存电压必须在 1s 以内降到 37% 的输入峰值电压以下，而对于 B 类设备，对应的时间是 10s。

IEC 61010-1：定义为断开电源后，插座接头上的电压在 5s 之内必须降到安全电压以下。

所以必须满足以下公式（1-11）：

$$\tau = RC \leqslant 1 \tag{1-11}$$

表 1-15 显示了一般情况下的电源功率等级会使用到的 X 电容容值、放电电阻大小和损耗大小的关系，实际应用中可根据需要选取。

表 1-15　X 电容容值及对应放电电阻及其损耗

X 电容容值	电源典型输出功率	放电电阻	对于放电时间 t_{DIS}=1s 时，AC240V 下放电电阻的损耗
250nF	20~50W	4MΩ	14.4mW
500nF	50~100W	2MΩ	28.8mW
1μF	100~200W	1MΩ	57.6mW
2μF	200~400W	500kΩ	115.2mW
4μF	400~800W	250kΩ	230.4mW
8μF	800~1,600W	125kΩ	460.8mW

正是由于放电电阻的存在，对日趋严苛的待机功耗要求提出了严重的挑战，所以许多芯片设计厂家提出了有源 X 电容放电方案，这可以大为减少 X 放电电阻存在的损耗。具体可以参考 NXP、PI 等公司最先进的电源管理芯片方案。

小结：X 电容在选型中除了需要注意额定电压和放电电阻这两方面，还要注意在单级 PFC 中，X 电容的容值选取得越大，对差模干扰的抑制越好，但 PF 值会相应地下降。同时 X 电容也属于安规器件，使用前必须明确所选用的产品有对应的安规证书。

1.7.2.4　输入共模电感的选型

共模电感（Common Mode Choke），也叫共模扼流圈，是在一个闭合磁环上对称绕制方向相反、匝数相同的线圈。共模电感实质上是一个双向滤波器，一方面要滤除信号线上的共模电磁干扰；另一方面又要抑制本身不向外发出电磁干扰，避免影响同一电磁环境下其他电子设备的正常工作。它可以传输差模信号，直流和频率很低的共模信号都可以通过，而对于高频共模噪声则呈现很大的阻抗，可以用来抑制共模电流干扰，见图 1-60。

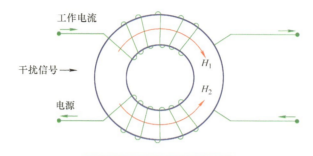

图 1-60 共模电感示意图

共模电感是各类电源设备中的一个重要部分。其工作原理：当工作电流流过两个绕向相反的线圈时，产生两个相互抵消的磁场 H_1、H_2，此时工作电流主要受线圈电阻，以及工作频率下很小的漏电感的阻尼（可忽略不计）。如果有干扰信号流过线圈时，线圈即呈现出高阻抗，产生很强的阻尼效果，达到衰减干扰信号的作用。

一般共模电感的磁环或者磁心都为锰锌铁氧体（MnZn）和镍锌铁氧体（NiZn），磁环有初始磁导率，分为高磁导率（高导）和低磁导率（低导）。

锰锌铁氧体具有高磁导率、高磁通密度的优点，在 1MHz 以下为低损耗的特性，其初始磁导率有 5000、7000、10000、12000 和 15000 等。类似的还有纳米晶和非晶等也属于高导材料。

镍锌铁氧体具有电阻率极高、磁导率一般低于 1000 的优点，在 1MHz 以上为低损耗的特性。如图 1-61 所示。

材质特点

材质	初始磁导率 u_i	温度系数 $\alpha_{ulr}/(℃×10^3)$	居里温度 $T_c/℃$	饱和磁通密度 B_s/mT	固有电阻 $\rho/(Ω·m)$
HF90	5000	0~9	> 165	485[H=1194A/m]	0.3
HF70	1500	1~6	> 100	280[H=1600A/m]	10^5
HF57	600	3~15	> 150	370[H=4000A/m]	10^5
HF56	600	18~28	> 130	290[H=4000A/m]	10^5
HF40	120	8~18	> 250	410[H=4000A/m]	10^5
HF30	45	5~15	> 300	320[H=4000A/m]	10^5

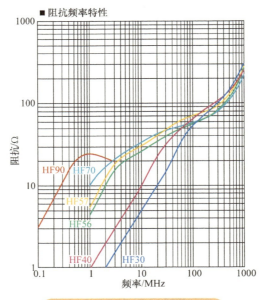

图 1-61 MnZn 磁材特性参数

居里温度：是指材料可以在铁磁体和顺磁体之间改变的温度，即铁磁体从铁磁相转变成顺磁相的相变温度，也可以说是发生相变的转变温度。低于居里点温度时该物质成为铁磁体，此时和材料有关的磁场很难改变。当温度高于居里点温度时，该物质成为顺磁体，磁体的磁场很容易随周围磁场的改变而改变。如图 1-62b 所示，不同的磁导率对应的居里温度也不同，所以在选取共模电感材质的时候，并不是磁导率越高越好。

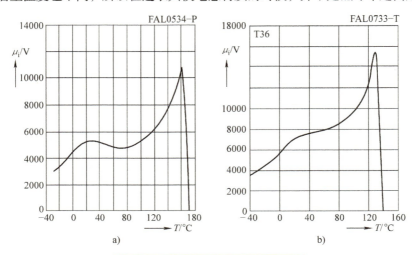

图 1-62 居里温度与磁导率关系

线径的选取：根据最低输入电压和最大输出功率得到的一个最大输入电流，按照电流密度选取共模电感的线径：

$$I_{\text{inrms}} = \frac{P_{\text{out}}}{V_{\text{inmin}}\eta\text{PF}} = \frac{36 \times 1.5 \times 1.05}{100 \times 0.9 \times 0.88 \times 0.99}\text{A} = 0.72\text{A} \qquad （1\text{-}12）$$

$$d_{\text{cm}} = 2 \times \sqrt{\frac{0.72}{3.14 \times 8}}\ \text{mm} = 0.34\text{mm} \qquad （1\text{-}13）$$

通过以上计算，输入部分的共模电感线径大于 0.34mm 即可，本例为兼顾其他型号，最终选择的线径为 0.45mm。

共模电感的选取：共模电感对于 EMI 的抑制效果非常明显，但不是完全依靠共模电感就能得到令人满意的抑制效果的。对于共模电感的取值部分，让一个新手去通过各种计算就能得到一个准确的数据，那也是不现实的。所以个人建议是先依靠经验去选取一个大概值，再通过现场调试，达到比较满意的 EMI 效果，如此之后，做其他型号的产品时，即使功率段不同，也只是换线径和磁环尺寸就能够解决问题。

在实际工程操作中，还需要考虑其他型号的共用性，以减少内部相似材料的数量，降低工厂成本。此例子中的两个输入的共模电感皆为锰锌铁氧体，电感量分别为 LF1-500uH（双线并绕）和 LF2-20mH，常用磁环的尺寸分别为 $9 \times 5 \times 3$ 和 $18 \times 10 \times 7$（外径 × 内径 × 厚度，单位：mm），而输出的共模电感为镍锌铁氧体，感量为 25 μH（双线并绕），磁环尺寸也是 $9 \times 5 \times 3$。

小结：磁环的尺寸选择有很大的随机性，通常会基于 PCB 的尺寸空间去选取合适的磁环，选定磁环尺寸之后计算所需要的线径，再考虑达到目标电感量需要的初始磁导率和圈数的均衡。为达到不同的滤波效果，高导和低导的选择需要合理，一般输入共模磁环用高导，输出共模磁环用低导。本例列出的三种磁环参数，可以沿用在 15~80W 的 EMI 滤波电路中。对磁性材料想有更深入了解的朋友，个人推荐阅读赵修科老师的《开关电源中的磁性元器件》。

不太好掌握的技巧：漏感，以及下述其他共模电感在实际中会出现的情况。理想的和实际的共模电感如图 1-63 所示。

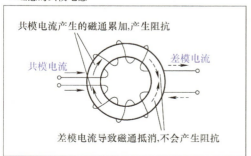
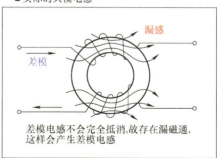

图 1-63　理想的和实际的共模电感

所以电路中共模电感的实际情况如图 1-64 所示。

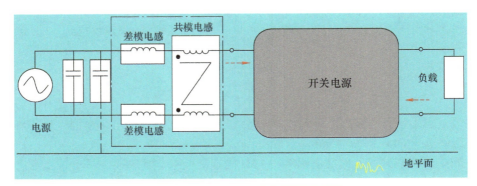

图 1-64　电路中共模电感的实际情况

实际共模电感的等效模型如图 1-65 所示。

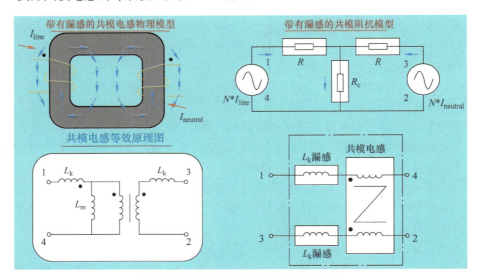

图 1-65　实际共模电感的等效模型

1.漏感的存在，对理想的电感模型而言，当线圈绕完后，所有磁通都集中在线圈的中心内。但通常情况下环形线圈不会绕满一周，或绕制不紧密，这样会引起磁通的泄漏。共模电感有两个绕组，其间有相当大的间隙，这样就会产生磁通泄漏，并形成差模电感。因此，共模电感一般也具有一定的差模干扰衰减能力。基于这个"特性"，在前级 EMI 滤波器的设计中，我们也"猜想"是不是可以利用漏感，如在普通的滤波器中，仅安装一个共模电感，利用共模电感的漏感产生适量的差模电感，起到对差模电流的抑制作用。但实际情况表明，这个寄生出来的漏感作用微乎其微。

2.损耗的影响，即线径的选择，防止饱和，同时这又与浪涌能力有关，如前所述。

3.注意线层间的绝缘，以及线与磁心的绝缘。

4.共模电感的电感量大小，在现实生产过程中，共模电感厂家或是变压器厂家在提供共模电感规格书的时候，一般只提供最小电感量这个关键参数，有些甚至都不提供电感量，而只是给出其在某一频率（一般为100MHz下）的复阻抗大小，纵然如此，其误差范围可达25%~30%。这主要问题就是：高导磁心的初始磁导率偏差很大，而且受温度影响较大，所以磁性元件厂家没有办法给一个相当精确的值（即使可以，通过筛选可以将值范围缩小，但成本无疑会上升很多很多）。所以在测试EMI的时候，需要选取极限样品（即规格书最小值）进行测试，并在EMI时留下一定的裕量，这样才能保证量产时EMI不超标。共模电感参数及规格书如图1-66所示。

型号	共模阻抗 @100MHz（Ω）	直流电阻（Max） R_{dc}/Ω	额定电流（Max） I_{dc}/mA	额定电压（Max） V_{dc}/V	绝缘电阻（Mir） I_R/MΩ
CMC1206S-900T	90±25%	0.30	370	50	10
CMC1206S-161T	160±25%	0.40	340	50	10
CMC1206S-261T	260±25%	0.50	310	50	10
CMC1206S-601T	600±25%	0.80	260	50	10
CMC1206S-801T	800±25%	0.90	240	50	10
CMC1206S-102T	1000±25%	1.00	230	50	10
CMC1206S-222T	2200±25%	1.20	200	50	10

1.绕线规格和外观图(单位：mm)

接线图

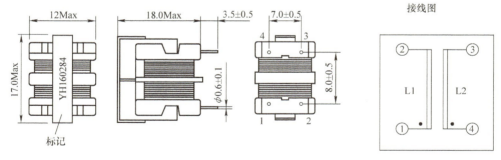

● 表示卷始端。

2.绕线规格

线材	2UEW φ0.20	
端子	1—2	4—3
圈数	98圈（参考值）	98圈（参考值）

图1-66 共模电感参数及规格书（来源：风华高科）

3. 电子特性

项目	测定端子	规格	测试条件
电感量	1—2	15mH 最小	CH3205 或等效材料（f=1kHz，1V）
	4—3		
电感偏差	|L1—L2|	0.5mH 最大	
额定电流	1—2	0.4A	温度上升不大于 40℃
	4—3		
直流电阻	1—2	1.6Ω 最大	CH3205 或等效材料（25℃）
	4—3		
绝缘电阻	磁心—磁心	100MΩ 最小	CH3205 或等效材料（DC=500V）
耐电压	磁心—磁心	AC 1.0kV 3S	CH3205 或等效材料（CC=5mA）

图 1-66　共模电感参数及规格书（来源：风华高科）（续）

1.7.2.5　整流桥的选型

整流电路分为半波整流电路、全波整流电路和桥式整流电路。

半波整流电路：是利用了二极管的正向导通、反向截止的特性来进行整流的，即正弦波的正半周被保留，负半周被去除，见图 1-67。由于半波整流利用率不高，常用于高电压输入，小电流输出的场合，通常是几十到几百毫安级别。

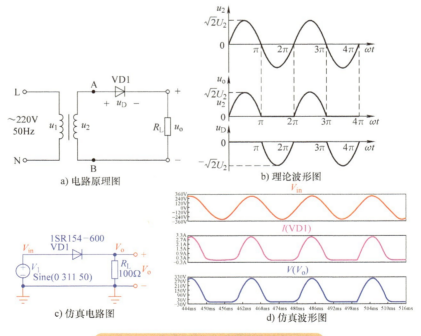

a) 电路原理图　　b) 理论波形图　　c) 仿真电路图　　d) 仿真波形图

图 1-67　半波整流电路及其关键点波形

当然我们一般会在上面电路的整流后加上电容，以减少负载 R_L 上的电压波动，图 1-68 显示了输出电容不同时，负载上的电压。由于只需要一个二极管整流，在低端的电源应用中，还是存在这种整流方式作为输入级整流应用。

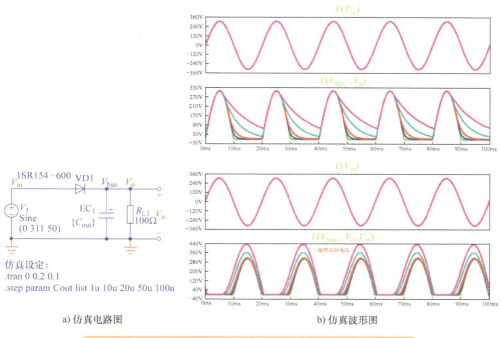

a) 仿真电路图　　　　　　　　b) 仿真波形图

图 1-68　半波整流电路（加入滤波电容）后及其关键点波形

全波整流电路：就是对交流电的正、负半周电压都加以利用，将交流电的负半周也变成正半周，即将 50Hz 的交流电压，变成 100Hz 的直流电压，见图 1-69。由于它有需要中间抽头这个缺点，所以应用范围也受到了限制。实际上在开关电源输入级基本上没有用到这种结构。

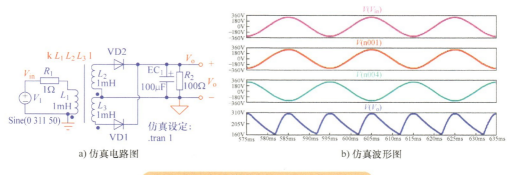

a) 仿真电路图　　　　　　　　b) 仿真波形图

图 1-69　全波整流电路及其关键点波形

桥式整流电路：也是我们常说的整流桥、桥堆。这种电路只要在全波整流的基础上增加两只二极管，连接成桥式结构，便可以弥补全波整流电路的不足，还能具有全波整流电路的特点。另外的一个特点是每一个半波周期内，都是有两只二极管串联，所以二极管的反向电压也只有全波整流情况下的一半。见图 1-70。

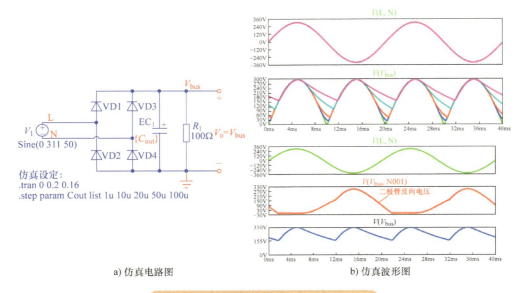

a) 仿真电路图　　　　　　　　　　　　　b) 仿真波形图

图 1-70　桥式整流电路及其关键点波形

同样可以看到整流桥上的电压只有负载电压的一半大小。对于整流桥的选型，有以下因素需要考量。

额定电压：根据最大输入电压的峰值为 80% 使用率来确定。

$$V_b = \frac{V_{inmax} \times 1.1 \times 1.414}{80\%} = \frac{240 \times 1.1 \times 1.414}{80\%} \text{ V} = 466.6\text{V} \qquad (1\text{-}14)$$

一般使用 600V 耐压的整流桥就可满足要求，但是由于产品属于户外使用，电网波动、雷击等因素的影响下，推荐选用 800~1000V 耐压的产品为最佳。

额定电流：根据最大功率输出、最小电压输入，还有考虑温升和效率等方面综合考虑。一般选 2 倍输入电流左右，可确保可靠性、温升、效率和成本等几个方面都比较合适。

$$I_b = 2I_{inrms} = 1.44\text{A} \qquad (1\text{-}15)$$

所以可以选择电流有效值为 1.44A 以上的整流桥。

环境温度：注意，上面的 1.44A 为环温 25℃ 的情况下的，而正常工作时候的温度是远大于 25℃ 的，笔者按 100℃ 的情况下选取，见下图 1-71。在无散热片和环温

100℃的情况下，整流桥的平均使用电流仅为 1.5A 左右，与计算值相近，所以暂定 4A/1000V 的规格。

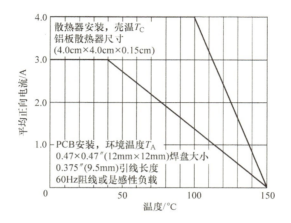

图 1-71　整流桥温度与平均正向流通电流降额曲线

温升：根据所选整流桥规格书内的典型热阻值和整流桥的大概损耗，就可以估算出在最小输入和最大输出情况下整流桥的大概温度，但实际温升必须以样板测试最准。

$$T_{\mathrm{C}} = T_{\mathrm{A}} + R_{\theta\mathrm{JA}}P_{\mathrm{loss}} = （50 + 2 \times 0.72 \times 1 \times 22）℃ = 81.7℃ \tag{1-16}$$

从图 1-72 中还可以看出温度越高，瞬时反向电流越大，瞬时反向电流增大之后会形成温度进一步上升的恶性循环，所以一般控制其工作温度为 110℃ 以下为最佳。整流桥规格书一般参数见图 1-73。

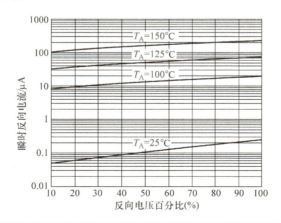

图 1-72　整流桥反向电压百分比（%）与瞬时反向电流在不同温度下的曲线

最大额定值（除非特别说明，T_A=25℃）

参数	符号	GBU4A	GBU4B	GBU4D	GBU4G	GBU4J	GBU4K	GBU4M	单位
最大重复反向峰值电压	V_{RRM}	50	100	200	400	600	800	1000	V
最大电压有效值	V_{RMS}	35	70	140	280	420	560	700	V
最大直流阻断电压	V_{DC}	50	100	200	400	600	800	1000	V
最大平均整流电流 T_C=100℃	$I_{F(AV)}$	4.0							A
T_A=40℃		3.0							A
单一半波正弦正向浪涌峰值电流	I_{FSM}	150							A
熔断额定值（$t < 8.3ms$）	I^2t	93							A^2s
工作温度和存储温度	T_J, T_{STG}	−55~+150							℃

电气特性（除非特别说明，T_A=25℃）

参数	测试条件	符号	GBU4A	GBU4B	GBU4D	GBU4G	GBU4J	GBU4K	GBU4M	单位
最大正向导通电压	4.0	V_F	1.0							V
额定直流反向电压下的漏电流	T_A=25℃	I_R	5.0							μA
	T_A=125℃		500							
典型结电容	4V,1MHz	C_J	57							pF

热特性（除非特别说明，T_A=25℃）

参数	符号	GBU4A	GBU4B	GBU4D	GBU4G	GBU4J	GBU4K	GBU4M	单位
热阻	$R_{\theta JA}$	22							℃/W
	$R_{\theta JC}$	4.2							

图 1-73　整流桥规格书一般参数

小结： 整流桥额定电压的选取最好在 800~1000V，这样可以避免过高的冲击导致整流桥的击穿。而选取额定电流的时候还需要兼顾环境温度的影响，不能单看常温下的额定值。选型前请认真查阅相应的品牌规格书，品牌不同会有压降、电流降额、损耗和热阻等不同，这些都会导致温升和效率等参数不同，不能一概而论。

考虑到二极管的温度特性，一般情况下，整流桥的损耗，包括正向压降 V_f 产生的损耗以及动态电阻上产生的损耗（工频下二极管的损耗主要包括正向压降 V_f 产生的损耗和动态电阻的损耗，而高频二极管的损耗还包括反向恢复电压产生的损耗），整流桥损耗与温度降额的关系如图 1-74 所示。

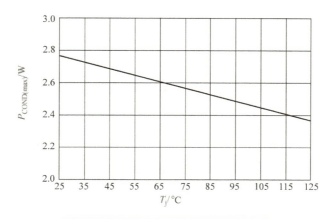

图 1-74　整流桥损耗与温度降额曲线

高频二极管，如肖特基二极管、快恢复二极管等，由于它们主要用于高频场合，在这里不赘述。

1.7.2.6　薄膜电容的选型

薄膜电容的细分种类很多，但是总的来说我们经常用到的薄膜电容主要为聚酯膜（Polyester，PET）电容和聚丙烯（Polypropylene，PP）电容以及聚丙烯薄膜（Polypropylene film，PPS）电容和聚萘酯薄膜（Polynaphthalene ester film，PEN）。表 1-16 为 PET 电容和 PP 电容的一些特性对比。

表 1-16　PP 电容和 PET 电容关键参数对比

性能 ＼ 材料	PET 电容	PP 电容或 OPP 电容
厚度 /μm	≥ 0.5	≥ 3
介电常数	3.0~3.3	2.1~2.2
tamδ（1kHz）（%）	0.2~0.5	<0.02
电阻率 /Ω · cm	10^{17}~10^{20}	10^{18}~10^{20}
击穿电压（AC）/（MV/m）	150~200	280~300
杨氏模量 /N · mm^{-2}	3920	2352~4410
熔点 /℃	260	165
使用温度范围 /℃	<125	<105
可燃性	慢燃	可燃
吸水率（24h）（%）	0.3~0.4	<0.05
主要用途	直流脉动电容，低压交流电容	交流电容，高频脉冲电容
缺点	介质损耗大，比重大	不能很薄，介电常数小，耐热差

从表 1-16 中可以看出 PP 电容相对于 PET 电容，相对介电强度比后者小，因此在

相同的容量和电压的情况下，PP 电容的体积是会比 PET 电容大的。在一般的 DC 滤波平滑场合，我们一般都是选用 PET 电容这个大类的产品。如图 1-75 是一个金属化聚酯膜电容（Metallized Polyester film capacitors）的基本参数。

引用标准（Reference Standard）	GB/T 7332（IEC 60384-2）				
气候类别（Climatic Category）	55/105/21				
额定温度（Rated Temperature）	85℃				
工作温度范围（Operating Temperature Range）	–55~105℃ (+85~+105℃：温度增加 1℃额定电压等级下降 1.25%)				
额定电压（Rated Voltage）	50/63V，100V，250V，400V，630V，1000V，1250V				
电容量范围（Capacitance Range）	0.010~10.0μF				
电容量偏差（Capacitance Tolerance）	±5%（J），±10%（K）				
耐电压（Voltage Proof）	$1.6U_R$（5s）				
损耗角正切（Dissipation Factor）	≤ 1.0%（20℃，1kHz）				
绝缘电阻（Insulation Resistance）	$U_R \leqslant 100V$	$R \geqslant 3750M\Omega$，$C_N \leqslant 0.33\mu F$ $RC_N \geqslant 1250s$，$C_N > 0.33\mu F$			（20℃，10V，1min）
	$U_R > 100V$	$R \geqslant 30000M\Omega$，$C_N \leqslant 0.33\mu F$ $RC_N \geqslant 10000s$，$C_N > 0.33\mu F$			（20℃，100V，1min）
最大脉冲爬升速率 [Maximun Pulse Rise Time（dV/dt）]：若实际工作电压 U 比额定电压 U_R 低，电容器可工作在更高的 dV/dt 场合，这样 dV/dt 允许值应为右表值乘以 U_R/U	U_R（V）	类型Ⅲ的 dV/dt（V/μs）			
		P=7.5	P=10.0	P=15.0	P=22.5	P=27.5
	50/63	7.5	6	3	2	—
	100	15	9	5	3	—
	250	30	20	12	8	5
	400	40	30	20	10	7
	630	—	40	25	12	10
	1000	70	60	30	15	12
	1250	80	70	40	18	14

图 1-75　薄膜电容规格书一般参数（来源：法拉电子）

额定电压： 在额定温度下能够连续正常工作所能承受的最高电压。但需要注意随着温度超过额定温度后，额定电压的降额，见图 1-76。当温度为 105℃的情况下，该点的额定电压降到原始额定电压的 0.7 倍左右，所以经过整流桥后，我们需要使用的滤波电容的额定电压，最少应选择在以下计算值之上：

$$U_r = \frac{1.1 \times 1.414 V_{acmax}}{0.7} = 533.3V \tag{1-17}$$

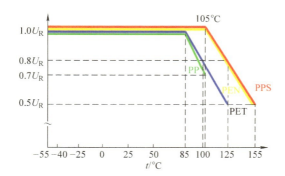

图 1-76　不同类型薄膜电容耐压与温度的降额曲线

根据以上的计算结果，我们应选择薄膜电容的额定电压最好为 630V。

由图 1-76 可以看到，PP 电容和 PET 电容对温度的要求比较严格，如果工作在过高温度的场合，所能承受的电压需要考虑一定的降额。

气候类别： 薄膜电容所设计的能连续工作的环境温度范围。55/105/56，第一个数字 55，代表最低可操作温度为 –55℃；第二个数字 105，代表最高可操作温度为 105℃；第三个数字 56，代表让该电容暴露在指定的环境下可操作的天数。

容量选择： 可根据下方公式（1-18）大概得到薄膜电容的容量：

$$C_{in} = \frac{\frac{2}{\sqrt{3}} I_{inrms}}{2\pi \cdot f_{sw} \cdot r \cdot V_{acmin}} = \frac{\frac{2}{\sqrt{3}} \times 0.72}{2 \times 3.14 \times 50 \times 10^3 \times 0.1 \times 100 \times 0.9} nF = 290.1nF \tag{1-18}$$

式中，I_{inrms} 为输入电流有效值；f_{sw} 为最低工作频率；r 为纹波系数，这里取 0.1；V_{acmin} 为最低输入电压。选取的值需比计算值大，根据常用物料规格，可选用两个 220nF 的电容并联，形成 CLC 滤波电路。

小结： 在 AC100~240V 输入的情况下，薄膜电容最好选取额定电压为 630V 或以上的型号，选取的容量最好比计算值大两倍左右，减小低压输入时候的损耗，提升效率，同时避免薄膜电容流过过大的电流导致其温升过高导致的热击穿。同时，由于此处薄膜电容用来解耦高低频信号，所以这个电容还需要承受一定的高频冲击。

为了后面章节的铺垫，这里不得不再比较一下各种薄膜电容，聚丙烯（PP）电容是一种具有高脉冲承受能力和低自温升的电介质。金属化聚丙烯薄膜电容通过内部串联实现高达 2000V 的工作电压。聚丙烯（PP）电容具有比聚酯膜（PET）电容更加优越的电气特性。某些系列的电容工作温度最高可达 110℃。聚丙烯（PP）电容更加适合工业、家电、汽车行业应用中对电气性能要求苛刻的场合。而聚丙烯薄膜电容的一个重要特性：dv/dt 能力是一个很关键的参数，它与薄膜电容的体积、容量都有很大的关系。究其原因，其膜结构所致接触阻抗的存在，那么在较高的电压脉冲下会导致过热，从而损坏电容。具体地可以看到，假设 R_c 为阻抗，当有电流流过时，会产生热量，如式（1-19）所示。

$$
\begin{aligned}
J &= R_c \times \int_0^T i^2(t)\mathrm{d}t \\
&= R_c \times C^2 \times \int_0^T (\mathrm{d}V/\mathrm{d}t)^2\mathrm{d}t
\end{aligned}
\tag{1-19}
$$

可以看到，dv/dt 这个参数决定了流过薄膜电容的电流大小，以及频率等参数，特别是在谐振电容应用场合，此值变得极为关键。而稳态时的电压、电流，同样也受到频率的限制，具体的，通过图 1-77 所示，可以看到薄膜电容所能承受的电压和电流都受到频率的限制。细分看来：

区间 a：受限于薄膜电容的物理尺寸、材质等。

区间 b：受限于薄膜电容的功率损耗，即允许的自温升大小。

区间 c：受限于最大电流处理能力。

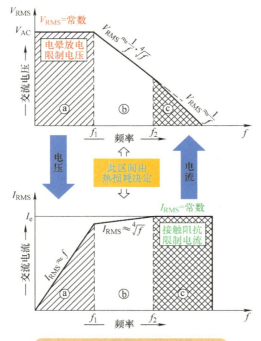

图 1-77　薄膜电容交流负载能力

在 PP 电容或 PET 电容规格书上，一般会有如图 1-78 所示的一个参数曲线供我们进行选择。

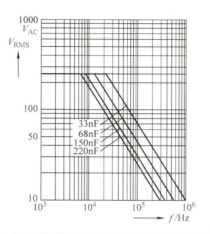

图 1-78　薄膜电容允许的最大交流电压和频率的关系

其实图 1-78，是基于波形为正弦形式，而当波形非正弦时，需要考虑到波形折扣系数。具体可以参考本章后面的参考文献。

1.7.2.7　单级反激 PFC 的变压器选型

磁心选择

1. AP 法

这也是广为流传的方法，也是对陌生项目开展时选取磁心的一个基本参考（基于 AP 法选择高频变压器磁心的公式推导及验证可以参考沙占友和马洪涛写作的书籍）。

$$\text{AP=AE} \cdot \text{AW} = \frac{(1+\eta)\,P_{\text{out}}}{4\eta k_{\text{W}} k_{\text{f}} J B_{\text{AC}} f_{\text{sw}}} \times 10^4 \qquad (1\text{-}20)$$

式中，k_{W} 为窗口利用系数，一般取 0.3~0.4；k_{f} 为波形因数；J 为电流密度；B_{AC} 为交流磁通密度；f_{sw} 为工作频率。表 1-17 为常见的几种电源波形，对于一般常用的参考已是足够。但是以上的公式中，k_{f} 和 B_{AC} 都是难以估计的，所以有了如下公式：

$$\text{AP=AE} \cdot \text{AW} = \frac{0.433\,(1+\eta)\,P_{\text{out}}}{\eta k_{\text{W}} D J B_{\text{M}} k_{\text{RP}} f_{\text{sw}}} \times 10^4 \qquad (1\text{-}21)$$

式（1-21）适用于单端正激或反激的变压器磁心选取。k_{RP} 为脉动系数，它等于一次侧脉动电流 I_{R} 和峰值电流 I_{P} 的比值，在连续电流模式时 $k_{\text{RP}}<1$；不连续电流模式时 $k_{\text{RP}}=1$；D 为占空比，按 0.5 取；B_{M} 取 0.2~0.3T。

表 1-17 常用波形平均值、有效值、波形系数对照表

序号	名称	波形	峰值 U_p	有效值 U	平均值 U_{AV}	波形因数 $k_F=U/U_{AV}$	波峰因数 $k_P=U_p/U$
1	正弦波		A	$\dfrac{A}{\sqrt{2}}$	$\dfrac{2A}{\pi}$	$\dfrac{\pi}{2\sqrt{2}}$	$\sqrt{2}$
2	半波整流正弦波		A	$\dfrac{A}{2}$	$\dfrac{A}{\pi}$	$\dfrac{\pi}{2}$	2
3	全波整流正弦波		A	$\dfrac{A}{\sqrt{2}}$	$\dfrac{2A}{\pi}$	$\dfrac{\pi}{2\sqrt{2}}$	$\sqrt{2}$
4	锯齿波		A	$\dfrac{A}{\sqrt{3}}$	$\dfrac{A}{2}$	$\dfrac{2}{\sqrt{3}}$	$\sqrt{3}$
5	方波		A	A	A	1	1

下面我们根据本例子的条件，用 AP 法来选取一个磁心：

$$AP=AE \cdot AW= \frac{0.433 \times (1+0.88) \times 36 \times 1.5 \times 1.05}{0.88 \times 0.35 \times 0.5 \times 600 \times 0.25 \times 1 \times 50 \times 10^3} \times 10^4 = 0.40 \quad (1\text{-}22)$$

一般磁心，习惯性大家以 TDK 的数据作为标杆，查阅 TDK 官网数据，再对照自己公司内部常用磁心参数得到，EE28 的 AP 值为 $0.6cm^4$；P2020 的 AP 值为 $0.41cm^4$；P2620 的 AP 值为 $0.72cm^4$。以上 3 个磁心都能满足计算上的要求，但在实际工程中，都会选择比 AP 法计算出来的大才能够用。本例子最少需要选择 EE28 的磁心才能满足例子要求，但是由于 EE28 的 EMI 特性比较差，加上不能兼容更大功率，所以综合考虑，最后选择了 P2620。

2. 有效体积法

$$V_e= \frac{P_{out} \times 10^3}{4\eta B_M^2 f_{SW}} = \frac{36 \times 1.5 \times 1.05 \times 10^3}{4 \times 0.88 \times 0.25^2 \times 50} mm^3 = 5154.5mm^3 \quad (1\text{-}23)$$

再次查阅 TDK 官网数据，再对照公司内部常用磁心参数得到，EE28 的 V_e 值为 $4150mm^3$；P2620 的 V_e 值为 $5490mm^3$。

总结：看到这里两种选型的计算方法竟然差别这么大，对于 EE28 磁心来说，在用 AP 法计算的时候有余量，而用有效体积法计算的时候居然不满足需求了。很多读者估计要纳闷了，那怎么取才是相对来说合适的呢？各位不妨想想，选取的磁心最终方向是什么，不外乎是相对应的骨架能"绕进去"，在满足温升和安规的情况下，选取的骨架在使用适当的线径中能绕进去。参考以上两种磁心的选型方法，然后根据"绕进去"原则，最终可确定磁心的选型是否正确。

注意：

1. 在实际生产中，要考虑到变压器供应商的制造能力，以及自动化绕线等因素，这可以通过和变压器厂商沟通得到比较好的结果。如，带铜箔屏蔽的就严重降低变压器生产效率。

2. 感量的容差，一般变压器供应商可以做到主电感量控制在 7%~10%，而且对于越小的变压器骨架（如 EE13、EE10），电感量误差越不容易控制，所以对于一些芯片，如果对电感量敏感的话，则需要严格控制主变压器感量的容差。

1.7.3　Mathcad 理论计算

在实际工程中，为了使计算更快捷，能够更清晰地看到计算过程中参数的改动对各项结果的影响，本书使用 Mathcad 专业软件作为基本计算文档。Mathcad 作为专业的工程计算软件，在电源设计中的作用越来越重要，由于其描述直观化，比 EXCEL 等电子表格更容易体现函数关系，因而越来越多的电源工程师把它作为一个必备工具。本书中所涉及的 Mathcad 设计案例，读者可以自行模拟进行编辑计算，当然，也可以联系笔者索取完整的 Mathcad 计算说明书。

下面图 1-79 为 1.7.1 节列出的 LED 驱动电源已知条件和假设条件。

$$V_{outmin} := 25V \qquad V_{outmax} := 36V \qquad I_o := 1.5A \qquad P_{out} := V_{outmax} \cdot I_o := 54W$$

$$PF := 0.99 \qquad \eta := 0.88 \qquad D_{max} := 0.45 \quad f_{swmin} := 65kHz \qquad V_{inmin} := 90V \qquad V_{inmax} := 264V$$

$$V_{or} := 100V \qquad V_f := 0.7V \qquad \Delta B := 0.25 \quad AE := 119mm^2$$

$$JNp := 600 \frac{A}{cm^2} \qquad JNs := 700 \frac{A}{cm^2}$$

图 1-79　Mathcad 计算说明书输入参数部分

D_{max} 为此电源的最大占空比。f_{swmin} 为最小工作频率，为了兼顾变压器尺寸和 EMI，选取的频率不能太高，也不能太低，建议在单级反激 PFC 的最低工作电压在 50~60kHz 左右。V_{or} 为反射电压，尽可能地选用市面上常用的 MOSFET 耐压值（650V 或是 600V），所以 V_{or} 不能取的太高，以避免 V_{ds} 尖峰超过 MOSFET 的耐压值，导致 MOSFET 击穿；但 V_{or} 也不能取的太低，太低会导致 PF 值偏低，建议取值在 80~120V 左右。

这主要是因为在反激式电路中占空比的表达式为：$D = V_{or}/(V_{or} + V_{in})$，$V_{or}$ 是反射电压，

V_{in} 是输入电压。单级 PFC 中，$V_{or} = n*(V_o+V_d)$ 基本可认为是不变的，而 V_{in} 是随着线电压相角变化的，为了提高 PF，必须减弱 D 随线电压变化的程度，那唯一的办法就是增大 V_{or}，当 V_{or} 大到一定程度时，V_{in} 从零变化到线电压峰值，D 基本可认为不变了，那么功率因数就近似为 1 了。同时，我们从另一个角度来看，定义 $V_{inpk}/V_{or}=K_v$，意法（ST）半导体的设计参考资料通过理论推导（K_v 与 PF 和 THD 之间的关联度见图 1-80），我们可以得到 PF 和 K_v 的近似理论关系如下：

$$PF(K_v) \approx 1 - 8.1 \times 10^{-3} \cdot K_v + 3.4 \cdot 10^{-4} \cdot K_v^2 \qquad (1-24)$$

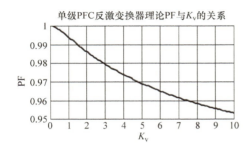
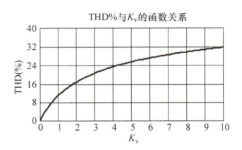

图 1-80　K_v 与 PF 和 THD 之间的关联度（来源：ST 半导体）

V_f 为输出二极管压降，一般此类快恢复二极管的压降在 0.4~0.7V。

Np 和 Ns 分别为变压器一次绕组和二次绕组所选择的电流密度，根据整机的散热条件选取，使得绕组的温升满足安规要求。图 1-81 和图 1-82 分别为 Mathcad 计算说明书变压器参数计算和参数验证。

$$V_{in} := \sqrt{2} \; V_{inmin} = 127.279V$$

$$P_{in} := \frac{P_{out}}{\eta} = 61.364W \qquad I_{inrms} := \frac{P_{in}}{V_{inmin} \cdot PF} = 0.689A \quad I_{pk} := 2 \cdot \sqrt{2} \cdot \frac{I_{inrms}}{D_{max}} = 4.329A$$

$$n := \frac{V_{or}}{V_{outmax}} = 2.778 \qquad N_p := V_{in} \cdot \frac{D_{max}}{AE \cdot \Delta B \cdot f_{swmin}} = 29.619T \qquad N_{p1} := 30T$$

$$N_s := \frac{N_{p1}}{n} = 10.8T \qquad\qquad\qquad\qquad\qquad\qquad\qquad\qquad N_{s1} := 11T$$

$$V_{CCmin} := 12V \qquad N_f := N_{s1} \cdot \frac{V_{CCmin}}{V_{outmin}} = 5.28T \qquad\qquad\qquad N_{f1} := 6T$$

$$n_1 := \frac{N_{p1}}{N_{s1}} = 2.727 \qquad V_{or1} := n_1 \cdot (V_{outmax} + V_f) = 100.091V$$

图 1-81　Mathcad 计算说明书变压器参数计算部分

在计算的时候需要配合选取合适的匝数比和圈数，令计算的结果和假设的结果相近，只有这样得到的结果，才是我们想要得到的结果。

$$L_p := V_{in} \cdot \frac{D_{max}}{I_{pk} \cdot f_{swmin}} = 203.559\mu H \qquad\qquad L_{p1} := 200\mu H$$

$$\Delta B_{max} := L_{p1} \cdot \frac{I_{pk}}{AE \cdot Np1} = 0.243 \qquad\qquad D_{max1} := \frac{V_{or1}}{V_{or1}+V_{in}} = 0.44$$

$$f_{sw1} := V_{in} \cdot \frac{D_{max1}}{AE\Delta B_{max}N_{p1}} = 64.718kHz \quad T_{on} := \frac{D_{max1}}{f_{sw1}} = 6.802\mu s$$

$$\Delta B_{max1} := T_{on}\frac{V_{in}}{N_{p1}AE} = 0.243$$

$$K_v := \frac{V_{in}}{V_{or1}} = 1.272$$

$$I_{prms} := I_{pk}\sqrt{\frac{(0.5+0.0014K_v)}{3(1+0.815 \cdot K_v)}} = 1.241A \qquad I_{srms} := n_1 \cdot I_{prms} = 3.383A$$

$$\Phi Np := 2\sqrt{\frac{I_{prms}}{3.14JNp}} = 0.513mm \quad \Phi Ns := 2\sqrt{\frac{I_{srms}}{3.14JNs}} = 0.785mm$$

图 1-82　Mathcad 计算说明书变压器参数验证

根据一次电流有效值算出一次侧线径 ΦNp，根据二次电流有效值算出二次侧线径 ΦNs，二次侧线径计算见图 1-83。

$$\Phi B := 0.5mm \qquad\qquad b := \left(\frac{\Phi Ns}{2}\right)^2\pi = 0.484 \cdot mm^2$$

$$b1 := \left(\frac{\Phi B}{2}\right)^2\pi = 0.196 \cdot mm^2$$

$$Z := \frac{b}{b1} = 2.463$$

图 1-83　二次侧线径计算

此处二次侧并绕的线径大小为 0.5mm，并绕的数量为 2（取整），MOSFET 耐压计算见图 1-84。

$$V_{ds} := V_{inmax} \cdot \sqrt{2} + V_{or1} + 100V = 573.443V$$

$$V_d := 50V + V_{outmax} + \sqrt{2} \cdot \frac{V_{inmax}}{n_1} = 222.896V$$

图 1-84　MOSFET 耐压计算

V_{ds} 等式中的 100V 和 V_d 等式中的 50V 均为预先假设的尖峰电压，实际的尖峰电压需要实际测试得出。

MOSFET 选型：根据 Mathcad 中计算得出的 I_{prms}=1.241A，在环温 100℃的情况下，选取 3 倍有效值电流即 3.7A 左右的 MOSFET 可满足设计要求（针对平面 MOSFET）。V_{ds} 降额 90% 使用（这个降额系数，不同的公司有不同的要求，主要是从元器件通用性、成本、可靠性来设定。一般而言，对于国际一线厂家的 MOSFET，可以选择 90% 的降额，而国内或是其他厂家，80%~86% 是一个比较好的经验折中降额系数），即 $\dfrac{V_{\mathrm{ds}}}{90\%}$ =637.2V，所以选取 650V 或者以上即可满足设计要求。

输出二极管选型：根据 Mathcad 中计算得出的 I_{srms}=3.383A，在环温 100℃ 的情况下，选取 3 倍有效值电流即 10A 左右的超快恢复二极管可满足设计要求。V_{d} 降额 90% 使用，即 $\dfrac{V_{\mathrm{d}}}{90\%}$ =247.6V，由于 300V 的快恢复二极管在市场上很少，所以选取 400V 的快恢复二极管即可满足设计要求。

总结：注意选取假设条件，若计算结果与假设条件相差太多，则证明假设失败，需要重新定义取值。从以上 Mathcad 的计算中可以看出，假设的数值和计算结果比较相近，接下来可以通过制作样机来实际验证 Mathcad 计算结果的可信度。

1.7.4　实物验证分析

一般而言，从 PCB 设计到可以测试的样机，这中间可能存在几次迭代，这期间可能由于布板失误，或是元器件更改，这个过程也就是电源工程师最费时间的过程，也是最考验设计者能力的时候。任何一个产品，都需要经过严格的测试验证方可进入量产阶段，对于小功率电源（如 LED 驱动电源、适配器电源等），已有成熟化的产品验证流程和方法，以及评估手段。在本书的第 5 章中会给予重点介绍。这里只是简单说明，验证主要有两个目的，一是检查设计是否与理论计算或是经验假设相符合；二是通过各种工况（如开机起动、关机、异常状态等）来评估产品的实际工作情况，而这很难在最开始时得到理论保证。

本书也不例外，对上述理论设计多个维度的验证，由于受书籍版面所限，不可能对所有的验证结果都一一描述，所以笔者抽取其中大家最关心的，以及平常忽略掉的一些情况进行分析。

1.7.4.1　主要工况波形分析

实际测试负载为电子负载恒压输出（CV）模式 36V，实际输出电流 1.46A。

1. MOSFET 的 V_{ds} 和 I_{pk} 波形（输入电压为 AC90V），这是考虑 MOSFET 的电流应力。

通道 3 为 MOSFET 峰值电流 I_{pk}，从图 1-86 中可以读出最大值为 4.28A，与计算值 4.329A 相差 49mA；图 1-85 中的方均根值为 1.1A，计算值为 1.241A，相差 141mA。从以上可以看出，我们的计算值是比较准确的，证明与我们的假设条件基本吻合。也就是峰值电流是常规反激 PFC 电流的 $\sqrt{2}$ 倍，波形上的体现如图 1-85 所示，MOSFET 的电流呈正弦包络变化。由于电流波形呈正弦变化，所以想达到相同的功率（相对于常规反激 PFC），峰值电流必须变大才能得到，这也是为什么单级反激 PFC 的

MOSFET 选择要比同功率下常规反激 PFC 的 MOSFET 的电流要大的原因。

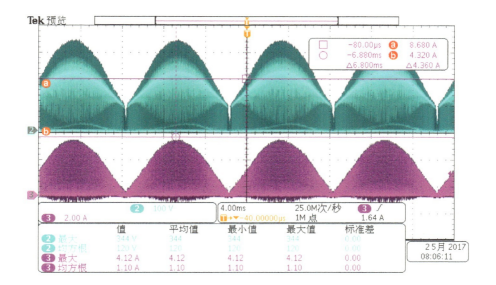

图 1-85　MOSFET 的 V_{ds} 和 I_{pk} 波形（输入电压为 AC 90V）

再来看图 1-85 的展开波形，如下图 1-86 所示。

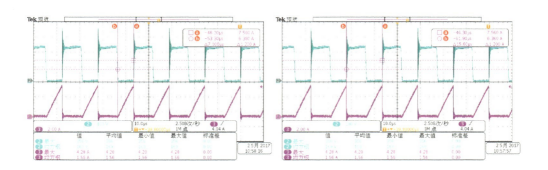

图 1-86　MOSFET 的 V_{ds} 和 I_{pk} 波形展开

从上面两张图中可以计算出频率 f_{sw} 和占空比 D_{max}。f_{sw} 的理论计算值为 64.718kHz，f_{sw} 的实际测量值为 64.1kHz；$D_{max} = \dfrac{7}{15.6} = 0.448$，理论计算值为 0.44。从以上可以看出，我们的计算值是准确的，证明与我们的假设条件基本吻合。

2. MOSFET 的 V_{ds} 和 V_{gs} 波形（输入电压为 AC90V），这主要是用于评估 MOSFET 的驱动特性。

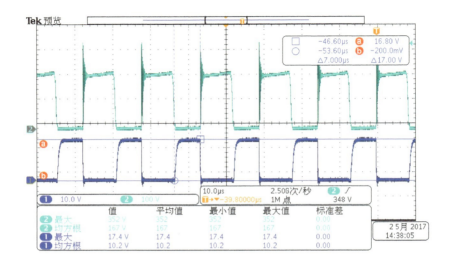

图 1-87   MOSFET 的 V_{ds} 和 V_{gs} 波形（输入电压为 AC90V）

图 1-87 中 1 通道为驱动电压波形 V_{gs}，可以看出芯片的驱动能力与驱动电阻是匹配的，适当地选取驱动电阻的大小，可以改善效率（有效降低 MOSFET 的温升）和 EMI；2 通道为 V_{ds} 波形。

3. MOSFET 的 V_{ds} 和 I_{pk} 波形（输入电压为 AC264V）如图 1-88 所示。

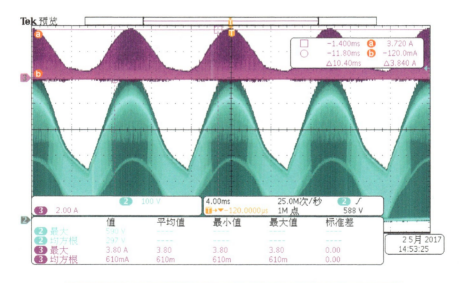

图 1-88   MOSFET 的 V_{ds} 和 I_{pk} 波形（输入电压为 AC264V）

再来看图 1-88 的展开波形，如图 1-89 所示。

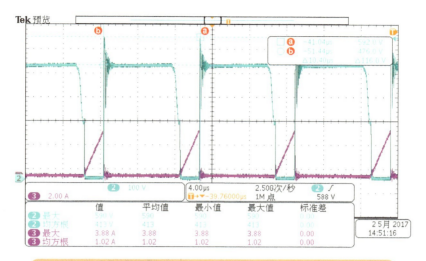

图 1-89　MOSFET 的 V_{ds} 和 I_{pk} 波形展开（输入电压为 AC264V）

从此图 1-89 中可以看出，同样负载的情况下，高压输入的时候工作频率为 96.2kHz。再看 V_{ds} 的尖峰电压为 116V，与假设的 100V 比较接近，证明与设计的吻合度很高。此处的尖峰比较高，有两个因素：①变压器的漏感比较大；② RCD 吸收回路的参数设计得比较小。本书在第 2 章会详细地说明此尖峰的由来。

4. MOSFET 的 V_{ds} 和 V_{gs} 波形（输入电压为 AC264V）如图 1-90 所示。

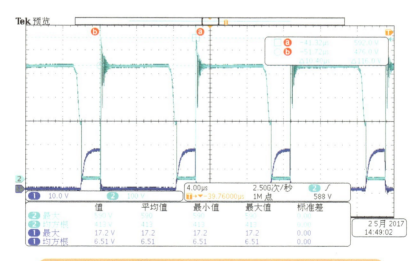

图 1-90　MOSFET 的 V_{ds} 和 V_{gs} 波形（输入电压为 AC264V）

对比图 1-88 和图 1-90，可以看到不同电压下，V_{ds} 波形基本上类似，但 V_{gs} 驱动电压波形有一定的变化，具体体现为上升速度变缓，其原因为在高压高频情况下，对于单级 PFC 结构而言，高压时所要驱动的负载 - 门极电荷变大（后续有更具体的解释），因此驱动电压会平缓上升。

5. 启动情况下 MOSFET 的 V_{ds} 和 I_{pk} 波形（输入电压为 AC90V）如图 1-91 所示。

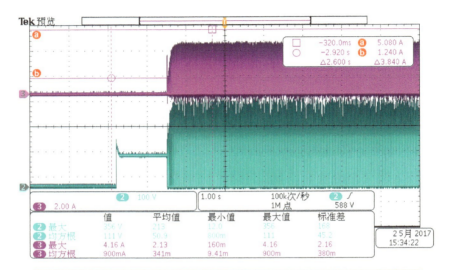

图 1-91　启动情况下 MOSFET 的 V_{ds} 和 I_{pk} 波形（输入电压为 AC90V）

6. 启动情况下 MOSFET 的 V_{ds} 和 I_{pk} 波形（输入电压为 AC264V）如图 1-92 所示。

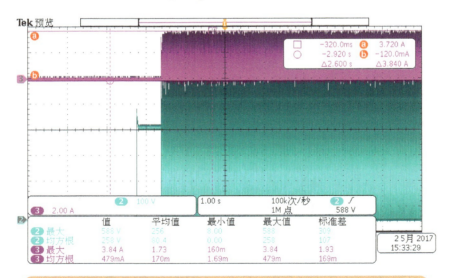

图 1-92　启动情况下 MOSFET 的 V_{ds} 和 I_{pk} 波形（输入电压为 AC264V）

从图 1-91 和图 1-92 中可以看到，启动时刻波形缓慢上升，无尖峰电压超出正常工作时候的最大值电压，可以说这样的启动是合适的。因为在启动过程中系统环路没有建立起来，所以对电源的冲击较大，一般启动时的元器件承受的应力比稳态时要大，但本项目看来，波形在开机启动过程中上升良好，没有出现尖峰过冲，这主要受益于现在芯片多集成了软启动功能，如果芯片没有此功能，可以按项目需求，选择加入软启动功能。但是我们可以看到，在开机时，V_{ds} 上仍然存在一个尖峰电压，这一般是因为整流桥前或是桥后的 PI 型（C-L-C）滤波振荡导致。

7. 短路情况下 MOSFET 的 V_{ds} 和 I_{pk} 波形（输入电压为 AC90V），电源短路也是一个比较严苛的工况，所以设计时要考虑电源短路后不损坏产品或不发生危险状况，短路故障解除后，需要能够自动恢复或是重新开机电源能正常工作。一般以满载时短路情况最严重，所以本次测试以满载为条件进行短路测试。开机之前令输出短路，之后恢复负载得到如图 1-93 所示波形。

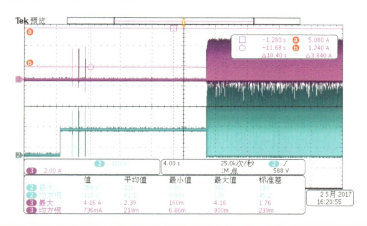

图 1-93　满载，短路输出后开机时 MOSFET 的 V_{ds} 和 I_{pk} 波形（输入电压为 AC90V）

正常负载开机，然后输出短路，之后恢复负载得到如图 1-94 所示波形。

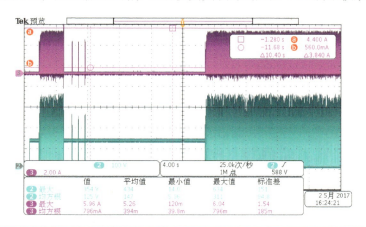

图 1-94　满载，开机后输出短路再恢复 MOSFET 的 V_{ds} 和 I_{pk} 波形（输入电压为 AC90V）

可以清楚地看到，系统短路解除后能自动恢复，这是目前对电源的一个基本要求。当然取决于所选的方案，现在这种保护均由芯片集成内部去操作，有部分芯片采用的锁死保护，这意味着需要断开市电输入一段时间后再上电方可解除，在照明及适配器领域，这种锁死保护的客户使用不太友好，故现在很多种情况下，要求保护后能自动恢复。

8. 短路情况下 MOSFET 的 V_{ds} 和 I_{pk} 波形（输入电压为 AC264V）。开机之前令输出短路，之后恢复负载得到如图 1-95 所示波形。

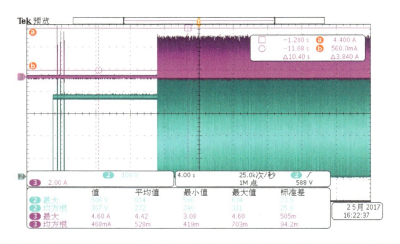

图 1-95　满载，短路输出后开机时 MOSFET 的 V_{ds} 和 I_{pk} 波形（输入电压为 AC264V）

正常负载开机，然后输出短路，之后恢复负载得到如图 1-96 所示波形。可见高压输入和低压输入，系统的短路状态一样，能够自动恢复。

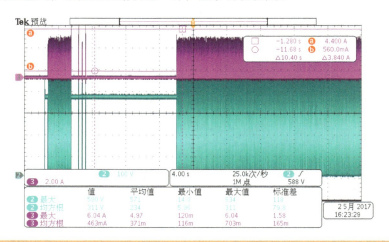

图 1-96　满载，开机后输出短路再恢复 MOSFET 的 V_{ds} 和 I_{pk} 波形（输入电压为 AC264V）

9. 输入电压和电流波形（输入电压为 AC90V）如图 1-97 所示。

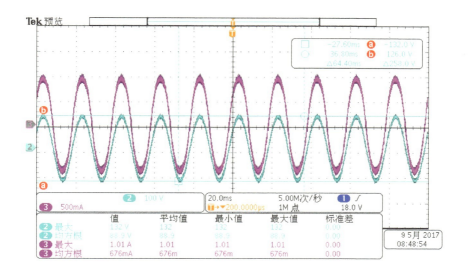

图 1-97　输入电压和电流波形（输入电压为 AC90V）

10. 输入电压和电流波形（输入电压为 AC264V）如图 1-98 所示。

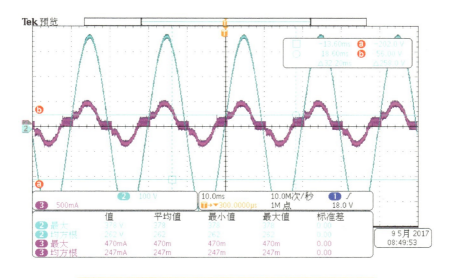

图 1-98　输入电压和电流波形（输入电压为 AC264V）

这里电流波形与电压波形的相似程度和相位情况是 PF 值高低的直观表现，从这里可以看到，此电源实现了功率因数校正的功能，而且在全电压范围下表现也还不错。如果仔细分析，可以看到在高压输入时，输入电流在过零处存在畸变，THD 会受到影响。故实测得到的 PF 和 THD 与输入电压的关系如下图 1-99 所示，可以看到此类电源（或是此方案）能够满足一般应用场合的要求，但如果对 THD 要求严苛的话，此方案还是略显不足。

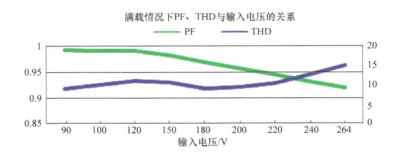

图 1-99　满载时 PF、THD 与输入电压的关系

11. 驱动电压波形（V_{gs}）和供电电流波形（I_{CC}）（输入电压为 AC90V）如图 1-101 所示。

坦率而言，笔者也很少测量此处的供电电流，但在这里，为了给读者呈现真实的芯片消耗电流的情况，所以我们在验证环节中加入了芯片的供电电流测试一项。图 1-100 为芯片供电电流测量位置和方向。

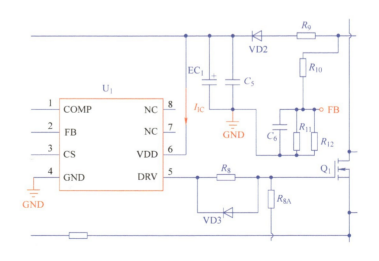

图 1-100　芯片供电电流测量位置和方向

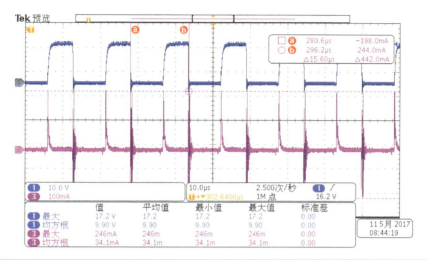

图 1-101 低压 90V 输入时驱动电压波形（V_{gs}）和供电电流波形（I_{CC}），以电流流入芯片为正参考方向

12. 驱动电压波形（V_{gs}）和供电电流波形（I_{CC}）（输入电压为 AC264V）如图 1-102 所示。

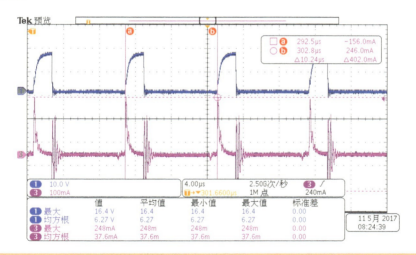

图 1-102 高压 AC264V 输入时驱动电压波形（V_{gs}）和供电电流波形（I_{CC}），以电流流入芯片为正参考方向

通过观察图 1-101 和图 1-102 的波形，是不是颠覆了大家之前的认知？芯片的消耗电流并不是持续固定的电流，而是和驱动频率相关的脉冲电流，所以芯片手册中的供电电流为有效值。同时我们也可以通过一个芯片的内部框图来解释，如图 1-103 所示一个 PWM 控制芯片的内部框图，可以看到 V_{CC} 的电流主要有两个用途，一个为红

色箭头所示，流向 DRAIN 输出，即作为驱动电流；另一个如图 1-103 中蓝色所示，用于芯片内部基准建立及其他电路供电，这部分电流一般称之为静态工作电流。所以可以得知，V_{CC} 引脚的电流为驱动电流（动态）和静态工作电流之和，只要驱动是以 PWM 形式变化的，那么 V_{CC} 引脚上的电流即为脉冲形式，且频率和 PWM 频率一致。

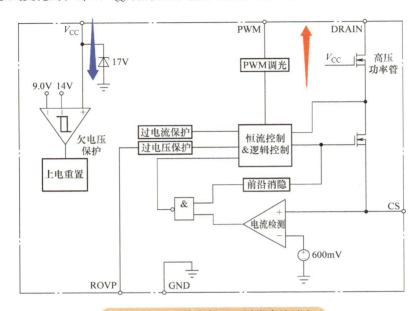

图 1-103　芯片内部 V_{CC} 引脚电流流向

13. 驱动电压波形（V_{gs}）和电流波形（I_{gs}）（输入电压为 AC90V）如下图 1-104 所示。

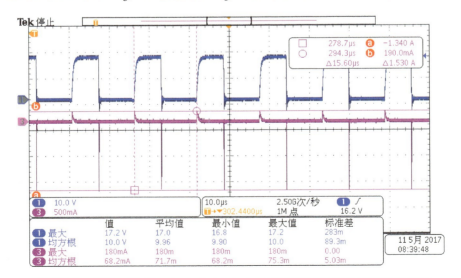

图 1-104　驱动电压波形（V_{gs}）和电流波形（I_{gs}）（输入电压为 AC90V）

14. 驱动电压波形（V_{gs}）和电流波形（I_{gs}）（输入电压为 AC264V）如图 1-105 所示。

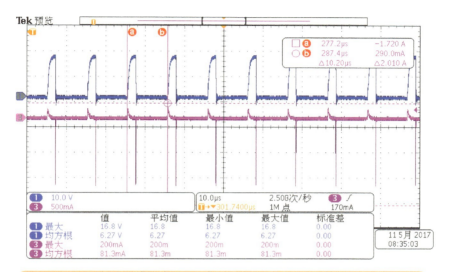

图 1-105　驱动电压波形（V_{gs}）和电流波形（I_{gs}）（输入电压为 AC264V）

从图 1-104 和图 1-105 可以看到，由于高压输入时，MOSFET 上的耐压增加，从而导致了 MOSFET 的动态电容参数发生了变化，在高压时，整体 C_{iss}（$C_{iss}=C_{gs}+C_{rss}$）变大，总门极电荷（Q_g）增加，这样在相同的门极驱动电压下，高压时驱动变缓，图 1-106 也显示了一个 MOSFET 在 V_{DS} 电压变化时动态电容的变化典型。

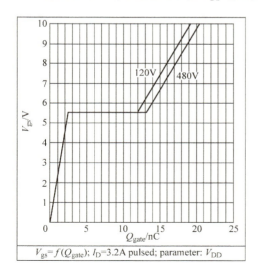
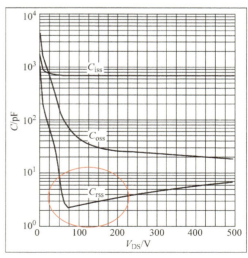

图 1-106　MOSFET 寄生电容与 V_{DS} 的关系

同时我们也可以看到，驱动电流在开通时小，但关断时很大，有时甚至会大几倍，这是因为都追求效率，一般采用的即为慢开快关的形式，所以关断时芯片抽取的电流很大。

15.输出电解电容的纹波电流波形如图 1-107 所示。

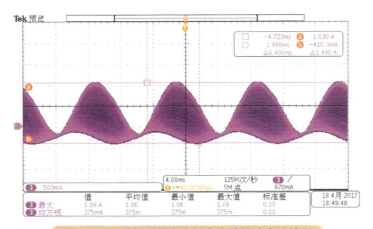

图 1-107　满载时输出电解电容的纹波电流波形

在 LED 驱动电源中，铝电解电容是唯一一个含有液态物质的元器件，其性能的优劣直接决定着整灯的使用寿命，所以选择铝电解电容的规格变得十分重要。常理之中，电解电容决定了整体电源的寿命，其上流过的电流波形需要我们关注，并以此来计算其寿命，可以看到，由于所选择拓扑的原因，输出电解电容上的电流波形是高频和低频的混合波。实际计算电解电容寿命，一般会进行分解，而且不同的厂家对电解电容的寿命计算公式略有不同，这主要是考虑到不同厂家的电解液配方、工艺、设计能力等不同。日系的红宝石、黑金刚，台系的丰宾，大陆的艾华等都会提供相关寿命计算和纹波测量指导。考虑到艾华在我们国内的使用程度，我们通过两个实例来进行说明。更为复杂的，读者可以自行参考相关电解电容寿命计算的文献。电解电容寿命推算公式如图 1-108 所示。

铝电解电容寿命推算公式
适用范围：贴片型，一般品，及其他系列

$$L_x = L_0 \times 2^{(T_0 - T_x)/10} \times 2^{(\Delta T_0 - \Delta T_x)/5}$$

L_x——计算公式得出的寿命值

L_0——保证寿命值

T_0——最高额定工作温度(85℃、105℃、125℃、130℃)

T_x——实际环境温度，即装置内的电容器实际环境温度

ΔT_0——允许中心温升，即纹波电流升到额定最大值时测得的电容器芯子温升

ΔT_x——中心温升，即在装置工作条件下，施加纹波电流而引起的电容器芯子温

注意：指导意见是推算寿命的最长时间不超过15年

图 1-108　电解电容寿命推算公式（资料来源：艾华电子）

电解电容案例 1： 低功率因数电路的前级整流滤波电容，电解电容不同位置的特性需求如图 1-109 所示，其波形测试和高低频分析如图 1-110 所示，其寿命推算公式如图 1-111 所示。

选择产品规格 CD11GES，400V 10uF，I_{rms}=350mA/100kHz，应用在 7W 的 LED 球灯中的情况：T_a=90℃，要求产品的使用寿命为 5 万小时。

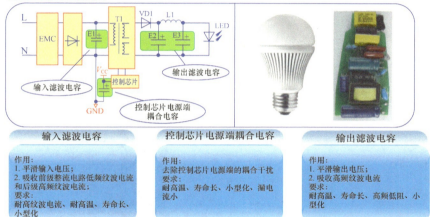

图 1-109　电解电容不同位置的特性需求（资料来源：艾华电子）

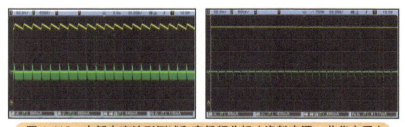

图 1-110　电解电容波形测试和高低频分析（资料来源：艾华电子）

纹波电流的折算
$I_{MF}^2 = I_{LF}^2 + I_{HF}^2$

$I_{LF} = \sqrt{I_{MF}^2 - I_{HF}^2}$

$I_{LF} = \sqrt{(110)^2 - (81.17)^2} = 74\text{mA}$

$I_{rms@100kHz} = \sqrt{(\frac{74}{0.4})^2 + (\frac{81.2}{1})^2} = 203\text{mA}$

自温升的计算

$\Delta T_x = $（实际纹波电流值）$(I_x)$/（额定纹波电流值$(I_o)$)$)^2$ ×额定温升(ΔT_0)
　　 $= (203/350)^2 \times 5 = 1.68℃$

以下是在此应用条件下铝电解电容的寿命推算：

$L_x = L_o \times 2^{(T_o - T_x)/10} \times 2^{(\Delta T_o - \Delta T_x)/5}$

　　 $= 12000 \times 2^{(105-90)/10} \times 2^{(5-1.68)/5}$

　　 $= 53764\text{hrs}$

额定电压/V \ 频率	120Hz	1kHz	10kHz	100kHz
160～450	0.40	0.80	0.90	1.00

5万小时寿命保证

图 1-111　电解电容寿命推算计算案例 1（资料来源：艾华电子）

电解电容案例 2： 高功率因数电路的输出滤波电容电解电容不同位置的特性需求如图 1-112 所示，其波形测试和高低频分析如图 1-113 所示，其寿命推算公式如图 1-114 所示。

选择产品规格 RN 系列，80V/82uF、8mm×16mm，I_{rms}=350mA/100kHz，应用在 10W 的球灯中，环境温度 T_a=90℃，要求灯寿命 5 万小时。

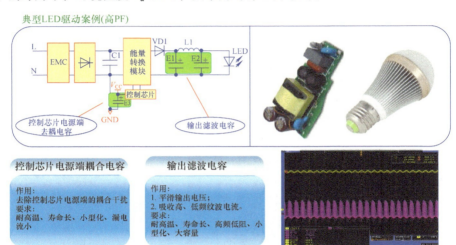

图 1-112　电解电容不同位置的特性需求（资料来源：艾华电子）

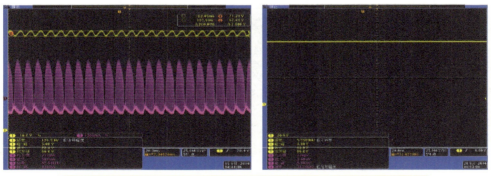

图 1-113　电解电容波形测试和高低频分析（资料来源：艾华电子）

纹波电流的计算

$$V_{rms@100Hz} = \frac{V_w}{2\sqrt{2}} = \frac{3.8}{2\sqrt{2}} = 1.34V$$

$$X_{c100Hz} = \frac{1}{2\pi f_c} = \frac{1}{2*3.14*100*82*10^{-6}} = 19.42\Omega$$

$$I_{LF} = \frac{V_{rms@100Hz}}{X_{c100Hz}} = \frac{1.34}{19.42} = 69.2mA$$

$$I_{HF} = \sqrt{(I_{Mixed})^2 - (I_{LF})^2} = \sqrt{(215)^2 - (69.2)^2} = 203.6mA$$

$$I_{rms@100kHz} = \sqrt{(69.2/0.5)^2 + (203.6/1)^2}\ mA = 246.1mA$$

以下是在此应用条件下铝电解电容的寿命推算：

$$L_x = L_0 \times 2^{(T_0 - T_x)/10} \times 2^{(\Delta T_0 - \Delta T_x)/5}$$

$$= 7000 \times 2^{(105-90)/10} \times 2^{(5-2.47)/5}$$

$$= 28109hrs$$

图 1-114　电解电容寿命推算计算案例 2（资料来源：艾华电子）

可以看到其高低频分解计算后，推算其寿命只有 2.8 万小时，不能满足要求，所以需要用多个电解电容并联使用，或是选择其他系列的产品。

16. 输出二极管上的电流波形如图 1-115 所示，其电流波形不存在跳跃和振荡，证明设计十分合理。

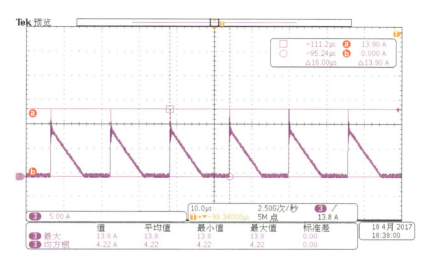

图 1-115　满载时输出二极管上的电流波形

17. 整流桥后薄膜（CBB）电容上的电流波形如图 1-116 所示。

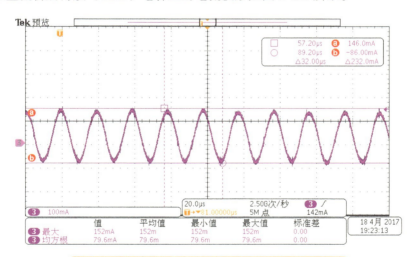

图 1-116　满载时整流桥后薄膜电容上的电流波形

此处的电容作为高低频解耦电容，所以可以看到里面有高频分量，所以此处的电容一般选择具有一定高频承受能力的薄膜电容。

1.7.4.2　变频时的频率分析

单级 PFC 作为一种典型的变频工作电路，其频率根据负载和输入电压的变化而变化，这也是为什么设计时需要考虑最低和最高频率，以及 EMI 测试时会发现在不同输入电压下 EMI 频谱变化会有差别。在本小节，我们实际测量了此电源的频率变化范围，详细数据如表 1-18 所示。

1. 输入电压对频率的影响，为考虑单一变量，我们将负载设为满载。

表 1-18　满载时输入电压和工作频率实测数据

负载：36V		
输入电压 /V	工作周期 /μs	工作频率 /kHz
90	15.6	64.1
100	14.5	68.9
120	12.9	77.5
150	11.4	87.7
180	10.8	92.6
200	10.6	94.3
220	10.3	97.1
240	10.3	97.1
260	10.2	98.0

还是用图来表达更为直观，如图 1-117 所示为满载时输入电压和工作频率关系。

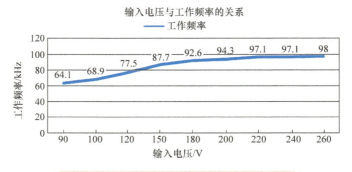

图 1-117　满载时输入电压和工作频率关系

我们从表 1-18 中可以看出，这款单级 PFC 电路的工作频率是随着输入电压的增大而升高的。一般我们使用的芯片都有最高频率限制，从上面可以看出，这款芯片的限制频率大概在 100kHz 左右。

2. 负载对频率的影响，为考虑单一变量，我们将输入电压设为定值，此时负载与工作频率实测数据见表 1-19。

表 1-19　固定输入电压时，负载与工作频率实测数据

输入电压：AC220V		
负载 /V	工作周期 / μs	工作频率 /kHz
36	10.3	97.1
30	11.1	90.1
25	12.1	82.6
20	13.7	73.0

从图 1-118 中可以看出，随着输出电压降低，此时因为负载电流不变（恒流输出），负载降低，电源的工作频率也跟着降低。

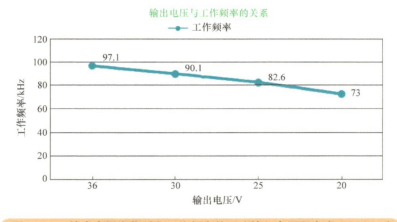

图 1-118　输出电压变化时和工作频率关系（输入电压固定为 AC220V）

1.7.4.3　精度

作为 LED 电源，恒流精度（包括不同 LED 电压下，以及不同输入电压时的输出电流精度）一直是大家关注的一个指标，这是因为 LED 输出电流直接和 LED 的光通量有关，所以一般 LED 恒流精度即代表着光通量的范围，特别是当一批 LED 灯安装在某一区域时，如果输出电流 / 光通量变化较大的话，那么灯与灯之间的差异更为明显。所以 LED 电源从一开始到现在，这个指标变化不大，综合考虑方案成本、元器件实际容差、产品品质管控能力，目前来看这个恒流精度，对于 0.3A 以下的电源，一般 5%~7% 是比较合理的要求，也是实际上能够做到的。而对于 0.3A 以上大电流输出场合，综合成本及使用实际情况，3%~5% 的精度是比较合理和可现实的。

表 1-20　输入线性调整率、负载调整率实测数据

输入电压 /V	输出电压 /V	输出电流 /A	负载调整率（%）
90	36	1.46	2.67
	30	1.48	
	25	1.49	
	20	1.49	
110	36	1.46	2.67
	30	1.48	
	25	1.48	
	20	1.49	
220	36	1.46	2.67
	30	1.48	
	25	1.49	
	20	1.49	
264	36	1.46	2.67
	30	1.48	
	25	1.49	
	20	1.49	

在这里我们用图 1-119 的条形图来表达电源的输入和输出调整率，可以看出此电源方案满足了最开始设计的 5% 的要求。

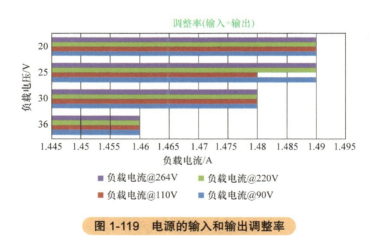

图 1-119　电源的输入和输出调整率

1.7.4.4　最终成品实物

至此，我们可以看到此电源的实物如图 1-120 所示，IP67 防水设计，铝外壳辅助散热，灌胶设计。当然由于是手工焊接，焊点、焊锡可能存在一定的不良，但这个产品经过我们的理论设计，实际波形测试，是可以进行小批量试产的。

图 1-120　最终实物样品图片

1.7.4.5　小结

由此实际测试结果可以看出，一个电源从设计到量产，不仅仅只是依靠理论计算就能完全覆盖所有方面的，工程研发调试必不可少。从原理图和 PCB 绘制时，就应该要考虑到可生产性、工厂生产线的可测试性、可维修性（这在本书的后面几章会专门讲到），而在元器件选择时，要充分利用工程师自己所在公司的元件库，尽量按照平台元器件通用性选择，以避免采购备料出现问题。此单级反激 PFC 电路的驱动电流以及其他测试结果，由于版面限制，不可能一一罗列，读者可以联系笔者索取。

1.8　频闪以及去纹波方案

1.8.1　频闪的背景

光的闪烁是一个古老的话题。从白炽灯自 1879 年被发明以来的 100 多年，人类一直生活在"闪烁"的人工照明环境中，白炽灯的工频交流，荧光镇流器的工频交流或是高频交流。其实在普通照明环境中，每个人的眼睛是最简单、有效的辨识光闪烁的仪器，当感觉到光的闪烁导致不舒适时，人就会主动远离那个光环境。所以也不需要太过于恐慌。进入 LED 照明时代，由于 LED 照明的特性包括没有光延迟效应、输出波形可任意调节等，造成光的闪烁的负面影响会较容易发生。同时对过去的评价指标（如 MD）提出了挑战，老的评价方法需要更新。

频闪效应（Stroboscopic effect）：由于电流的周期性变化，因而发光源所发出的光通量也随之呈周期性的变化，叫作频闪效应。这会使人眼产生闪烁的感觉。这受到光线强弱、频率、波形、调制深度的影响。灯的闪烁以及人感受到的频闪效应如图 1-121 所示。

图 1-121　灯的闪烁以及人感觉到的频闪效应

其实关于频闪，这个问题随着大量 LED 灯具进入市场使用，人们对光输出质量的要求开始提高，光波动的影响开始进入大众视野。考虑到本书读者可能没有系统地学过光学，这里我们用大家俗称的频闪来代替（严谨来说，此频闪是一个泛指概念），这样简单地从定性角度来认识到电路的设计。

目前简单层面，对频闪进行量化表达的是闪烁指数这一概念，闪烁指数的定义如图 1-122 所示。

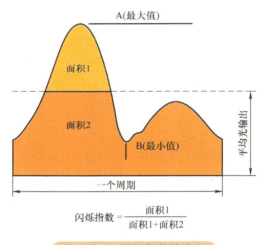

$$\text{闪烁指数} = \frac{\text{面积1}}{\text{面积1}+\text{面积2}}$$

图 1-122　闪烁指数的定义

如本章前文所述，单级 PFC 电路由于前端没有大容量储能电容，故输出端存在 2 倍的输入工频纹波，并通过变压器传输到 LED 上，进而反映到光输出质量上，许多国际官方或是非官方机构开始对频闪进行了调研分析。目前，国际照明界（如 CIE 和 IEC）以及各国的照明标准化组织都在积极研究，推进对光的闪烁的评价，各自提出了各种方案，并提出了一系列的参考标准，这里考虑到光电机理，我们侧重于减少 LED 电流上的纹波，而对于频闪的具体要求和可接受度标准，请阅读本章最后所列的参考文献中的内容。

频闪（对生物）的影响是一个相当复杂的多因素结果，涉及光学、神经学、视觉等多方面。

频闪在实际特定应用中会带来诸多麻烦甚至危害，主要表现在：

1. 对于体育场馆，如果是对运动物体的照明，例如乒乓球馆、羽毛球馆、网球馆等，照明光的闪烁将无法看清运动球体；

2. 在进行摄影和摄像的场合，如果采用带闪烁的光照明，将无法避免摄影时出现暗区以及摄像时出现黑色滚动条；

3. 频闪效应和相关机械运动合拍时，将造成机械运动明显减慢或停止运动的错觉。

而真正让频闪进入广大消费者视野的是 2017 年中央电视台 3.15 国际消费者权益日晚会中，央视主持人和相关技术人员现场对两款 LED 护眼台灯进行测试，除专业仪器的测试数据以外，技术人员还指导主持人使用一部智能手机进行检测，结果清晰地看到了频闪，并表示"只需记住这一招：打开手机的照相功能，让镜头对准灯泡，注意屏幕上的闪烁，频闪严不严重一目了然！"。这一不科学的表述受到了照明厂商的一致质疑，纷纷对此提出自己的观点，但汇总来看，即：用手机摄像头判定 LED 光源的频闪并不是科学准确的做法，用手机观察频闪，从而得出的结论也是不正确的，而且没有依据的。但必须要提出，晚会中采用的专业技术仪器是科学的方法。

• 通过手机摄像头看到频闪的根本原因在于，大多数手机的采样频率会根据背景光的变化进行自动调整，而且采样频率不够高且不固定，由于摄像头与被观察灯具的刷新频率不同，不同品牌的手机，其采样频率及调整范围、显示模式都可能不同，不同手机带来的自身的测量参数也不同，测试不具备可重复性。

• 通过手机屏幕呈现出来的只是一个影像，这个影像本身并不直接说明任何技术指标。当手机屏幕出现黑条纹，只能说明待测光源发出的光确实有变化，但这个变化是不是能使人眼感知到闪烁？会使人感到不舒服或者任何其他不良的反应？这也没有对应任何有意义的技术参数。

那么，要测频闪的话，对仪器的要求相当高，至少要满足如下要求：

• 采样频率足够高，高于大多数照明设备的光输出频率，这个可以通过仪器的硬件设计来解决。

• 内部具有符合国际标准的计算能力，显示有意义的数值，这个主要是软件算法和标准化量化的能力，这方面由于不同照明产品的要求均不相同，而且目前没有一个通用化的指标体系来评估，故真正可用的测试设备不多。

减少驱动电流的纹波或调制的纹波，以及提高驱动电流的频率将有效改善波动深度指标。LED 照明产品必须根据照明场合对照明光闪烁提出需求，通过改善驱动电流的波动性及采用其他手段来控制照明光的波动深度，保证各种场合下有合适的照明光的波动深度，从而避免因为照明光的闪烁（频闪）对人们健康产生损害。现今对于频闪的处理，早也有许多种办法来实现（消除工频纹波），此电路一般称之为去纹波电路，也叫作去频闪电路，还包括有源滤波、电子滤波等，所有的办法都是以损失效率来实现的。

1.8.2　晶体管消除纹波方案

图 1-123 所示的两个电路是一个自给偏压的射极跟随器，利用达林顿晶体管，由于放大倍数很高，可以使得基极的阻抗维持相当高，所以只需很小的电容即可过滤掉 100Hz 的纹波。这个电路可以使用 NPN 型晶体管放在 V_{OUT} 端来实现，或者使用 PNP 型晶体管放在 GND 端实现。加上这样的电路可将 LED 电流纹波降到非常低的值，甚至接近 0%。这种消除 LED 电流纹波的电路的缺点是会有额外的功耗消耗在 Q_2 上，因而降低了 LED 驱动器的效率。在 Q_2 上的功耗可以由（$V_{OUTPP}/2 +1.2V$）* I_{LED} 来估计，可以看到，电流很大的话，Q_2 的功耗不可小视。

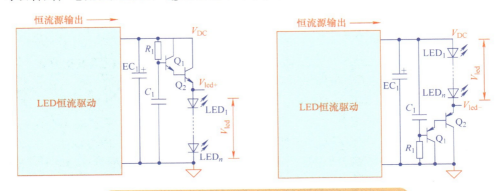

图 1-123　利用晶体管来消除纹波（来源：立琦电子）

我们用一个实际的电路来进行测试，电路图如图 1-124 所示，V_{out} 即为单级 PFC 输出，经过 Q_1 和 Q_2 组成的达林顿结构，再接到 LED 负载上面（此例为 14 个 LED）。我们先来看仿真结果，如图 1-125 所示，可以看到，V_{out} 上通过仿真人为叠加 100Hz 的工频纹波，而在 LED 上面，基本上看到纹波幅度大为降低，同时 LED 中的电流纹波水平也接近为 0，而实际搭建的测试电路，通过示波器测量出来的结果和仿真结果一致，说明此电路是实际有效的。同时通过仿真我们可以看到 Q_1 和 Q_2 的功耗水平，如图 1-126 所示，Q_1 的功率相对来 Q_2 来说很小，这是因为 Q_1 主要是起驱动作用，而 Q_2 作为线性调整管来吸收掉所有的纹波电流产生的功耗。

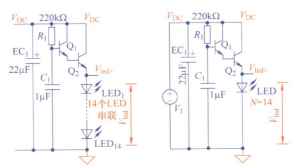

图 1-124　利用晶体管来消除纹波实际测试电路图（左）和仿真电路图（右）

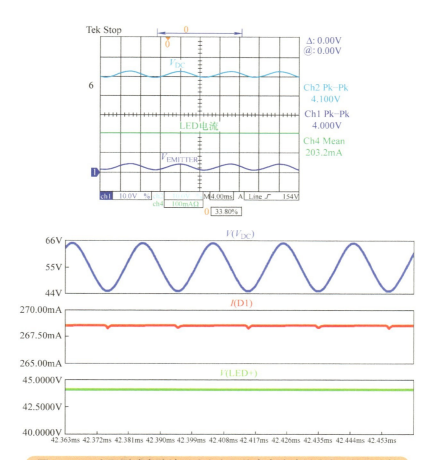

图 1-125 实际测试电路波形（左）和仿真电路波形（右）结果比较

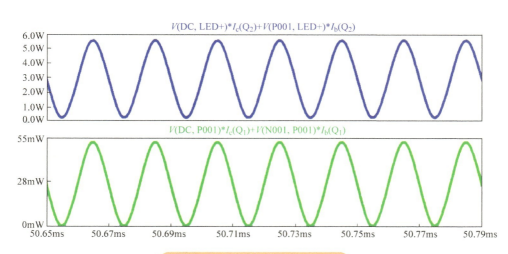

图 1-126 Q₁ 和 Q₂ 的功耗情况

如果采用 PNP 型晶体管，一样可以实现类似的功能，如图 1-127 所示为仿真电路及波形。

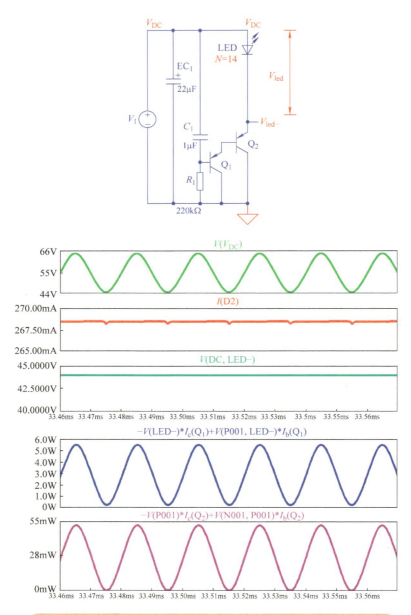

图 1-127　采用 PNP 型晶体管搭建去纹波电路的仿真电路及波形

不管是哪种形式，由于 Q_2 是作为动态调整管来吸收工频纹波，Q_2 的高功耗制约了此类电路的应用，使得纹波消除电路这样的解决方案通常仅适用于较低功率的系统中，或是高压小电流输出型电源中。当然对于此类电路，相关公司已申请专利，具体可以阅读参考文献。

1.8.3　MOSFET 消除纹波方案

同样的，上述晶体管或是达林顿管，也可以换成 MOSFET，如图 1-128 所示。由于 MOSFET 可以通过控制来实现恒流特性，即因为 MOSFET 其开启电压 V_{GSTH} 为常量，当其处于恒流区的时候，若 V_{GS} 保持不变，则 I_{ds} 也保持不变，这样 MOSFET 与 LED 串联后，即 LED 上的电流也能保持不变。具体实现机理如下：$V_C = V_{GS} + V_{LED}$，V_C 即为滤波电容上的电压，V_{LED} 即为 LED 负载电压，V_{GS} 为 MOSFET 栅源电压，由于滤波电容 C 容量足够大，所以 V_C 也基本恒定，而 LED 上的负载电压也基本上不变，所以这样得到 V_{GS} 基本上恒定，从而 I_{ds} 也恒定。为了消除 100Hz/120Hz 左右的交流纹波，可以将 RC 时间常数设定为 100mS 左右。同样，这类电路也被相关公司申请写入专利（详见参考文献）。

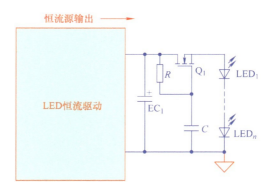

图 1-128　利用 MOSFET 构成去纹波电路（来源：公开专利）

1.8.4　ASIC 方案

由于分立元件参数离散性大，所以许多公司开始考虑将上述方案整合在专用芯片中实现，自从 2012 年开始，就有相关公司开始研发生产此类芯片，称之为去纹波芯片（AC ripple remover）。集成芯片的好处在于可以加入各种保护电路，如短路、过温等，而且可以实现多路并联，或是驱动外置开关管来实现更大电流应用场合。现在，基本上能够提供单级 PFC 方案的厂商都有配套的去纹波芯片方案，但这些基本上集中在中国大陆和中国台湾地区的厂商。如矽力杰、通嘉、杰华特、晶丰明源、美芯晟等，而且越来越多的类似产品涌现，已经进入了同质化竞争的时代。去纹波芯片内部电路框图如图 1-129 所示。

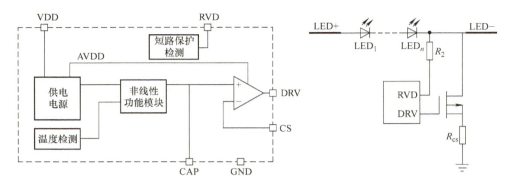

图 1-129 去纹波芯片内部电路框图

虽然用不同的方案（分立或是集成）都可以实现去纹波方案，这是由于前级电路拓扑的天生不足决定的，所以才存在这个细分市场，对于真正要实现无纹波（或是"所谓的无频闪"）要求，这些方案由于效率损失过大，一般会造成整个驱动有2%~10% 的效率降低，这对于日益要求高效的电路和产品来说不是一个太好的办法。所以对于高端应用场合，笔者建议读者选择其他的拓扑，这将是本书的下一章节涉及的内容。

1.9 主流芯片概览

作为一个补充资料，笔者梳理了当今（截止写作时间 2019 年 4 月）主流电源管理芯片厂家的单级 PSR 高功率因数 LED 驱动芯片，这里包括了恒流型 CC 以及恒压型 CV 输出，当然这只是其中的一部分，还有许多厂商有相类似的芯片。详见下表1-21。

表 1-21　各厂商高功率因数原边控制 LED 驱动芯片一览

品牌	基本料号	芯片描述	CV 或 CC	封装
ON	NCL30060	高功率因数离线单级式 LED 驱动器，带高压启动	CV	SOIC-7
ON	NCL30088	AC-DC 功率因数校正的准谐振初级端电流模式控制器，用于 LED 照明，带智能模拟 / 调光功能	CC	SOIC-8
ON	NCL30028	AC-DC 功率因数校正的准谐振初级端电流模式控制器，用于 LED 照明	CC	TSOP-6
FAIRCHILD	FL6630	PFC 和 LED 调光驱动用单级初级端调节 PWM 控制器	CC	SOIC-8
FAIRCHILD	FL6632	PFC 和 LED 调光驱动用单级初级端调节 PWM 控制器	CC	SOIC-8
FAIRCHILD	FL6961	JLED 照明单级反激式和临界模式 PFC 控制器	CV	SOIC-8
FAIRCHILD	FL7733A	带有功率因数校正功能的初级端调节 LED 驱动器	CC	SOIC-8

（续）

品牌	基本料号	芯片描述	CV 或 CC	封装
FAIRCHILD	FL7740	带有功率因数校正功能的初级端调节恒压驱动器	CV	SOIC-10
FAIRCHILD	FLS3247/FLS3217	具有功率因数校正的单级初级端调节离线 LED 驱动器并且集成功率 MOSFET	CC	PDIP-7
ST	L6562A/L6562	功率因数校正器	CV 或 CC	SOIC-8
ST	HVLED001A	带有功率因数校正功能的初级端调节 LED 驱动器	CC	SSO10
TI	UCC28810/UCC2881	带有功率因数校正功能的初级端调节 LED 驱动器	CV 或 CC	SOIC-8
Infineon	TDA4862G/ TDA4863G/ TDA4863G-2G	功率因数校正器	CV 或 CC	PG-DSO-8
Infineon	ICL8001G	带有功率因数校正功能的初级端调节 LED 驱动器，晶闸管调光	CC	PG-DSO-8
Infineon	ICL8001G	带有功率因数校正功能的初级端调节 LED 驱动器，晶闸管调光	CC	PG-DSO-8
Infineon	XDPL8105	数字化原边控制单级功率因数校正 LED 驱动器	CC	PG-DSO-8
MPS	MP4026	高功率因数离线单级式 LED 驱动器	CC	FCTSOT23-6
MPS	MP4027	高功率因数离线单级式 LED 驱动器，带 PWM 调光功能	CC	FCTSOT23-6
MPS	MP4054A	高功率因数离线单级式 LED 驱动器，带 PWM 调光功能	CC	TSOT23-8
PowerInt	InnoSwitch-CH/EP	高功率因数集成开关管控制器	CV 或 CC	
O2Micro	OZ8027/OZ8027A	单级带有源功率因数校正的高精度原边反馈 LED 恒流控制芯片	CC	SOP8
Richtek	RT7313	临界导通模式功率因数校正器	CV	SOP-8
Richtek	RT7311B	整合功率 MOSFET 和主动式 PFC 的一次侧切相调光 LED 驱动控制器	CC	SOP-8
Richtek	RT7310	主动式功率因数校正器，一次侧切相调光 LED 驱动控制器	CC	SOT-26
Richtek	RT7306S/RT7306D/ RT7306	主动式功率因数校正器，原边调节，可调光 LED 驱动控制器	CC	SOP-8
Richtek	RT7305	集成功率 MOSFET 和功率因数校正功能的原边调节 LED 驱动器	CC	SOP-7
Richtek	RT7304/RT7304A	主动式功率因数校正器、原边调节 LED 驱动控制器	CC	SOT-26
Richtek	RT7302	高压可程序设计，功率因数校正原边调节 LED 驱动控制器	CC	SOP-8
Silergy	SY5018B	带有功率因数校正功能的初级端调节恒压驱动器	CV 或 CC	SOP-8

（续）

品牌	基本料号	芯片描述	CV 或 CC	封装
Silergy	SY5800/SY5801/ SY5802/SY5882	单级带有源功率因数校正的高精度原边反馈 LED 恒流控制芯片	CC	SOT-8
BPsemi	BP3315/BP3316/ BP3319MB	单级带有源功率因数校正的高精度原边反馈 LED 恒流控制芯片	CC	SOP-8
BPsemi	BP3319	原边反馈单级有源功率因数校正 LED 恒流控制芯片	CC	SOT23-6
On-Bright	OB3330	原边反馈单级有源功率因数校正 LED 恒流控制芯片	CC	SOP-8
On-Bright	SN03A	原边反馈单级有源功率因数校正 LED 恒流控制芯片	CC	SOP-8
Silan	SA7527S	隔离反激式有源功率因数校正器	CC	SOP-8
Silan	SD7530S	隔离反激式有源功率因数校正器	CC	SOP-8
Silan	SD68XX	隔离反激式有源功率因数校正器	CC	SOP-7, SOP-8

1.10 参考文献

[1] James J, Spangle. Power Factor Correction Techniques Used For Flourescent Lamp Ballast[J]. IEEE Industry Applications Society Conference, 1991(10).

[2] 陆世鸣，刘磊，俞安琪. 照明产品的频闪分析及对功能性照明的影响 [J]. 灯与照明 ,2014(4): 22-27.

[3] 王钦若，李志民，刘清祥，等. 无大电解电容的大功率 LED 驱动电源的设计 [J]. 半导体光电 ,2013(6):1082-1085.

[4] 李群，罗民杰，潘萍. 一种新的无电解电容 Led 驱动电源设计 [J]. 电子测试 ,2016(5):19-20.

[5] 李家成，沈艳霞. 无电解电容 LED 驱动电源 [J]. 照明工程学报 ,2015(5):88-95.

[6] 程增艳，王军，朱秀林. LED 路灯驱动电源的设计 [J]. 电子设计工程 ,2010(6):188-190.

[7] 杨岳毅，曾怡达，何林，等. 一种高效率单级 PFC 变换器的 LED 照明驱动电路 [J]. 电源技术 ,2015(2):372-375.

[8] 沈霞，张永春，李红伟. 基于原边控制的 LED 驱动电源设计 [J]. 电源技术 ,2012(8):1171-1173.

[9] 姚凯，阮新波. Boost-Flyback 单级 PFC 变换器 [J]. 南京航空航天大学学报 ,2009(4):505-509.

[10] 危险性评估分委会. IEEE PAR1789,LED 照明闪烁的潜在健康影响 [Z].

[11] 杨光. 基于不同驱动条件下白光 LED 照明频闪问题的研究 [J]. 照明工程学报 ,2011(6):8-13.

第2章
PFC 和反激准谐振（QR）组合电源的工程化设计

2.1 准谐振的起源

经过前一章的洗礼，读者应该大概明白了设计一个电源的基本要素以及现实的难点。对于绝大多数的工程师而言，电源设计是一个强经验相关的工作，即在此领域工作时间越长，经验越丰富，对电源类设计相关问题解决方案越多，这也是一般意义上硬件工程师的价值所在。同时笔者认为，从纯经验和技术角度上来讲，现在电力电子行业，一般需要 3~5 年的入门，然后 7~10 年的工作经验方能在某一领域崭露头角，而如果需要成为专家，没有长久的时间和经验积淀是不可能的，而且对于基础理论的重视也越来越被强调。相信有读者听过这个说法，即马尔科姆·格拉德威尔（Malcolm Gladwell）在《异类》一书中提出的一个观点：一个人的技能要达到世界级的水平，他的练习时间就必须超过 1 万个小时。虽然这只适用于某些情况，但笔者也提醒想入门以及初入门的电源工程师，不要轻易被一些商业包装所蒙蔽，社会上目前很多所谓的"专家"，打着速成的旗号，殊不知，技术容不得半点含糊，过度的商业包装，其结果会误导很多新晋工程师。

当然本书所有读者并不都是为了成为专家而努力，但是作为一个工程师，在其位谋其政，将手头上现有的项目做好才是最重要的。言归正传，既然电源研发设计是一个经验为主导的工作，那是不是理论就完全可以不予理会？虽然本书的写作目的也是让大家尽量"远离"那些玄而不可及的理论公式和推导，但理解最基本的公式和理论是一个电源工程师的必备素养，如第 1 章所谈的功率因数。在第 2 章，笔者也会用类似的方法来讲解一个问题，即准谐振模式。

准谐振（Quasi-Resonant，QR）从字面意思上来看，Quasi 这个前缀很微妙，中国文字的博大精深在这里体现出来，"准"，即相对于完全的谐振状态来说，它可以"偏左"也可以"偏右"，为什么叫作"准"呢，读者可以开始慢慢阅读了。

2.1.1 永恒的话题——能效

开关电源，特别是小功率开关电源，如 LED 电源、手持式电子产品充电器、电脑适配器等，效率是一个永恒的话题，虽然说电源设计是一个权衡的结果，但是效率这个指标一直以来都是放在首要位置的，因为效率和电源损耗大小有关，回到元器件层面，即和热量有关，并间接决定了整个产品的寿命水平，因此不同的标准、行业组织都将能效要求摆在重中之重的位置上。

这里提及一下，为了大家更好地了解整个行业的能效标准，Power Integrations 公司有一个专门的页面，叫作绿色空间（Green Room），会定期更新全球各地主要机构对产品能效要求的最新进展，访问网址 https://ac-dc.power.com/zh-hans/green-room/regu-lations-agency/，读者可以查看到不同机构的不同要求。其网站关于能效计划截图如图2-1 所示。

节能计划	位置	应用
加州能源委员会	仅适用于美国加利福尼亚州	消费类音频和视频设备
中国节能项目(CECP)	中国	外接电源、电视机、DVD/VCD产品、洗衣机、计算机、复印机、显示器、打印机、传真机、冰箱、微波炉、机顶盒、电饭煲、空调
EC ErP Ecodesign Directive(欧盟委员会用能产品生态设计指令)	欧盟	个人计算机(台式和膝上型)和计算机显示器、成像设备、电视机、用能产品的待机及关机模式损耗、电池充电器和外部电源、照明产品、HVAC、冰箱和冰柜、洗碗机和洗衣机
美国能源之星	美国	外接电源、无绳电话、电视机、VCR、DVD播放器、TV/VCR/DVD一体机、机顶盒、家用音响、计算机、复印机、显示器、打印机、传真机、扫描仪、多功能设备、洗碗机
美国《2007能源独立和安全法案》(EISA2007)	美国	电池充电器、外部电源、照明产品、洗碗机、电炉、烤箱、除湿器、电视机、个人计算机、机顶盒、DVR，以及计算机显示器

其他机构列表：

亚太地区其他机构	包括：澳大利亚气候变化与能源效率部、日本能源经济研究所、韩国能源署
欧洲其他机构	包括：丹麦能源署、英国商务、能源与工业战略部、欧盟委员会(EC)行为准则、荷兰企业局
北美其他机构	包括：加拿大自然资源部(NRCan)

图 2-1　Power Integrations 公司网站关于能效计划截图展示

2.1.2　现行主流能效标准一览

如上述所示，现存在许多不同地方的、不同种类的能效标准要求，截止本书写作前，最主流的是美国能源部（DOE）的能效等级要求，以及加州的能效标准要求，还有欧盟的能效等级要求。

2.1.2.1　能源之星

但要注意的一点是，能源之星是深入人心的标准要求，它对许多不同类型的产品均有不同的条款要求，如家电、照明、电脑显示器等。值得注意的是，能源之星曾经对外置式电源也有要求，但现在这个要求在 2010 年年底已失效，具体的能源之星关于外置式电源能效要求废止（翻译为中文）如下：

对于外部电源，以及使用外部电源的终端产品，能源之星对其规范于 2010 年 12 月 31 日终止使用，这些类别的产品将不再加贴能源之星标签，并于 2010 年 12 月 31 日之后，制造商生产的所有相关联产品需要停止使用能源之星的名称及标签。

2.1.2.2　DOE VI

目前电源制造厂商，或是前端芯片厂商所说的 DOE 能效 6 级（DOE VI）是指什么？我们得向前溯源一下整个 DOE 能效体系的背景。

人们对节能环保要求越来越高，电源适配器、充电器等外置电源作为高效、节能的供电产品也在这一计划要求中。早在 2014 年的时候，美国能源部发布了 6 级能效 DOE VI 的执行时间表，对外置电源提出新的能效要求，并提供给厂商两年缓冲期。

新的标准适用于所有直接工作的外置电源，当然包括我们最经常用到的手机充电器 / 适配器、平板或是笔记本充电器 / 适配器、多口 USB 充电器、越来越流行 USB 插线板，已于 2016 年 2 月 10 日强制执行这项法令。这对于电源及配套生产厂家既是挑战也是机会，因此电源厂商需要了解这些新的要求，并且在产品升级时要跟进这些要求，以确保产品符合标准，同时提升产品的竞争力。符合最新的标准要求，这是制造厂商以及设计者们必须达到的准入要求，当然也是一个机会。因为新的标准的发布，都会带来一定的技术变革和性能提升。

美国能源部此次颁布的 6 级能效 DOE VI，有别于长期实施的 80PLUS 的奖励政策，它是通过法令强制执行，这是有程碑式意义的，这意味着能效标准首次和安规标准一样，在美国成为强制性标准，达不到即视为非法，经过一段时间后，在充电器 / 适配器这一行业，UL 和 DOE VI 会并行存在成为产品输出到美国的准入标准。同样，UL 作为非官方机构管控安规层面，而 DOE 作为国家管控能效方面，双管齐下开了先河。而美国一直作为能源标准的先驱，对全球其他国家的能将标准 / 要求的制定有示范作用，所以不排除未来会有越来越多国家或团体组织将能效标准作为强制性要求写入标准。究其根源，还是这类产品的使用量太大，总体能源消耗过高。1998 年，劳伦斯伯克利国家实验室（LBNL）的工作人员（科学家）艾伦迈尔就提出一个估算，单就美国，住宅内用电器的待机功耗就占全部住宅用电的 5%。

如今，节能减排被大众所接受，电源的转换效率成了主要的关注点，每一个前端创新和电源转换架构的改进都可使效率得到提升，同时解决空载功耗也是业界一个难点，总之，美国能源部这一决议将会产生深远影响，而作为消费类电子产品主要市场的中国和欧盟，也在逐步跟进。但核心观点是能效要求越来越严格，这会是长期一个常态化要求。DOE VI 具体能效指标见表 2-1。

表 2-1　DOE VI 具体能效指标

外部电源单一电压输出的效率要求		
铭牌输出功率 /P_{out}	主动模式下的最低平均效率 （以小数表示）	空载最大功耗 /W
$P_{out} \leqslant 1\,W$	$\geqslant 0.5P_{out}+0.16$	$\leqslant 0.100$
$1W < P_{out} \leqslant 49W$	$\geqslant 0.071\ln(P_{out})-0.0014P_{out}+0.67$	$\leqslant 0.100$
$49W < P_{out} \leqslant 250W$	$\geqslant 0.880$	$\leqslant 0.210$
$P_{out} > 250W$	$\geqslant 0.875$	$\leqslant 0.500$
$P_{out} \leqslant 1\,W$	$\geqslant 0.497P_{out}+0.067$	$\leqslant 0.300$
$1W < P_{out} \leqslant 49W$	$\geqslant 0.075\ln(P_{out})+0.561$	$\leqslant 0.300$
$P_{out} > 49W$	$\geqslant 0.860$	$\leqslant 0.300$

2.1.2.3　CoC V5

　　同时，另一共同体欧盟（CE）也正在独立推进外部电源的自愿性和强制性计划，以进一步提高外部电源（电源适配器、开关电源、充电器等外置电源）的能效要求。欧盟在 2013 年 3 月份发布外部电源能源效率行为准则 CoC V5 的草案，以进一步提高电源（包括电源适配器、开关电源、充电器等外置电源）的能效要求标准。新的 CoC 自愿准则中的主动模式下的效率和空载功耗要求均比目前的 ErP 生态设计要求要高，但比目前美国能源部拟的建议稿要低。CoC 准则草案中加入了在 10% 负载条件时的效率要求，以保证在某些应用情况时的效率。其中第一阶段生效日期为 2014 年 1 月 1日，第二阶段生效日期为 2016 年 1 月 1 日。

　　细看 CoC V5 Tier2，此能效要求着重对空载功耗、效率提出相比 ErP 更高的要求。高效率意味着较小的体积和便携性，以及更节约能源。而空载功耗就是电子设备及其电源转换器在待机或无负载情况下所消耗的能源，全世界有 5%~15% 的家庭用电量是在待机模式下浪费的。这些电器包括消费性电器、家用电器、电源适配器、充电器、可携式电子产品及计算机等产品。所以只要将这种浪费尽可能降至接近零（如 mW 甚至更低等级），无论是在节能环保还是家庭电费开支的降低上都是受益匪浅的，各国政府对于待机功耗也制定了相关的标准，而且标准也日益严格。CoC V5 具体要求见表 2-2。

表 2-2　CoC V5 具体要求

CoC V5 对电源适配器空载模式下功耗的要求

额定输出功率 P_{out}	空载功耗 /W	
	第一阶段	第二阶段
0.3W< P_{out}< 49W	0.150	0.075
49W ≤ P_{out}< 250W	0.250	0.150
移动手持式电池驱动，P< 8W	0.075	0.075

CoC V5 对电源适配器的效率要求（不包括低压外部电源）

额定输出功率 P_{out}	主动模式时四个测试点的平均效率		主动模式时 10% 额定输出电流时的平均效率	
	第一阶段	第二阶段	第一阶段	第二阶段
0W < P_{out} < 1W	≥ 0.50P_{out}+0.145	≥ 0.50P_{out}+0.16	≥ 0.50P_{out}+0.045	≥ 0.50P_{out}+0.06
1W < P_{out} ≤ 49W	≥ 0.0626ln(P_{out})+0.645	≥ 0.0711ln(P_{out})−0.0014P_{out}+0.67	≥ 0.0626ln(P_{out})+0.545	≥ 0.0711ln(P_{out})−0.0014P_{out}+0.57
49W < P_{out} ≤ 250W	≥ 0.89	≥ 0.89	≥ 0.79	≥ 0.79

CoC V5 对电源适配器的效率要求（低压外部电源）

额定输出功率 P_{out}	主动模式时四个测试点的平均效率		主动模式时 10% 额定输出电流时的平均效率	
	第一阶段	第二阶段	第一阶段	第二阶段
0W < P_{out} < 1W	≥ 0.50P_{out}+0.085	≥ 0.517P_{out}+0.087	≥ 0.50P_{out}	≥ 0.517P_{out}
1W < P_{out} ≤ 49W	≥ 0.0755ln(P_{out})+0.585	≥ 0.0834ln(P_{out})−0.0014P_{out}+0.609	≥ 0.0755ln(P_{out})+0.485	≥ 0.0834ln(P_{out})−0.0014P_{out}+0.509
49W < P_{out} ≤ 250W	≥ 0.88	≥ 0.88	≥ 0.76	≥ 0.76

2.1.2.4　LED 产品相关能效标准

因为 LED 灯具作为新兴事物，能效标准进程比较缓慢，也很少看到有单独的 LED 驱动电源能效要求标准，一般是和灯具一起去考量 LED 灯具的光效。这其实也就是隐含了对 LED 驱动效率的要求，只不过把它当作一个默认项。所以在设计 LED 产品时，不管是自己设计 LED 驱动电源，还是外购驱动电源，效率仍然是很关键的一个要素。笔者翻阅相关性能标准，IEC 62384—2006：DC or AC supplied electronic control gear for LED modules Performance requirements 是一份性能要求标准，里面也没有提到效率的要求，而中国的对应标准 GB/T 24825—2009《LED 模块用直流或交流电子控制装置性能要求》中，增加了一项能效等级要求。具体见表 2-3。

表 2-3　LED 模块控制装置的能效等级（GB/T 24825—2009）

能效等级	非隔离输出式 LED 模块控制装置			隔离输出式 LED 模块控制装置		
	$P \leqslant 5W$	$5W < P \leqslant 25W$	$P > 25W$	$P \leqslant 5W$	$5W < P \leqslant 25W$	$P > 25W$
1 级（%）	84.5	89.0	92.0	78.5	84.0	88.0
2 级（%）	80.5	85.0	87.0	75.0	80.5	85.0
3 级（%）	75.0	80.0	82.0	67.0	72.0	76.0

从第 1 章，我们知道了 CQC 3146—2017《LED 模块用电子控制装置节能认证技术规范》中也出现了对 LED 驱动电源的效率要求。

表 2-4　CQC 规范中对于 LED 模块用电子控制装置中 PF 以及效率的要求

控制装置类型	标称功率 P	节能评价值	功率因数
非隔离式	$P \leqslant 5W$	84.5	无要求
	$5W < P \leqslant 25W$	89.0	0.80
	$25W < P \leqslant 55W$	92.0	0.85
	$P > 55W$	92.0	0.95
隔离式	$P \leqslant 5W$	78.5	无要求
	$5W < P \leqslant 25W$	84.0	0.80
	$25W < P \leqslant 55W$	88.0	0.85
	$P > 55W$	90.0	0.95

2.1.2.5　能效标准演进过程

万事皆有因，能效标准要求也不是一天之内就提出来的，其历史过程充满了技术变革以及相关利益方的博弈。如图 2-2 所示，可以看到，几大主流利益团体一直在努力推进高效率电源设计。

图 2-2　能效标准演进路线图（主流利益团体）

综上，全球主流能效标准开始从自愿慢慢转向强制，图 2-3 给出了目前不同区域最新的能效标准要求。

加拿大

欧盟

美国

图 2-3　当今不同区域的强制性能效标准

2.1.3　如何提升效率并满足能效等级要求

细看 DOE VI 要求，明确在不同输入电压以及不同负载情况都有效率要求。而待机功耗：1~49W，AC-DC ≤ 0.1W，AC-AC ≤ 0.21W；49~250W，AC-DC ≤ 0.21W；AC-AC > 250W，AC-AC ≤ 0.5W。同样的，CoC V5 Tier2 则对 10% 负载也提出了效率要求。所以需要对电源损耗进行分析，对不同工作状态分而治之。

一般而言，电源变换器的损耗由两大部分组成，如图 2-4 所示。导通损耗，这与电源的开关频率无关；开关损耗，这与电源的开关频率相关。

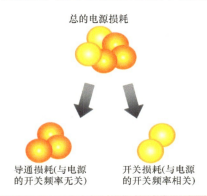

图 2-4　电源变换器损耗分解示意（与电源开关频率的相关性）

而这两个损耗，在满载或是高功率场合时，一般又可以分解成与负载有关的损耗和与负载无关的损耗，如图 2-5 所示。

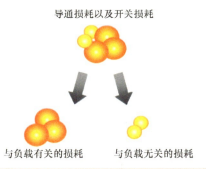

图 2-5　电源变换器损耗分解示意（与负载的相关性）

我们知道，在轻载时或是空载时，与负载相关的损耗接近为零，然而与负载无关的固有损耗却不发生变化，那么此时电源的效率则变得非常非常低，这也是为什么 DOE VI 以及 CoC V5 等能效标准难以达到的原因，轻载时的电源效率制约了整体平均效率的提高。

下面让我们来细看一下损耗的几个组成部分以及对应的改善办法。

2.1.3.1 导通损耗的关键部分以及对应的改善办法

1. MOSFET 的 $R_{ds(on)}$ 的优化，这只能选择更高档次的 MOSFET，即用牺牲成本的方式来实现，如 Cool MOSFET，有些厂商称之为超结 MOS（super junction MOS）等先进制造工艺的 MOSFET，它们相对于传统的平面 MOSFET 来说，相同规格下结电容更小。器件制造商还规定了不同静态和动态条件下的 MOSFET 参数，让设计者难于进行同类产品对比，从而让情况变得更加混乱。因此，唯一正确地选择合适的 MOSFET 的方法是在 MOSFET 应用电路内比较所选器件。不同 MOSFET 技术在同一封装下的导通阻抗比较如图 2-6 所示。

图 2-6 不同 MOSFET 技术在同一封装下的导通阻抗比较（资料来源：英飞凌，笔者网络整理）

2. 电感变压器绕组的直流阻抗 R_{dc} 的优化，这可以用粗的线径，或是扁平线，或是在变压器绕组中采用铜带来实现，同时如果可以，利用 PCB 铜箔来实现绕组，即常说的平面变压器设计。注意：这里只简单说明导线的直流阻抗（与频率无关的项）。

3. 电容中的 ESR（严格意义上来说，ESR 还是一个与频率相关的参数），尽量选用高频低阻的电容，在情况允许时，可以使用薄膜电容或是陶瓷电容代替电解电容，这样既降低了损耗，同时也提高了电容本身和电源的使用寿命。

4. 静态工作电流，如三十年之前的芯片，由于工艺落后等原因，产品所需要的工作电流、静态工作电流都很大，但随着芯片生产工艺的进步，产品不停地更新换代，现在新的 PIN TO PIN（直接替换）芯片已经能够实现更低的工作电流和静态电流。如下面来源于 TI（德州仪器）的表 2-5 可以看到，老一代的 UC3842 由于采用晶体管制程工艺，其后续的 UC3842A 也是对启动电流进行了优化，基本上同样的配置下，"A"版本的芯片的启动功耗要低于前者 50%。所需要工作电流远比新一代采用 BiCMOS 工艺的芯片要大很多。和 UC3842 一个时代的，如 TL494、SG3525 等都存在这样的问题。如表 2-5~ 表 2-7 可以看到，TI 的不同代之间的芯片启动电流、工作电流等差异明显。

表 2-5　TI 不同控制器（UCX84X）的启动电流比较（资料来源于 TI，笔者整理）

启动电流	UC1842/45	UC1842A/45A
典型值（T_j=25℃）	0.5mA	0.3mA
最大值（T_j=25℃）	1.0mA	0.5mA

表 2-6　TI 不同控制器 UCC38C42 和 UC3842 的设计技术参数比较（资料来源于 TI，笔者整理）

参数	UCC38C42	UC3842
50kHz 工作电流	2.3mA	11mA
启动电流	50μA	1mA
过电流传播延时	50ns	150ns
基准参考电压精度	±1%	±2%
E/A 参考电压精度	±25mV	±80mV
最大工作频率	> 1MHz	500kHz
输出上升 / 下降时间	25ns	50ns
U_{VLO} 误差	±1V	±1.5V
最小可选封装	MSOP-8	SOIC-8

表 2-7　TI 不同控制器 UC3842、UCC3802 和 UCC3809 的设计技术参数比较
（资料来源于 TI，笔者整理）

参数	UC3842	UCC3802	UCC3809
工作电流	11mA	0.5mA	0.6mA
欠电压锁定 / 滞环	16V/6V	12.5V/4.2V	10V/2V（−1 版本） 15V/7V（−2 版本）
最大工作频率	500kHz	1MHz	1MHz
软启动	需要外部电路实现	内置	用户编程配置
前沿消隐	外置	内置	外置
驱动能力	±1A	±1A	0.4A 源 /0.8A 沉
基准电压	5×(1±2%)V	5×(1±2%)V	5V±5%
最大占空比限值	用户不可以编程配置	小于 90%	用户编程可以达 70%
斜坡补偿	外置	外置	外置
误差放大器	内置	内置	外置
锁死功能	外置	外置	外置

还有经常用到的 APFC 芯片，如 ST（意法半导体）的 L6561、L6562、L6563、在电流、电压等动静态参数设计上也优化了不少，其设计技术参数比较见表 2-8~ 表 2-10。

表 2-8　ST 不同代 APFC 芯片 L656x 电流参数比较（资料来源于 ST，笔者整理）

符号	参数	测试条件	L6561			L6562	
$I_{start-up}$	启动电流 /A	启动之前（V_{CC}=11V）	20	50	90	40	70
I_Q	静态电流 /mA	启动之后	—	2.6	4	2.5	3.75
I_{CC}	工作电流 /mA	@70kHz	—	4	5.5	3.5	5
I_Q	静态电流 /mA	过电压保护过程中（静态或是动态过电压保护）或 $V_{ZCD} \leqslant 150mV$	—	—	2.1	—	2.2

表 2-9　ST 不同代 APFC 芯片 L6562A 和 L6562 技术参数对比（资料来源于 ST，笔者整理）

参数 / 功能	L6562	L6562A
芯片导通 / 关断阈值（典型值）/V	12/9.5	12.5/10
关断阈值范围（最大值）/V	±0.8	±0.5
芯片启动前消耗的电流（最大值）/μA	70	60
乘法器增益（典型值）	0.6	0.38
电流采样参考斜坡（典型值）/V	1.7	1.08
电流采样传播延时（典型值）/ns	200	175
动态过电压保护触发电流（典型值）/μA	40	27
ZCD 启动 / 触发 / 箝位阈值（典型值）/V	2.1/1.4/0.7	1.4/0.7/0
使用功能阈值电压（典型值）/V	0.3	0.45
门极驱动内部压降（最大值）/V	2.6	2.2
前沿消隐功能	No	Yes
基准电压精度（整个范围内）（%）	2.4	1.8

表 2-10　ST 不同代 APFC 芯片 L6561、L6562 和 L6563 部分参数对比
（资料来源于 ST，笔者整理）

PFC 控制器	L6563	L6562	L6561
工作电压 /V	10.3~22	10.3~22	10.3~18
最大启动电流 /μA	70	70	90
最大工作电流 /mA	5	5	5.5
驱动电流能力 /A	0.6/0.8	0.6/0.8	0.4/0.4

2.1.3.2 开关损耗的关键部分以及对应的改善方法

1. 交越损耗

开关管关断过程中电流和电压的交叠时间，这即是我们通常说的交越损耗，这是开关管的动态形为中不可避免的一个过程，一般是通过零电流/电压开关来实际电流或电压为零时进行切换，这样即使存在交越区间的话，也不会有损耗产生。传统硬开关和软开关情况下开关过程中的交越区域见图 2-7 和图 2-8。

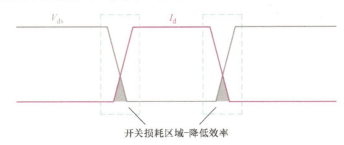

图 2-7　开关过程中的交越区域（传统硬开关）

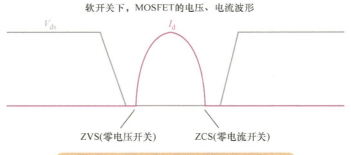

图 2-8　开关过程中的交越区域（软开关）

2. MOSFET 等的驱动损耗

同样，MOSFET 的门极驱动电荷也可以通过 MOSFET 的工艺来优化选择，Cool MOSFET 的一个最大优点即是实现了 $R_{ds(ON)} \times Q_g$ 品质因数（FOM）的最优化。

对于 MOSFET 有一个普适的性能测量评价手段，即品质因数（FOM），可以用导通电阻 $R_{ds(ON)}$ 和栅极电荷 Q_g 的乘积来表示，即 FOM $= R_{ds(ON)} \times Q_g$。$R_{ds(ON)}$ 直接关系到导通损耗，Q_g 直接关系到开关损耗。因此，FOM 值越低，器件性能就越好，但是 FOM 本身不能让电源设计者选出理想器件，但却概括了器件技术和可能实现的性能。要进行可靠的主观分析，则必须修改每个 FOM，以便包含 MOSFET 应用方面的信息，所以对于特定的应用场合时才能真正对不同的器件进行比较。不同厂家 MOSFET 技术在同一封装下的门极电荷和品质因数比较如图 2-9 和图 2-10 所示。

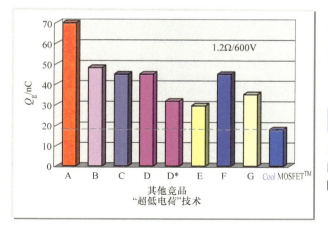

图 2-9 不同厂家 MOSFET 技术在同一封装下的门极电荷比较

（资料来源：英飞凌，笔者网络整理）

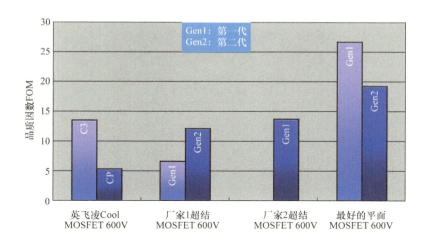

图 2-10 不同厂家 MOSFET 技术在同一封装下的品质因数比较

（资料来源：英飞凌，笔者网络整理）

3. 磁心损耗

导线交流趋肤效应、临近效应、涡流损耗等，这是一个系统工程了，涉及磁性材料的具体选型、绕组设计技巧等，如选择低磁损的磁性元件就可以大为减少高频磁损。不同温度下的磁损、磁通密度、频率的关系对比如图 2-11 所示，不同磁心材料下的高频损耗对比和其他参数对比如图 2-12 和表 2-11 所示。

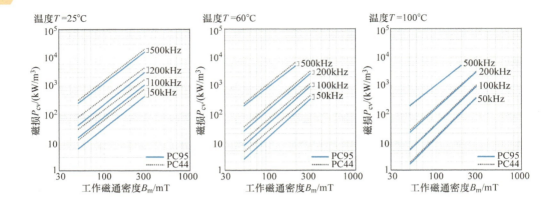

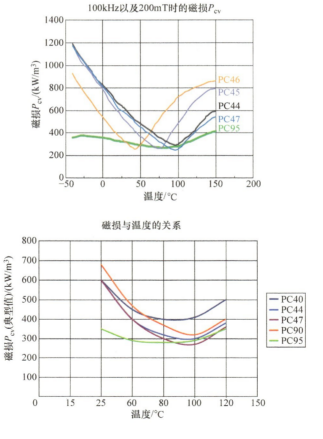

图 2-12　不同磁心材料下的高频损耗对比（资料来源：TDK，笔者网络整理）

表 2-11　TDK 新材料 PC95、PC90 以及标准磁心材料对比

材料	环境温度/℃	PC95	PC90	PC47	PC44	PC40
初始磁导率 μ_i	25	3300±25%	2200±25%	2400±25%	2400±25%	2300±25%
100kHz，200mT下，单位体积的磁损（典型值）P_{cv}/（kW/m³）	25	350.0	680	600	600	600
	60	290.0	470	400	400	450
	80	280.0	380	300	320	400
	100	290.0	320	270	300	410
	120	350.0	400	360	380	500
1000A/m 时，饱和磁通密度（典型值）B_s/mT	25	530.0	540	530	510	510
	60	480.0	510	480	450	450
	100	410.0	450	420	390	390
	120	380.0	420	390	350	350
剩磁密度（典型值）B_r/mT	25	85.0	170	180	110	95
	60	70.0		100	70	65
	100	60.0	60	60	60	55
	120	55.0		60	55	50
居里温度 T_c/℃	最小值	215	250	230	215	215
密度 ρ_b/（kg/m³）		4.9×10^3	4.9×10^3	4.9×10^3	4.8×10^3	4.8×10^3

2.2　QR 的工作原理深入解析

2.2.1　波形振荡的定性和定量分析

对于反激式电源而言，准谐振（QR）控制方式本质上是电流断续工作模式（DCM）。这点需要前提上得以认识，许多电源设计工程人员错误地认为，QR 模式是独立于 CCM（电流连续工作模式）/DCM 之外的另一种新的工作模式，其实不是的。QR 模式只是一种控制方式，它是一种特定的（利用振荡来实现特殊功能的）操作控制模式。

具体如下，图 2-13a 为基本的反激式电源拓扑结构（只不过加入了寄生参数），这里需要注意，L_{lk} 为变压器的漏感，而 C_d 则是 MOSFET 漏极 D 节点处的所有电容，大家对这个说法比较迷糊，因为这是一个统述参数，即在实际电路 PCB 中，MOSEFT 漏极的电容包括 MOSFET 自身的输出电容 C_{oss}，变压器绕组间的寄生电容，以及其他寄生电容（如 PCB 布局走线和散热器中的寄生电容），以及二次侧二极管上的 RC 吸收网络的电容反射到一次侧的等效寄生电容。而图 2-13b 即为典型的反激变压器 DCM 下的 MOSFET 漏源极电压波形，相信大家对这个图相当熟悉，这个图也是大家实验过程中必然接触到的一个波形图，也是许多面试考官喜欢问到的一个图，这里我们用三个电压平台，两个高频振荡，四个时序区间来描述这个有内涵的图。

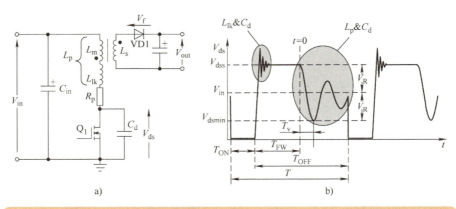

图 2-13　反激式电源加入寄生参数拓扑结构，以及对应 MOSFET 漏源极电压波形

在这里重要提示：请大家一定要定性分析去理解此图，这个图是反激变换器的关键之一，对于理论较弱的读者，可以自己画出不同开关状态下的电流流通路径，再结合下面所描述的内容，加深理解。另一个浅层次的原因是，在许多面试场合，图 2-13 中波形分析也堪为经典科目，因为一张小小的图，涉及了大量的细节知识，如变压器设计、元器件选择、电路多阶自由振荡、EMC 和效率等反激电源的各个方面，所以说，此图朴实但有内涵。

三个电压平台即为 V_{ds} 存在的三个电压区间，可以参见图 2-13b。V_{inmax} 即为输入电压最大值，$(V_{out}+V_f)n$ 即我们常说的反射电压，一般 $V_f \ll V_{out}$，故在分析时略掉，加上寄生参数振荡平台电压，这三者叠加在一起即为反激式 MOSFET 在 DCM 下的电压应力，而对于 MOSFET 的选择来说，仍然需要在这三个平台电压上再加一定的裕量，一般为 10%~20% 额定 V_{ds} 击穿电压水平，我们选择反激式电源的 MOSFET 的主要依据即为此。因为此图在许多应用手册和开关电源设计的书本上反复出现，故不再赘述。

两个高频振荡即为图 2-13b 所示，第一个振荡即为 MOSFET 刚刚关断时的振荡，这个地方的振荡频率很高。这是因为变压器的一次侧有漏感，因为漏感不进行能量传递（它"游离"于变压器之外），所以其能量是不会通过磁心耦合到二次侧的。那么 MOSFET 关断过程中，因为漏感的存在，漏感的电流也是不能突变的。漏感的电流变化也会产生感应电动势，这个感应电动势因为无法被二次侧耦合而箝位，电压会冲得很高。那么为了避免 MOSFET 被电压击穿而损坏，我们在一次侧加了一个 RCD 吸收缓冲电路，把漏感能量先储存在电容里，然后通过电阻消耗掉，当二次侧电感电流降到了零。这意味着磁心中的能量已经完全释放了。那么因为二极管电流降到了零，二极管也就自动截止了，二次侧相当于开路状态，输出电压不再反射回一次侧了，但此时 MOSFET 的 V_{ds} 电压高于输入电压，所以在电压差的作用下，MOSFET 的结电容和一次电感发生谐振。谐振电流给 MOSFET 的结电容放电。V_{ds} 电压开始下降，经过 1/4 个谐振周期后又开始上升。由于 RCD 箝位电路以及其他寄生电阻的存在，这个振荡是个阻尼振荡，幅度越来越小。这是由于漏感一般相对较小，同时回路阻抗比较小，谐振电流较大，所以能够很快消耗在等效电阻上，这也就是回路很快就谐振结束的原因（当然具体谐振时间可以通过等效模型求解二次微分方程估算，后面稍有涉及）。振荡 2 即为 MOSFET 由关断转向导通时的自由振荡，这个振荡取决于不同的工作模式，其振荡表现也不一样。一般地，由于一直工作在 CCM，二次侧的二极管还没有恢复到零的时候就又重新开始工作了，故不存在此振荡。

2.2.2 定性以及定量分析两个振荡的频率

振荡 1：MOSFET 关断开始时，由于漏感 L_{lk} 与 C_d 产生自由振荡，C_d 并不只是 MOSFET 本身的寄生电容，还包括一切与 MOSFET 漏极相连点的电容，如 PCB 走线电容、变压器一次侧寄生电容，甚至变压器二次侧折算到一次侧此节点的电容等。其振荡频率由如下参数决定：L_{lk}、C_d，由于漏感相对于主电感 L_m 比例极小，故其振荡频率很高。

$$f_{OSC1} = \frac{1}{2\pi\sqrt{L_{lk}C_d}} \tag{2-1}$$

振荡 2：二次电流下降至零后，电源开关的漏源电压表现为另一个振荡。发生此振荡的电路由变压器 L_p 的等效主电感和漏源（或漏极到地）端子两端的电容 C_d 组成。此振荡的频率计算公式见公式（2-2），可以看到，此时的振荡频率远低于第一个振荡，考虑到一般 $L_p : L_{lk} = 100 : X$（在反激电源中，X 视变压器结构和功率大小而定，一般为 $X \leqslant 10$），这样可以知道第二个振荡频率只有第一个振荡频率的 1%~10%。

$$f_{OSC2} = \frac{1}{2\pi\sqrt{L_p C_d}} \tag{2-2}$$

2.3 QR 的工作原理和实现方式

可以看到图 2-13 和图 2-14 所示的振荡 2，均发生了几次振荡，这样可以知道，每一次振荡均会产生功率消耗，理想的情况是在第一个振荡到谷底时即结束，同时 MOSFET 导通。

2.3.1 谷底的意义

如图 2-15 所示，如果不做任何特殊的处理，QR 工作模式的频率与负载成反比（输入条件一定时），即负载减小，开关频率增加，但是在轻载时单纯的开关频率增加会带来一系列的问题。

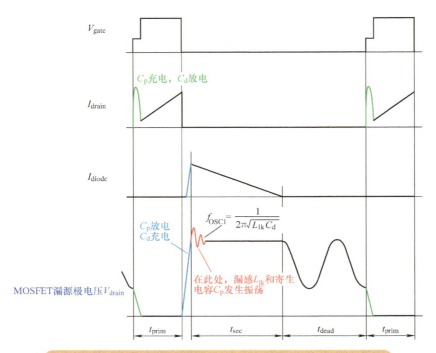

图 2-14　不同芯片设计资料给出的 MOSFET 振荡分析示意图

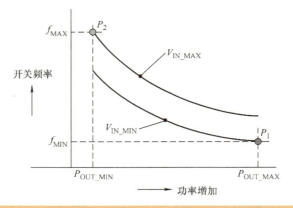

图 2-15　QR 反激变换器（自由振荡）工作频率和功率的关系曲线图

　　我们可以用下面的式（2-3）（也即自由振荡方式）来描述开关频率和功率的关系，其中功率可以用 I_{pripk} 电流代替。

$$f_{\text{QR\_operation}} = \frac{1}{I_{\text{pripk}} L_{\text{pri}} \left(\dfrac{1}{V_{\text{in}}} + \dfrac{1}{V_{\text{R}}} \right) + \pi \sqrt{L_{\text{pri}} C_{\text{d}}}} \tag{2-3}$$

在这里，I_{pripk} 为反激变换器一次侧峰值电流，这是与功率成正比的一个参数。L_p 为一次电感量，对于一个设计完成的电源，这是一个定值。V_{in} 为输入电压，V_R 为反射电压，C_d 仍旧为 MOSFET 漏极节点处的总电容。由式（2-3）看到，当电源设计完成后，QR 电源的工作频率与 I_{pripk}（即功率）成反比。

所以当轻载时，频率会增加得很高，这样：

1）谷底数量出现增加；

2）由于谷底跳变导致噪声问题；

3）频率过高容易造成系稳不稳定；

4）损耗增加（如 2.2 节所述，在轻载时，开关损耗占主导）。

为了应对上述缺陷问题，一般的 QR 模式的芯片都会设定一个最大频率，自由振荡时很容易触及到这个最大箝位频率，同时由上面自由振荡方程可以看到，输入电压增加的话，系统工作频率也会增加，而工作频率与一次侧电感量成反比。QR 模式反激变换器的一般检测办法如图 2-16 所示。

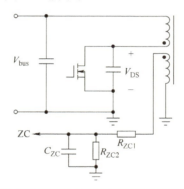

图 2-16　QR 模式反激变换器的一般检测办法

最基本的 QR 控制器，一般都是利用辅助绕组来检测谷底信号点，当每次辅助绕组电压在 MOSFET 关断阶段会跌到一定的阈值电压以下时，MOSFET 便导通。这通常称之为零电流检测 / 过零检测 / 退磁检测（这是因为它是需要等待二次电流降到零后再使 MOSFET 导通）。

2.3.2　第一个谷底

既然是谷底导通，那么如图 2-13 所示，可以看到在第二个振荡时，这有许多个振荡和谷底，电源是如何选择导通的？在哪个位置导通？这其实涉及如下几个问题，这几个问题在很多厂家的芯片设计指南里都没有细说，更不要说市面上参差不齐的电源设计类书籍了，但是作为电源设计人员，很大一部分工程师是从小功率反激电源开始的，所以 QR 模式的电源设计是一个必修之路，本章试图还原 QR 的秘密，给读者一个全新的视角来理解 QR 模式控制方式的电源设计。在本节先回答一个问题，即第一个谷底的检测及其意义。

重新回看图 2-13，C_d 的意义如之前所提及，为 MOSFET 漏极节点处的总的电容。实际上由于 C_{oss} 与漏极电压息息相关，而且在 V_{ds} 很小的时候变化范围很大，总的影响实际很有限。因此，对于常规的高压 MOSFET（600~800V），一般即用器件供应商规定的 V_{ds}=25V 时的值来进行假设分析。由于当 MOSFET 导通的时候，C_d 会在内部进行放电，因此会导致电流尖峰出现，此电流尖峰不仅会增加 MOSFET 损耗，而且还会导致噪声问题，特别在电流控制模式下（对噪声敏感）以及轻载状况下。MOSFET 的 V_{ds} 与漏极结电容之间的关系如图 2-17 所示。

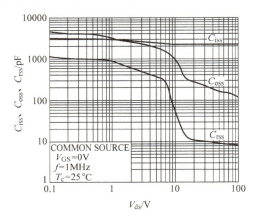

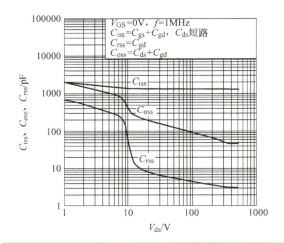

图 2-17 MOSFET 的 V_{ds} 与漏极结电容之间的关系

这里有必要简述一下 MOSFET（这里仅提及高压平面功率 MOSFET）的结构和寄生参数。如图 2-18 和图 2-19 所示。

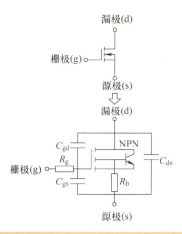

图 2-18   N 沟道 MOSFET 的简化等效电路（标有寄生电容、NPN 型晶体管和 R_b 电阻）

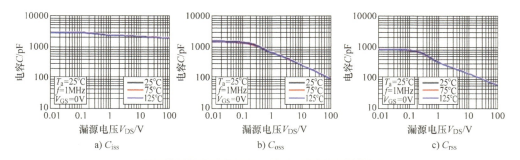

a) C_{iss} b) C_{oss} c) C_{rss}

图 2-19   MOSFET 寄生电容参数的温度特性

其中我们熟知的有：

C_{gs}：由于多晶硅栅与源极和沟道区重叠而产生的电容，与外加电压无关。

C_{gd}：由两部分组成：①与多晶硅栅和 JFET 区内下部芯片重叠有关，与外加电压无关。②与栅极下方的耗尽区有关的电容，但这是电压的非线性函数。这在输出和输入电路之间提供了反馈回路，被称作"米勒电容"。

C_{ds}：与体二极管有关的电容，与漏源极偏压的二次方根成反比。

然而，应该注意的是，由于等效电路不光包含 1 个电阻和 3 个电容，而是要复杂得多，所以这些电容只可用于定性地了解开关瞬态的特性。栅漏极电容 C_{gd} 和栅源极电容 C_{gs} 属于压敏电容，因此电容值随施加在漏源极和器件的栅源极上的电压而变化。C_{gd} 的变化比 C_{gs} 大得多，只不过是因为其上施加的电压比 C_{gs} 上的电压大得多。一个好的消息是，所有的电容参数不受温度的影响，温度变化时，它们的值不会发生变化，所以动态切换特性和温度的关联度不大。MOSFET 寄生电容参数的温度特性如图 2-19 所示。

R_p 表征一次侧的阻抗，主要是变压器绕组阻抗，需要注意的是，这个阻抗不仅仅是绕组的线阻，同时也要考虑到铜箔的高频效应（趋肤效应以及临近效应），以及磁性材料的损耗（磁滞损耗和涡流损耗）和辐射影响。自由振荡频率如图 2-20 所示。

我们重新写出 MOSFET 的耐电压方程（忽略掉输出二极管正向压降）：

$$V_{ds} = V_{in} + V_R = V_{in} + nV_{out} \tag{2-4}$$

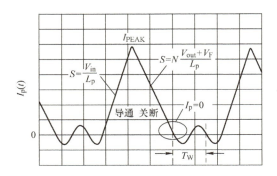

图 2-20　自由振荡频率，可以看到一次电感电流的斜率是不同的

当二次侧能量释放完成后，二次侧二极管截止，此时一次侧和二次侧两个绕组均是开路状态（DCM 下），所以理论上，L_p 和 C_d 组成的谐振网络与 R_p 一起构成一个基本的 RLC 电路，V_{ds} 电压即从 $t=0$ 时刻开始，C_d 电容充电，此时漏极电压应该是遵循自然指数振荡方式。同时因为 R_p（这其实只是一次绕组的直流和交流阻抗）实际上很小，远远低于 LC 谐振网络的临界阻尼值，故上述方程可以重新写成漏极电压欠阻尼方程如下：

$$V_{ds}(t) \approx V_{in} + V_R e^{-\alpha t} \cos(2\pi f_r t) \tag{2-5}$$

其中的参数如下：

$$\alpha = \frac{R_p}{2L_p} \tag{2-6}$$

$$f_r = \frac{1}{2\pi\sqrt{L_p C_d}} \tag{2-7}$$

即分别为衰减因子，以及谐振频率的定义。

由上图 2-20 所知，假设第一个谷底发生在 $t=T_v$ 时，T_v 可以推导出为

$$\cos(2\pi f_r t) = -1 \tag{2-8}$$

进而有

$$T_V = \frac{1}{2f_r} = \pi\sqrt{L_p C_d} \tag{2-9}$$

在此位置上，漏极电压呈现为最小值，考虑到可以近似 $e^{-\alpha}T_v \approx 1$，

$$e^{-\alpha T_v} \approx 1 \tag{2-10}$$

那么有 $V_{dsmin} \approx V_{in} - V_R$，因此，这样就可以得到零电压条件为

$$V_{dsmin} \leqslant 0 \Rightarrow V_R \geqslant V_{in} \tag{2-11}$$

其中约束条件为

$$V_{ds} \approx V_{in} + V_R = 2V_{in} \tag{2-12}$$

所以，如果能够控制 MOSFET 在漏极电压达到零（ZVS）的时候或是第一个谷底的最小值时开通，那么可以得到一个 QR 过程，波形如图 2-21 所示。

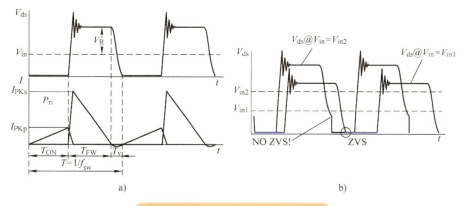

图 2-21　QR 模式下 ZVS 的条件

图 2-21a 即为一个典型的第一个谷底导通的波形，包括了不同时间点的一次电压和电流波形。图 2-21b 则揭示了输入电压 V_{in} 是如何影响 ZVS 的导通条件的，输出电压也仅仅是影响到零电压条件（如图 $V_R \geqslant V_{in}$）。

QR 的关键点是，将 MOSFET 的导通信号与变压器的退磁经过适当的延时后再同步起来，此延时即为上图 2-21 中的 T_v，实际上，这个实现并不复杂，简单地检测 V_{ds} 的负向电压即可。因此，理论上来说，任何 PWM 控制器，只要能够实现这个同步就可以用来实现 QR 模式的工作，所以许多芯片，是通过 ZCD 或是 DEM 引脚来实现此同步功能的。

因为输入电压或是输出电流改变时，系统工作会发生变频，这是此功能的本质因素。对于变压器来说，此系统工作于边界工作模式（BCM），介乎于 DCM 和 CCM 之间。这也是为什么有些芯片称之为 TM（过渡模式）工作。从图 2-21a 来看，T_v（延时时间，或称之为死区时间）越短的话，就越接近过渡模式。因此，对于 QR ZVS 反

激变换器而言，可以认为是一个过渡模式反激变换器。这与其他自激振荡型反激变换器，也称之为振铃阻塞型变换器（Ringing Choke Converter，RCC）。

2.3.3　QR 操作的优点和缺点

相较于标准的定频反激变换器而言，它增加了额外的过零检测，这种准谐振变换器的优点也是十分明显的，我们再详述如下：

1）效率，主要是降低了导通损耗，因为每次 MOSFET 导通时的电压在谷底，那么每次 MOSFET 漏极电容的放电损耗显著减少，这和定频的相比，效率有一定的提升。

2）对于传导 EMI 的影响，在市电供电的电源条件下，由于整流桥后电容上存在 2 倍工频纹波，开关频率即会被调制到 2 倍工频频率，而且调制深度取决于纹波幅度，这样的话，会将频率能量分散在一个较宽的频带，而不是集中在单一的频率点（容易导致超标）。

3）对于输出短路能力的处理，由于在 QR 模式下，MOSFET 是在变压器完全退磁（且或多或少经历一定死区时间后）再导通，这样的话，变压器的磁通不可控，或是饱和可能性就变得很小。而且，在短路时退磁电压很低，系统工作频率很低，占空比很低，所以变换器在短路时传递的能量是很小的，从而不会发生炸机等恶劣情况。

4）回到 QR 本身，那么 QR 工作模式的核心优势在于：QR 是利用 MOSFET 漏极处的节点电容（寄生电容）来产生零电压条件，这样才能减少 MOSFET 的导通损耗。但是由于寄生电容的不确定性和元器件的分立性，我们可以额外增加一个电容，此电容可以加在 MOSFET 的漏栅极或是和一次侧的电感绕组并联，这样来补偿寄生杂散电容 C_d 对振荡频率的分布影响，同时降低关断时 MOSFET 电压的 dv/dt，以及平缓负向电压下降沿，从而对于关断损耗和 EMI 的减少均有益。

5）还有一个隐性的优点，这也是大多数新进工程师经常问到的：QR 反激变换器和经典的反激变换器在电路设计上有什么区别？会不会更难设计？因为大家对于变频模式的变换器都有点晕，不知道什么时候频率增加，什么时候频率降低。实际上，QR 反激变换器最终还是反激变换器，而且是 DCM 的一个特例（$T_v \geq 0$），所以所有的经典反激变换器设计思路可以全部用到 QR 反激变换器上面，并不需要做太多额外的功课。这也是为什么现在的主流芯片都是采用 QR 模式操作的原因，简单的设计即可以实现良好的性能。

以上几点也是芯片厂家、方案厂家和电源设计者津津乐道的优点，所以在一定功率范围内，这些年 QR 成为大家的不二选择。任何事物总是存在两面性，我们大谈特谈其优点，至今为止还没有说过 QR 的缺点或是劣势。

在这里，笔者着重提醒读者，对于电路设计，需要多看反面教材，多从不好的角度去分析，因为芯片厂商或是元件厂商从产品推广的角度来看，尽量提供漂亮的图表以及最好看的参数呈现给使用者，而对于其中的缺陷或是问题都不太愿意提及，这样给新手留下了许多未知的陷阱，特别是对全新的芯片，中小型公司的研发能力和品质管控能力稍有不慎，就容易出现批量性质量不良的问题。所以，初级的工程师在设计选择的时候，尽量从现有公司元器件库中查看，或是向公司资深工程师请教，而不要贸然采用一个新的平台，这是对公司负责的一种表现，也是能够很快建立起工作信心的一个很好的方式。

我们回到 QR，作为一个工程师，严谨的态度是必需的，所以为了知识信息的完整性，我们也将 QR 的一些缺点列出来，这样大家不会一味地为了追求这个新的控制方案而去贸然选择 QR。

1）毕竟 QR 还是工作于 DCM，那么它一样继承了 DCM 的电流峰值和电流有效值高的缺点，这样无疑导致 MOSEFT 的导通损耗增加，以及变压器更高的损耗。所以从拓扑角度来说，对于全电压范围输入，QR 的工作范围最好在 150W 以下，对于欧盟或是中国的高压侧电压输入来说，也不要超过 200W。

2）对于直接工作于频率返走的 QR，由于在轻载时会增加频率，这实质上增加了损耗，这样其 QR 的效果就不是那么明显了。

3）QR 是以 V_{in} 为中轴，以 V_R（反射电压）初始振幅开始振荡，振荡频率由寄生电容和漏感决定，V_R 越大，则谷底的电压 V_{ds} 就越低。MOSFET 开通时刻，MOSFET 漏极处电容的能量就越小，损耗也就越小，所以有效增加 V_R 能够提升或者说是发挥 QR 的优势，单纯从这点上来说，这也是大家经常在各种资料上看到的 PFC+QR 的 MOSFET 耐压等级需要 800V（相对于常规 QR 反激变换器为 600~650V 而言）的一个主要原因。但是仁者见仁，智者见智，高压 MOSFET 先不说成本，单纯从 R_{DSON} 上来看，其 R_{dsON} 就比较高，这有可能又削弱了 QR 的优势。总之，这是一个平衡取舍的结果，无法简单地得到判据。从下表 2-12 可以看出 V_R 影响到了许多参数，这些参数又与效率息息相关。

表 2-12　反射电压 V_R 在 QR 模式下对系统各部分的影响

增加反射电压（⇑）V_R 的影响	
参数	变化
变压器一次侧电感量	⇑
变压器最小截面积	⇑
漏极振荡频率	⇓
开关频率	⇑
一次电流峰值和电流有效值	⇓
二次电流峰值和电流有效值	⇑
MOSFET 导通损耗	⇓
MOSFET 总的损耗	⇓
二次侧整流二极管损耗	⇑
最大漏极峰值电压	⇑
二次侧二极管最大反向电压	⇓

现在我们从理论角度来看 QR 时 MOSFET 导通时的波形如图 2-22 所示。

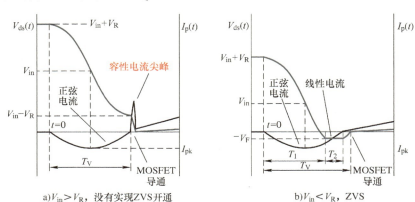

a)$V_{in}>V_R$，没有实现ZVS开通   b)$V_{in}<V_R$，ZVS

图 2-22   MOSFET 漏源电压 V_{ds} 以及一次电流 I_p 波形

如图 2-22a 所示，因为 $V_{in}>V_R$，残留的漏极电压会在 MOSFET 导通时产生一个电容尖峰，其主要原因是因为 C_d 突然向 MOSFET 的 R_{ds} 放电所致。所以这里存在一个损耗，理论计算如下：

$$P_{cap} = \left[\frac{5}{6} C_{oss}(V_{in}-V_R)^{\frac{3}{2}} + \frac{1}{2} C_d(V_{in}-V_R)^2 \right] f_{sw} \tag{2-13}$$

C_{oss} 即为之前提到的 MOSFET 的漏源极结电容，因为它是一个电压受控的电容，我们一般用规格书中定义的 $V_{ds}=25V$ 的 C_{oss} 值来做近似。从式（2-13）可以看出，有出现二次方项，这是因为这里考虑了 C_{oss} 的实际非线性，但是我们假设 C_d 其他部分是非线性的。当达到 ZVS 的条件后，P_{cap} 为 0，但是由于 MOSFET 体二极管导通又增加了一个损耗，当然为了消除此损耗，只需要设计时将反射电压设计成超过输入电压多一点（即一个二极管的压降）即可。

图 2-22b 中即为 ZVS 的情况，在 T_1 时刻，漏极电压达到了 $-V_F$，并被箝位在体二极管电压大小，此时电流由正弦形状转换为线性。在电流达到零之前，需要经历 T_2 时间，而此时会产生损耗。为了简化起见，C_{oss} 忽略掉，同时相对于 V_{in} 来说，V_F 也可以忽略掉，有了这些假设，损耗可以简单地计算为

$$P_{diode} = V_F I_{DCdiode} = \frac{1}{2} V_F \frac{V_R^2 - V_{in}^2}{V_{in}} C_d f_{sw} \tag{2-14}$$

实际上，此损耗一般为几十 mW 级（在最低输入电压时），这是最差情况（可以通过对上式求导得到，当 V_{in} 最小时，损耗最大），所以没有必要纠结于 MOSFET 开通时复杂的计算分析，固定的一个 T_V 假设即可以用来我们常规的评估计算。

当 MOSFET 关断时，漏极电流以一个固定的斜率从峰值下降。此时变压器一次

电感近似呈现为一个电流源形式，因此对于 C_d 上的电流而言，C_d 上的电流增加即为漏极电流下降的一个镜像。漏极电压持续上升直达 $V_{in}+V_R$，当 L_p 与 L_{lk} 耦合时，L_m 的电压被固定在 $V_{in}+V_R$。漏极电压会在此平台上继续增加，这是因为漏感 L_{lk} 此时会仍然被充电（电流基本上等于 I_{pk}），并且需要被完全退磁。当 L_{lk} 能量耗散完后，漏极电压会经历几个振荡后固定在 $V_{in}+V_R$ 上。

图 2-23 为近似后得到的波形，漏极电压为一正弦电压，在绝大多数场合，可以用一抛物曲线来近似逼近：

$$V(t) = \frac{I_{pk}}{4T_F C_d} t^2 \tag{2-15}$$

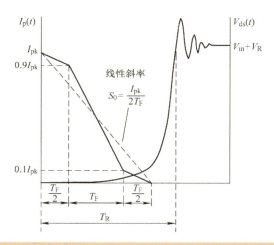

图 2-23　MOSFET 关断的时候漏源电压 V 以及一次电流 I_p 近似波形

当然，式（2-15）存在较小的误差，主要是因为 C_d 的不确定性和离散性。T_F 即为电流跌落时间（即从 90% 跌落到 10% 的时间），这个参数一般可以通过 MOSFET 的规格书查找或是推导得到。

T_r 的时间即为漏极电压达到 $V_{in}+V_R$ 的时间，也即漏感开始退磁过程（实际上的，即为漏极电压上升时间），此时间为

$$T_R = 2\sqrt{\frac{T_F C_d(V_{in}+V_R)}{I_{pk}}} \tag{2-16}$$

如果有 C_d 满足 $T_r > 2T_f$，那么

$$T_R = 2\sqrt{\frac{T_F C_d(V_{in}+V_R)}{I_{pk}}} > 2T_F \tag{2-17}$$

化简可得

$$C_d > \frac{T_F I_{pk}}{V_{in} + V_R}$$ (2-18)

MOSFET 的关断损耗即可以表示为

$$P_{sw} = \frac{(T_F I_{pk})^2}{6C_d} f_{sw}$$ (2-19)

从 P_{cap} 和 P_{sw} 的方程可以看到，可以找得到一个最优的 C_d 值，来实现 MOSFET 总的损耗 $P_{cap}+P_{sw}$ 最小。

$$P_{mospart} = P_{cap} + P_{sw} = [\frac{5}{6}C_{oss}(V_{in}-V_R)^{\frac{3}{2}} + \frac{1}{2}C_d(V_{in}-V_R)^2]f_{sw} + \frac{(T_F I_{pk})^2}{6C_d}f_{sw}$$

(2-20)

通过计算可以得到（即对 $P_{cap}+P_{sw}$ 求最值，具体过程读者请参考相关文献），此优化的电容值为

$$C_{dopt} = \frac{1}{\sqrt{3}}\frac{T_F I_{pk}}{V_{in}-V_R}$$ (2-21)

所以通常情况下，通过增加一个外部电容可以达到此电容值。但是，需要注意的是，这所有的优化仅在特定的工作条件下才有效（如在一定的输入电压和一定的负载情况下）。然而，比较矛盾的是，如果优化满载时的损耗的话，就不可避免地会导致轻载损耗增加，所以在增加此电容的时候，一定要仔细考虑。

另一个需要考虑的是，增加此电容有一个好处就是可以允许省掉 RCD 或是 TVS 来箝位漏感的尖峰，但是为了达到此目标，总的漏极电容必须满足式（2-22）：

$$C_d > \frac{I_{pk}^2 L_{lk}}{[V_{(BR)DSS} - V_{in} - V_R]^2}$$ (2-22)

其实对式（2-22）稍做变形，即可看到一个漏感能量吸收公式，变形如式（2-23）所示。

$$\frac{1}{2}C_d\left[V_{(BR)DSS} - V_{in} - V_R\right]^2 > \frac{1}{2}L_{lk}I_{pk}^2$$ (2-23)

这里 $V_{(BR)DSS}$ 即为 MOSFET 的击穿电压，在利用此电容时，必须评估最坏情况，即短路时的原边峰值电流，以及满足 C_d 最大时的输入电压，一般发生在 $V_{in}=V_{inmax}$ 时。

不管怎么样，如果要采用此方法的话，此外部电容必须跨接在变压器的一次侧绕组两端，在这种情况下，电容的额定电压必须大于 V_{inmax}，而跨接到 MOSFET 的漏源极的话，电容的额定电压必须大于 $V_{inmax}+V_R$。而这两种接法对 V_R 和漏极电压上升时间的影响是一样的。

2.3.4　QR 具体转换过程中的 4 个时序区间

参考图 2-24b 波形，具体来说，整个 QR 转换模式可以细分成 4 个区间段，具体定义如下：

- 区间 1　$t_0 < t < t_1$：一次侧导通时间，$t_{prim} = t_1 - t_0$
- 区间 2　$t_1 < t < t_2$：换流时间，$t_{com} = t_2 - t_1$
- 区间 3　$t_2 < t < t_3$：二次侧导通时间，$t_{sec} = t_2 - t_1$
- 区间 4　$t_3 < t < t_{00}$，死区时间，$t_{dead} = t_{00} - t_3$

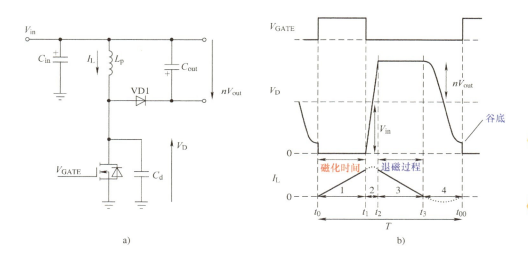

图 2-24　QR 转换时细节波形

在第 1 个区间伊始，MOSFET 导通，能量存储在变压器中（磁化过程），在结尾时，MOSFET 关断，第 2 个区间开始。

第 2 区间，漏极电压基本上从零上升到 $V_{in} + nV_o$，这里仍然忽略输出二极管正向压降。而电流 I_L 会改变斜率符号。从 V_{in}/L_p 到反向斜率变为 $-nV_o/L_p$。因为这是一个中间换流过程，所以电流变化的斜率是不同的。

第 3 区间，变压器存储的能量传递到输出级，所以二极管导通，电感电流下降。换言之，即变压器退磁。当电感电流降到零时，下一个区间开始。

第 4 区间，存储在漏极电容 C_d 里的能量开始与 L_p 形成谐振，而电流波形遵循自由振荡（正弦振荡，如上述内容所说，由于阻尼很小，其振荡频率基本上由 L_p 和 C_d 决定）。这时 MOSFET 漏极电压即以 V_{in} 为中心，振幅为 nV_{out}。

不同的输入电压会导致不同的结果，见表 2-13。

表 2-13   QR 转换，不同输入电压对应的开关状态

条件	MOSFET 开通时的漏极电压
1) $V_{in} = nV_{out}$	ZVS（零电压开通）
2) $V_{in} < nV_{out}$	ZVS（零电压开通）
3) $V_{in} > nV_{out}$	LVS（低电压开通）

2.3.4.1   第一种情况

当 $V_{in} = nV_{out}$ 时，漏极的最小电压为零。控制器检测到最小值并决定开通 MOSFET。QR 转换，$V_{in} = nV_{out}$ 时对应的开关状态如图 2-25 所示。

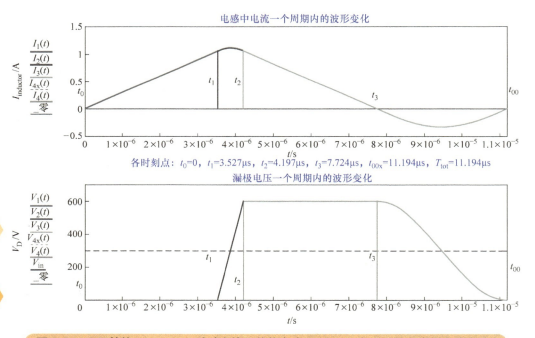

图 2-25   QR 转换，$V_{in} = nV_{out}$ 时对应的开关状态（MOSFET 电压以及一次侧电感电流）

- $t_0 \leqslant t < t$：变压器磁化储能（一次侧 MOSFET 开通）

用数学方程表达，在此区间（$t_0 \leqslant t < t$）电感电流以及漏极电压为

$$I_L(t) = \frac{V_{in}}{L_p}(t - t_0) + I_L(t_0) \tag{2-24}$$

$$V_D(t) = I_L(t)(R_{SENSE} + R_{DS(ON)}) \tag{2-25}$$

通过定义 $I_L(t_0)$ 为初始 0 时刻，即有

$$I_L(t_0) = 0, \ t_0 = 0 \tag{2-26}$$

- $t_1 \leqslant t < t_2$：换流时间

$T = t_1$ 时 MOSFET 关断，电感中储存的能量转移到谐振电容上面，此时 L_p 和 C_D 形成振荡，同样电感电流和漏极电压也可以用数学方程表达如下：

$$I_L(t) = V_{in}\sqrt{\frac{C_d}{L_p}}\sin\left[\omega(t-t_0)\right] + I_L(t_1)\cos\left[\omega(t-t_1)\right] \tag{2-27}$$

$$V_D(t) = I_L(t_1)\sqrt{\frac{C_d}{L_p}}\sin\left[\omega(t-t_0)\right] - V_{in}(t_1)\cos\left[\omega(t-t_1)\right] \tag{2-28}$$

其中角频率 ω 为

$$\omega = \frac{1}{\sqrt{L_p C_d}} \tag{2-29}$$

在此区间内，电感电流完成了斜率方向及大小的变化，即从原来的正向斜率（V_{in}/L_p）转变成为负向斜率（$-nV_o/L_p$），在这个区间内，即不属于磁化过程，也不属于退磁过程，可以称之为换流过程，它介于一次侧和二次侧导通之间的时刻，此换流时间为

$$t = \frac{C_d(V_{in} + nV_{out})}{I_L(t_1)} \tag{2-30}$$

- $t_2 \leqslant t < t_3$：二次侧导通，变压器退磁

在此区间内，一次侧电感的能量传递到输出，二次侧二极管开始导通，同时电感电流下降，也被称之为退磁过程。在 t_3 时刻，变压器彻底完成退磁，同样用数学表达式表征即为

$$I_L(t) = -\frac{nV_{out}}{L_p}(t-t_2) + I_L(t_2)$$
$$V_D(t) = V_{in} + nV_{out} \tag{2-31}$$

- $t_3 \leqslant t < t_{00}$：死区时间

在 t_3 时刻，所有的能量被传输到负载，所以二次侧的二极管不再导通。同样 L_p 和 C_d 也会产生谐振。

控制器（芯片）会检测漏极电压 V_D 的导数，当在 t_{00} 时刻，经历一个负的斜率后，漏极电压 V_D 的导数即为零，这时即为谷底，MOSFET 此时导通。所以有

$$\frac{dV_D}{dt} = 0 \tag{2-32}$$

此时电感电流和漏极电压方程为

$$I_L(t) = -nV_{out}\sqrt{\frac{C_d}{L_p}}\sin\left[\omega(t-t_3)\right]$$
$$V_D(t) = V_{in} + nV_{out}\cos\left[\omega(t-t_3)\right] \tag{2-33}$$

而这个死区时间基本上为常数，从而推导出：

$$t_{dead} = \pi\sqrt{L_p C_d} \tag{2-34}$$

至此进入到下一个新的区间，即 t_{00} 即为下一个周期的 t_0 时刻：

$$t_{00}\ \frac{dI_L}{dt} = \frac{nV_{out}}{L_p}$$
$$t_0\ \frac{dI_L}{dt} = \frac{V_{in}}{L_p} \tag{2-35}$$

注意到，电感电流的导数是不同的，即区间 4 的结束点和区间 1 的起始点的电感电流的导数是不相等的，这其中的原因是电流波形的斜率不连续所致（即电流波形不是连续可导 / 微的）。

2.3.4.2　第二种情况

当 $V_{in} < nV_{out}$ 时，输入电压小于反射电压。漏极电压将变为负，但是由于 MOSFET 体二极管的存在，这个负向电压被它箝位在一个二极管压降，同样，控制器也能检测此电压作为一个谷底，并决定开通 MOSFET。第一、二种情况，MOSFET 导通损耗均为零，即 ZVS。QR 转换，$V_{in} < nV_{out}$ 时对应的开关状态如图 2-26 所示。

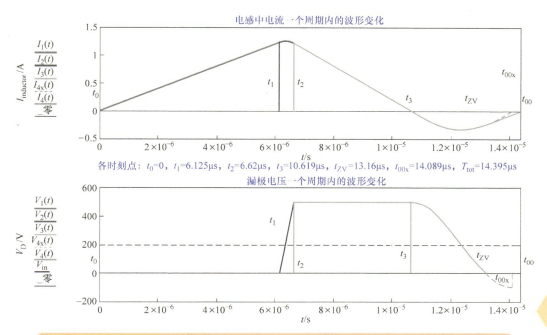

图 2-26   QR 转换，$V_{in} < nV_{out}$ 时对应的开关状态（MOSFET 电压以及一次侧电感电流）

这个条件下和 $V_{in} = nV_{out}$ 基本上一样，电感电流以及漏极电压波形同样可以由上述公式来表达。主要区别在于第 4 个区间内有所不同，以及会有更长的死区时间。

区间 4: $t_3 < t < t_{00}$，此为死区时间 t_{dead}。

同样，电流和电压会遵循一个 L_p 和 C_d 的自由振荡，而漏极会一直往负向电压下降，但是由于 MOSFET 体二极管的存在会被箝位。控制器仍然会检测漏极电压的变化率。当漏极电压被体二极管箝位后，其变化率为零，控制器此时认为这是一个谷底，从而开通 MOSFET。由于体二极管电压相对于漏极电压高压平台时来说可以忽略，所以此时漏极电压仍然可以近似认为是零电压。此时区间 4 可以再被细分解成两个子区间，这两个子区间的电感电流以及漏极电压分别可以描述如下：

在第 1 个子区间 4a：$t_3 \leqslant t < t_{ZV}$

$$I_L(t) = -nV_{out}\sqrt{\frac{C_d}{L_p}}\sin\left[\omega(t - t_3)\right]$$

$$V_D(t) = V_{in} + nV_{out}\cos\left[\omega(t - t_3)\right]$$

(2-36)

在第 2 个子区间 4b：$t_{ZV} \leqslant t < t_{00}$

$$I_L(t) = -\frac{V_{in}}{L_p}(t - t_{ZV}) + I_L t_{ZV}$$

$$V_D(t) = 0, \frac{dV_D}{dt} = 0$$

$$\frac{dI_L}{dt} = \frac{nV_{out}}{L_p}$$

(2-37)

由图 2-26 可以看到，MOFSET 在 t_{ZV} 时导通，此时漏极电压为零。MOFSET 会首先导通流过负向电流，斜率为 V_{in}/L_p，从 t_{ZV} 到 t_{00}，这段时间内变压器里没有存储能量，能量传递到输出，这样的结果就是导致死区时间变长，这也意味着此时传递到输出的能量与导通时间再也没有任何关联。

2.3.4.3 第三种情况

当 $V_{in} > nV_{out}$ 时，这种情况下，绝大部分区间过程和 $V_{in} = nV_{out}$ 一样，唯一不同点就是 MOSFET 导通时的漏极电压大小。可以从图 2-24 看到，MOSFET 导通时其漏极电压不为零，而是稍微高于零电压，所以称之为低电压开通，这样即造成了 MOSFET 的导通损耗。QR 转换，$V_{in} > nV_{out}$ 时对应的开关状态如图 2-27 所示。

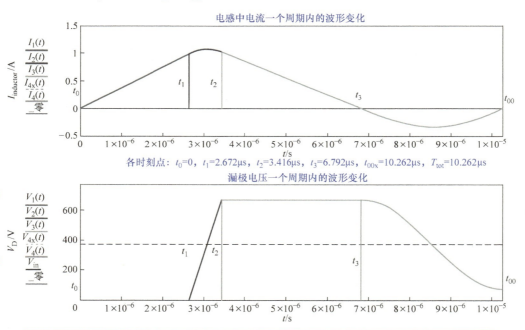

图 2-27 QR 转换，$V_{in} > nV_{out}$ 时对应的开关状态（MOSFET 电压以及一次侧电感电流）

第三种情况，最小漏极电压大于 0。控制器会检测到此谷底电压，但是取决于此电压的大小，变压器的导通损耗严重与此电压相关，称之为低电压开通。

在这小节中，我们用了比较大的篇幅来介绍 QR 的细节波形和电路方程解析值，虽然本书的宗旨是为了简化读者的理论门槛，但是这并不冲突，这些讲解和介绍均是从实际的电路情况入手来分析的，所以不妨碍大家的定性分析和理解，并将它们深入到实际的产品调试过程中去。

2.3.5　多个谷底，从满载到轻载时频率控制方式——不同芯片的设计方式

我们通过上述的章节，知道了第一个谷底的意义，而实际上对于一个 QR 电源而言，一般只设计在最低输入和最大负载时才能实现第一个谷底开通，这是最恶劣的条件，它决定了最小工作频率和最大一次侧峰值电流，从而设计者可以依次来选择变压器和磁通密度。而其他工况下，QR 电源会工作在不同的状态，当然，取决于芯片的设计和控制策略，一般地可能会存在如下几种情况 [QR 模式下（电压）谷底的位置及可能性见图 2-28]：

1）在满功率下，工作于 QR 模式，第一个谷底开通。

2）在其他功率下，第二个或是其他谷底开通。

3）在较大功率下，工作于定频或是变频的 DCM 模式。

4）在较小功率下，工作于突发工作模式，定频或是变频。

那么我们关注 2），即 QR 模式下的其他几个问题。

1）后续谷底的意义，因为目前市面上的大多数芯片，都不可能保证在所有工况下实现第一个谷底的导通和关断。

2）一共会有多少个谷底？过多的谷底是否意味着振铃增加而控制困难？

3）每个谷底的特征是什么？ V_{ds} 波形毕竟是自由振荡，所以理想情况下是正弦衰减波形。

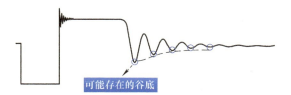

图 2-28　QR 模式下（电压）谷底的位置及可能性

由之前可以知道，典型的 QR 模式下，在轻载时或是空载时频率升高，这会带来许多问题。所以在 QR 模式下轻载时怎么操作，不同的芯片设计厂商有不同的考量，一般有：

频率不控：依靠芯片内部自己的限频点，这是一种最简单的办法，一般的此频率限值在 150kHz 以下，以避免过高的开关损耗，同时避开 EMI 限值曲线的转折点。但由于频率一定会上升到更高的值，导致轻载能效欠佳，这只是最简单的 QR 模式芯片设计思路。纯粹的箝位开关频率可以解决轻输出负载条件下的不稳定问题，但不会改善某特定工作点的能效，并且还会存在一个严重的问题，即谷底跳频。这即是当输出功率使得

每个周期能量平衡所需关闭时间降到两个邻近谷底之间，电源将以大小不等的开关周期工作，这就是所谓的谷底跳频（或是谷底跳跃）。较长的开关周期会被较短的开关周期补偿，反之亦然。谷底跳频现象使开关频率产生很大变化，而这些变化会被大峰值电流跳变补偿，而电流跳变导致变压器中产生可听噪声。原边峰值电流和频率的关系映射图如图 2-29 所示。较为详细的谷底跳频，可以参考本章后的参考文献。

既然知道频率与开关损耗密切相关，所以我们想到的是在轻载时频率变化不大，这样总体来看保持轻载和满载时的效率均衡，以满足各种标准对不同负载点的能效要求。

频率返走： 即当功率降到一定值的时候，频率往低走，即形成倒 V 字形频率特性。通过降低工作频率，开关损耗也得以降低，轻载能效相应改善。然而，在频率返走模式期间，MOSFET 导通时间仍然与谷底检测同步，控制器频率在两个邻近谷底之间来回跳动时发生谷底跳频，即仍可能存在谷底跳频，同样导致 QR 电源中出现可听噪声。这种技术带来的另一项约束就是满载和输入电压较低时最低频率的选择。实际上，频率箝位要求选择最低频率，而且这个值必须高于可听频率范围（通常约 30kHz）。由于选择了最低频率，一次电感值因而增加以提供必要的输出功率，变压器尺寸也相应地增大。目前来说许多芯片设计在最小频率限值为 22~30kHz 附近以避免音频噪声。频率返走示例图如图 2-30 和图 2-31 所示。

谷底锁定： 一种避免谷底跳频问题的新方案是在输出负载变化时，从某个谷底位置变到下一个 / 前一个谷底位置，并将控制器频率锁定在所选位置，这叫作"谷底锁定"技术。一旦控制器选定在某个谷底工作，它就保持锁定在这个谷底，直到输出功率大幅变化。这种技术的另一优势在于优化了整个负载 / 输入电压范围（特别是高输入电压条件下）的能效。高输入电压时，不再有 ZVS 工作模式，开关损耗增加。

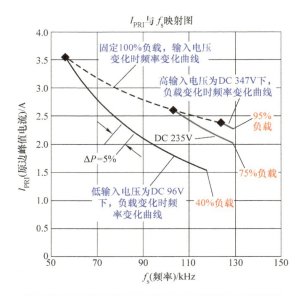

图 2-29 一次侧峰值电流和频率的关系映射图

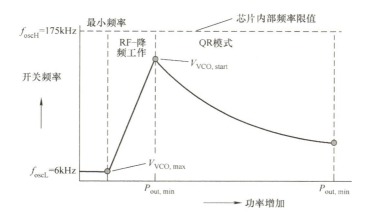

图 2-30 频率返走示例图（1）

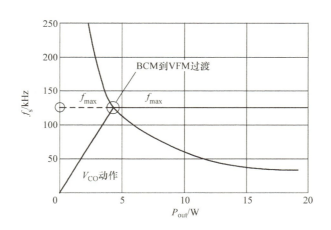

图 2-31 频率返走示例图（2）

目前的谷底锁定技术，并加上频率返走控制方式，在 QR 芯片中占着主流位置。以 Onsemi 为首的电源芯片设计厂家一直引领着此技术的发展。当然要实现不同功率情况下的频率控制方式，这需要一个反馈机制，通常来说是通过 FB 来实现，而当 FB 引脚电压变化时，不同的芯片对其处理有所不同，如采样计数器方式，但此内容超出了本书的内容，如果有感兴趣的读者，可以自行研究。某一控制器 FB 引脚和控制策略的关系如图 2-32 所示。

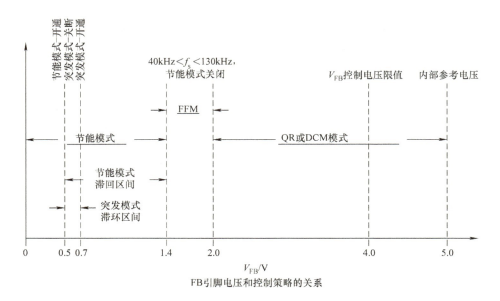

图 2-32　某一控制器 FB 引脚和控制策略的关系

2.3.6　RCC 与 QR 的关系

反激方式主要有自励型的 RCC（Ringing Choke Converter）型、他励型的 PWM型、利用共振技术 RCCQR 型 3 种。RCC 型主要用在系统的辅助电源等小功率用途，但相较于 PWM 型，设计略为复杂，近年来 PMW 型内置 MOSFET 的芯片较普遍，小功率用途上较常采用 PWM 型。QR 型是利用专用的芯片进行控制，但噪声比PWM 型低且损耗也较小，因此部分应用会采用 QR 型。

在固定的反射电压情况下，QR 反激在低压的时候能实现 ZVS，而当输入电压升高后，只有谷底开通，而没有 ZVS。RCC 是一种天然的零电压开关，而且工作于变频模式，它由于成本低廉而得到广泛应用。虽然其成本低，但由于全分立器件实现，故研发成本增加。该原理主要是检测电感 / 变压器的振铃电压，以便在没有磁心退磁的情况下开通 MOSFET。这是一种以边界传导模式（BCM）工作的变频脉冲宽度调制（PWM）模式。实际上，在 20 世纪 80 年代，TDA4601 在电视电源反激式控制中被广泛采用，这个芯片目前仍然可以找到相关资料，而后来的 ST 的L6565，尽管它基于 TDA4601 的传统振铃扼流原理，但它更愿意称自己为 QR（准谐振）、ZVS（零电压开关）拓扑开关 SMPS 控制芯片。

2.4　QR 反激变换器中变压器的工程化设计实例

在这里我们会较详细来讲解怎么设计一个 QR 模式的变换器，虽然这在很多书籍，以及芯片设计指南上都有涉及，工程师只需要按着步骤就基本上可以完成设计，但我们会以一种特别的方式来解说其中几个关键公式或是关键步骤。

1. 一次绕组和二次绕组的匝比：决定功率半导体元器件耐电压水平。
2. 一次侧峰值电流：决定功率元器件（主要是一次侧开关管）的耐电流水平。
3. 电感量：决定变压器的设计和选择。
4. 一次电流和二次电流有效值：决定损耗和二次侧器件耐电流水平。

2.4.1　一次绕组和二次绕组的匝比

因为 QR 模式毕竟是 DCM 下的特例，所以常规 DCM 设计在这里均是继续有效的。

图 2-33 是典型反激变换器中变压器理论状态时的开关状态结果，由基尔霍夫电压定律（KVL）回路电压方程，我们可以得到一次侧 MOSFET 和二次侧二极管上面的耐压方程为

$$
\begin{aligned}
\text{MOSFET 导通：} & V_{\text{diodevrr}} = V_{\text{in}} / N + V_{\text{out}} \\
\text{MOSFET 关断：} & V_{\text{mosvds}} = N(V_{\text{out}} + V_{\text{F}}) + V_{\text{in}}
\end{aligned}
\tag{2-38}
$$

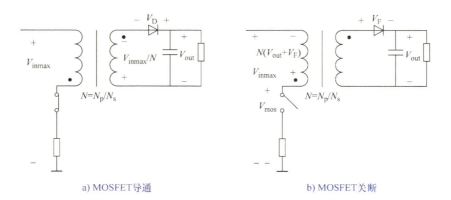

a) MOSFET导通　　　　　　　　b) MOSFET关断

图 2-33　反激变换器中 MOSFET 导通和关断时的电压表现

这里 N 即为变压器一次绕组和二次绕组的匝比。考虑到实际设计时的裕量，以及半导体本身的特性还有不同厂家的差异性，我们在设计时一般会在元器件额定规格上进行降额使用，实测波形之反激变换器中 MOSFET 承受应力情况如图 2-34 所示。综合考虑，对于 MOSFET、二极管，笔者建议取 80%~90% 的降额是一个比较折中的结果，这样不论从元器件选择，还是成本上都是可以接受。

所以重写方程为

$$\text{MOSFET 导通}: V_{\text{diodevrr}} = V_{\text{in}} / N + V_{\text{out}} < 0.8 V_{\text{diodevrr\_spec}}$$
$$\text{MOSFET 关断}: V_{\text{mosvds}} = N(V_{\text{out}} + V_{\text{F}}) + V_{\text{in}} < 0.8 V_{\text{momosvds\_spec}} \tag{2-39}$$

化简得到约束匝比条件为

$$\frac{V_{\text{in}}}{0.8 V_{\text{diodevrr\_spec}} - V_{\text{out}}} < N < \frac{0.8 V_{\text{mosvds\_spec}} - V_{\text{in}}}{V_{\text{out}} + V_{\text{F}}} \tag{2-40}$$

这里定义：

$$N_{\min} = \frac{V_{\text{in}}}{0.8 V_{\text{diodevrr\_spec}} - V_{\text{out}}}, N_{\max} = \frac{0.8 V_{\text{mosvds\_spec}} - V_{\text{in}}}{V_{\text{out}} + V_{\text{F}}} \tag{2-41}$$

最终匝比约束为

$$N_{\min} < N < N_{\max} \tag{2-42}$$

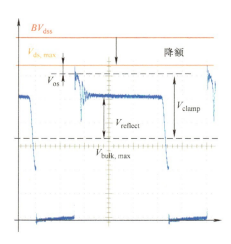

图 2-34　实测波形之反激变换器中 MOSFET 承受应力情况

换一个角度来看：

$$V_{\text{momosds\_max\_max}} = V_{\text{mosvds\_spec}} K_{\text{mos}}$$
$$V_{\text{clamping}} = V_{\text{mosvds\_max}} - V_{\text{inmax(dc)}} - V_{\text{ring}}$$
$$N_{\text{ps}} = \frac{N_{\text{p}}}{N_{\text{s}}} = \frac{V_{\text{or}}}{V_{\text{out}} + V_{\text{f}}} = \frac{V_{\text{clamp}}}{V_{\text{clamp}}} \frac{V_{\text{or}}}{V_{\text{out}} + V_{\text{f}}} = \frac{1}{K_{\text{clamp}}} \frac{V_{\text{clamp}}}{V_{\text{out}} + V_{\text{f}}} \tag{2-43}$$

在这里，K_{mos} 即为降额系数；V_{Ring} 即为振荡电压；V_{or} 即为反射电压；K_{clamp} 定义为箝位电压比，即：

$$K_{\text{clamp}} = \frac{V_{\text{clamp}}}{V_{\text{or}}}$$ (2-44)

当 $K_{\text{clamp}}=1$ 时，上述即简化为

$$N_{\text{ps}} = \frac{N_{\text{p}}}{N_{\text{s}}} = \frac{V_{\text{clamp}}}{V_{\text{out}} + V_{\text{f}}} = \frac{V_{\text{or}}}{V_{\text{out}} + V_{\text{f}}}$$ (2-45)

　　问题来了，之所以定义 K_{clamp} 的原因是绝大多数简单的反激变换器，其吸收回路一般是无源吸收，即通过吸收电阻来吸收漏感的能量（有源箝位除外），那么 K_{clamp} 的选择直接决定了箝位电路的损耗大小，而同时由于 MOSFET 的电压等级与此严重相关，这里即出现了一个容易被忽略掉的因素：耐压等级越高的 MOSFET，其导通电阻也越大，如此说来，此箝位系数需要折中取值。不同箝位电压（系数）下的吸收电路损耗比较如图 2-35 所示。

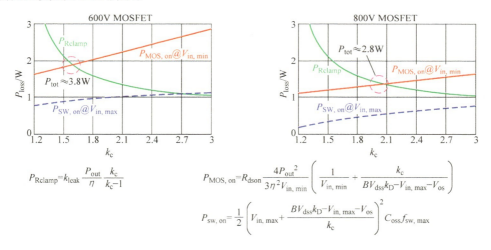

图 2-35　不同箝位电压（系数）下的吸收电路损耗比较

2.4.2　反射电压的选择

　　其实在 2.3 节中有提及，反射电压在 QR 模式中很重要，是一个牵一发动全身的因子。在定频的反激变换器中，反射电压直接决定了半导体器件的电压等级。而在 QR 中，反射电压不仅决定半导体器件的电压等级，同样它的大小决定了谷底的电压大小（开通点），理想状态即如 2.3 节所示的 $V_{\text{R}}=V_{\text{in}}$ 时。在 QR 中，反射电压越高越有利，因为此时的谷底电压越小，导通损耗也越小。同样的，我们又一次看到，如图 2-36 所示，当 $V_{\text{R}} \geq V_{\text{in}}$ 时，即能实现 ZVS。但是当输入电压变化时，也会影响 ZVS 的实现，甚至对于全电压范围而言，如果要在所有输入电压时能实现 ZVS，V_{R} 可能需要设计为近 370V（约等于 264×1.414），这个电压等级对于 MOSFET 的选择来说比

较严苛，如表 2-14 中给出了针对 600~800V 的 MOSFET 来说，对应的耐压和反射电压推荐选择值。

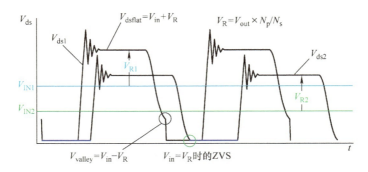

图 2-36 QR 模式下，不同输入电压下的 MOSFET 电压波形

表 2-14 QR 模式下，MOSFET 耐压的选择和反射电压的选择

V_{in}	MOSFET 的 V_{ds} 最大值 /V	推荐的最大反射电压 V_R/V
低电压输入	600	150
宽范围交流输入：AC85-150V	650	100
宽范围交流输入：AC85-264V	800	250
高压直流输入：DC400V	800	250

这里仍然需要指出来，上述推荐的反射电压值，只是为了去迎合 QR 模式而选择，但往往有时忽略了物料成本和采购难度。

2.4.3 一次电流峰值计算

$$P_{out} = L_{pri}I_{pri\_peak}F_{sw}eff \qquad (2-46)$$

一个周期内对应的一次侧电感电流如图 2-37 左侧所示，有：

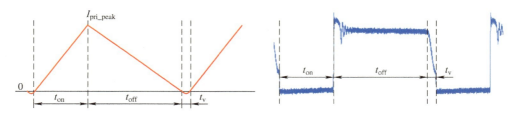

图 2-37 QR 模式下，一次电流波形和对应的 V_{ds} 波形

$$T = t_{\text{on}} + t_{\text{off}} + t_{\text{valley}} \tag{2-47}$$

将 t_{on}、t_{off}、t_{valley} 分别代入有：

$$T = t_{\text{on}} \frac{I_{\text{pri\_peak}} L_{\text{pri}}}{V_{\text{in min (dc)}}} t_{\text{off}} + \frac{I_{\text{pri\_peak}} L_{\text{pri}} N_{\text{ps}}}{V_{\text{out}} + V_{\text{f}}}$$
$$+ t_{\text{valley}} \pi \sqrt{L_{\text{pri}} C_{\text{mososs}}} \tag{2-48}$$

2.4.4　一次侧电感量计算

将 $I_{\text{pri\_peak}}$ 和 L_{pri} 的关系代入上式（2-48），有：

$$I_{\text{pri\_peak}} = 2 \frac{P_{\text{out}}}{\textit{eff}} \left(\frac{1}{V_{\text{in min(dc)}}} + \frac{N_{\text{ps}}}{V_{\text{out}} + V_{\text{f}}} \right) + \pi \sqrt{\frac{2 P_{\text{out}} C_{\text{d}} f_{\text{sw}}}{\textit{eff}}} \tag{2-49}$$

从而得到电感量为

$$L_{\text{pri}} = \frac{2 P_{\text{out}}}{I_{\text{pri\_peak}} \textit{eff}} \tag{2-50}$$

2.4.5　一次、二次电流有效值计算

定义满载和最小输入时的占空比为

$$d_{\text{max}} = \frac{I_{\text{pri\_peak}} L_{\text{pri}}}{V_{\text{in min(dc)}}} f_{\text{sw min}} \tag{2-51}$$

从而可以得到一次电流有效值（此公式可以通过 DCM 下的三角波定积分得到），这里不作赘述。

$$I_{\text{pri\_rms}} = I_{\text{pri\_peak}} \sqrt{\frac{d_{\text{max}}}{3}}, \quad I_{\text{sec\_rms}} = \frac{I_{\text{pri\_peak}}}{N_{\text{ps}}} \sqrt{\frac{1 - d_{\text{max}}}{3}} \tag{2-52}$$

至此，可以说是完成了一个简化版的 QR 模式的电源设计，虽然还有一些其他的电气参数需要确认，但我们已然知道了关键性参数。这只是一个指导性的方针，后续会给读者展示一个完整的实例过程。

2.5 Boost APFC +QR 反激变换器拓扑的研发工程实例

同第 1 章类似，最终我们还需要用实例来加深印象并帮助理解，如原理图 2-38 为常见的一款 APFC+QR 反激变换器拓扑方案，这是目前中小功率适配器和 LED 驱动电源中最常用的电路拓扑之一。随着电路集成度的提高，现在越来越多的芯片厂商将这两种功能集成在一个芯片中，即通常所说的组合芯片（combo IC），高度集成的设计可以方便地使用较少的外部元件并设计出高性价比的电源。一般地，这种芯片其 PFC 控制器工作于 QR 模式（重载）、DCM 模式（较小功率）、突发工作模式（极小功率）。芯片内置的特殊节能功能能够在所有功率等级内实现很高的转换效率。在重载水平，反激变换器工作于 QR 模式；在中等功率大小，反激变换器会降低工作频率，即进行降频工作模式（FR），从而将电流峰值限制在一个可调节的最小值，这样可以保证避开变压器的音频噪声，同时也可以提高效率。在轻载低功率模式下，PFC 部分停止工作，以维持较高的效率。在所有工作模式下，变换器均采用了谷底开通的方式。

典型芯片均有如下的一些特点，这样才能在多样化的市场上占有一席之地。

PFC 级能效特点：

- 谷底开通以达到最小开关损耗
- 频率限制技术以减少开关损耗
- 当反激变换器的负载很低时，PFC 需要能检测到并停止工作

反激变换器级能效特点：

- 谷底开通以达到最小开关损耗
- 轻载时，降频工作，同时最小峰值电流可调，这样可以提高轻载时的效率

芯片仍需要系统级的保护功能：

- 系统故障条件下进入安全重启模式
- 两个变换器都有较低的、可调的过电流保护（OCP）水平
- 通用的锁死保护，如用来系统级别的过温保护（OTP）

基于上述的特点和性能，我们从众多器件中进行了选择和对比，得到了如图 2-38 所示的经典的 PFC+PWM 反激变换器原理图。

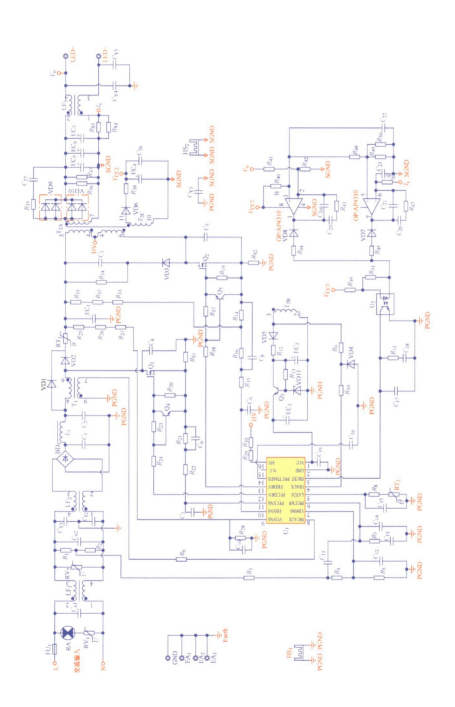

图 2-38　基于 Boost APFC+QR 反激变换器的电路原理图

2.5.1　本项目主要指标

- 额定输入电压：AC100~240V/50~60Hz，主要面对欧洲及中国地区；
- 额定输出电压：DC20~33V，输出电流 4（1±5%）A，标称输出功率 132W；
- 效率要求：230V 输入 33V 输出时，$\eta > 90\%$；
- PF 值要求：230V 输入 33V 输出时，$PF > 0.95$；
- THD 要求：230V 输入 33V 输出时，$THD < 10\%$；230V 输入 20V 输出时，$THD < 15\%$；
- 雷击要求：4kV 差模、6kV 共模组合波浪涌；
- 保护功能：输入欠电压、输出过电压、输出短路、输出过电流、过温等基本的保护功能；
- 认证要求：能满足 CCC、TUV、CE 等主流认证要求。

2.5.2　器件参数计算和选型

2.5.2.1　PFC 输出的电解电容

耐压：一般情况下，Boost 常升压到 400V，所以通常此处电解电容的耐压值选 450V 是足够使用的，但实际后面对于此电压会进一步说明。

容量：根据允许的纹波电压的大小和保持时间的长短来决定。

假设允许的纹波电压 $\Delta V_{out}=30V$，则可以得到最小容量为

$$C_{omin} = \frac{P_{out}}{2AfV_{out}\Delta V_{out}} = \frac{33\times 4}{2\times 3.14\times 50\times 400\times 30}F = 3.5\times 10^{-5}F = 35\mu F \tag{2-53}$$

考虑保持时间 $t_{hold}=5ms$，$V_{outmin}=330V$，则此时需要的电解电容容量为

$$C_o = \frac{2P_{out}t_{hold}}{(V_{out}-\Delta V_{out})^2 - V_{outmin}^2} = \frac{2\times 33\times 4\times 5}{(400-30)^2-330^2}F = 4.7\times 10^{-5}F = 47\mu F \tag{2-54}$$

另外需要注意，除非是特殊要求，一般的 LED 驱动对保持时间不做特别的要求。所以在设计 LED 驱动的情况下，此电解电容的容量只需要满足纹波电压和纹波电流的需求便足够。

纹波电流：选取的电解电容的额定纹波电流必须大于理论计算值。一般电解电容标注出来的纹波电流为工频 100Hz 或者 120Hz 时候的，但是在很多应用场合，这个频率是属于高频的，就像这里的 Boost 电路电解电容中的波形一样，属于高频与低频混合波形。所以在应用的时候，特别在寿命计算时，额定纹波电流应该参照规格书中的校正系数进行换算。

输入电流：

$$I_{in} = \frac{P_{out}}{V_{acmin}\eta PF} = \frac{33\times 4}{90\times 0.95\times 0.99}A = 1.56A \tag{2-55}$$

这里我们对 PFC 级的效率预计为 95%，对于此功率等级来说，单纯的 PFC 级是一个合理的假设。

电感电流峰值：

$$I_{Lpk} = 2 \times \sqrt{2} I_{in} = 4.41A \tag{2-56}$$

拓扑二极管电流有效值：

$$I_{Drms} = I_{Lpk} \sqrt{\frac{4 \times \sqrt{2} \, V_{acmin}}{9A \cdot V_{out}}} = 0.94A \tag{2-57}$$

输出电流：

$$I_{out} = \frac{P_{out}}{V_{out}} = \frac{33 \times 4}{400} A = 0.33A \tag{2-58}$$

电解电容的纹波电流：

$$I_{Crms} = \sqrt{I_{Drms}{}^2 - I_{out}{}^2} = 0.88A \tag{2-59}$$

综合上述的制约条件，需要耐压 450V，容量大于 $35\,\mu F$，额定纹波电流需要大于 0.88A 的电解电容。因不同品牌的产品，不同的系列有不同的参数，所以建议查阅公司常用产品的规格书来定出具体规格。而且对于电容值的计算，往往工程师可以看到，就算你计算出一个理论值，实际上一般会选择的容量大于计算值。这有如下几个因素影响：

1. 电解电容受体积和容差所致，一般电解电容的容差可以达到 20%，为了考虑极限情况下的电容容量，所以需要留下一定的裕量。

2. 需要考虑故障状态下的耐压，所以也需要在选择时留下一定的裕量。

3. 公司现有物料库存现实情况。

2.5.2.2 PFC 启动旁路二极管

图 2-38 中的 VD1 位置，此二极管的作用是开机瞬间对 PFC 电感旁路，直接对大电解电容进行充电，防止开机瞬间 PFC 电感饱和。在正常启动完成后，此二极管不导通。所以，此二极管必须选择耐冲击能力比较大的二极管，耐压大于 PFC 升压后的电解电容电压即可，常用为 600V，而对开关速度没有特别的要求。

假设电解电容的 ESR=0.5Ω，输入线路差模电感、共模电感、走线等产生的阻抗一起估计约为 5Ω，则开机瞬间流过此二极管的最大电流为

$$I_{out} = \frac{\sqrt{2} V_{acmax}}{ESR + DM + CM + PCB} = \frac{264 \times 1.414}{0.5 + 5} A = 68A \tag{2-60}$$

　　所以，我们选择一个电流峰值（Maximum Peak Forward Surge Current）大于68A的二极管即可。注意，每个厂家的产品对应了不同的电流规格，务必参考规格书之后再选定此二极管的具体型号。而平均电流此时不是那么重要了，因为正常工作时没有电流流过，所以二极管只需要满足电压和浪涌电流能力即可。

　　这里实际上可以优先选择普通整流二极管，而不是非要选择快恢复二极管，主要原因有两个：

　　1. 成本因素，普通整流二极管的成本比快恢复二极管成本要低。

　　2. 实际浪涌冲击电流能力，普通整流二极管的抗浪涌能力要比快恢复二极管要强。我们可以看一个具体的数据规格书（见表2-15），为了做有意义的对比，我们选择的器件均来自于同一个厂家（http://www.taiwansemi.com 台湾半导体股份有限公司），且选择同一电流和电压等级的产品来比较。可以看到，IFSM这项数据代表了浪涌电流水平，可见快恢复二极管（HER207）的抗浪涌电流要低于普通整流二极管（2A07G）。

表 2-15　快恢复二极管和普通整流二极管的典型参数比较

极限值及电气参数（如无特别说明，均为 $T_A=25℃$ 的参数值）									
参数	符号	HER 201G	HER 202G	HER 203G	HER 204G	HER 205G	HER 206G	HER 207G	HER 208G	单位
最大可重复峰值反向电压	V_{RRM}	50	100	200	300	400	600	800	1000	V
最大方均根电压（RMS）	V_{RMS}	35	70	140	210	280	420	560	700	V
最大直流阻断电压	V_{DC}	50	100	200	300	400	600	800	1000	V
最大正向平均整流电流	$I_{F(AV)}$	2								A
峰值正向浪涌电流，8.3ms单一正弦半波	I_{FSM}	60								A
最大正向导通电压 @2A	V_F	1.0				1.3		1.7		V
最大反向电流 $T_J=25℃$　　　$T_J=125℃$	I_R	5 150								μA
最大反向恢复时间	T_{ir}	50						75		ns
典型结电容	C_j	35						20		pF
典型热阻	$R_{θJA}$	60								℃/W
工作时结温范围	T_J	−55~+150								℃
存储温度	T_{STG}	−55~+150								℃

（续）

极限值及电气参数（如无特别说明，均为 T_A=25℃的参数值）									
参数	符号	2A 01G	2A 02G	2A 03G	2A 04G	2A 05G	2A 06G	2A 07G	单位
最大可重复峰值反向电压	V_{RRM}	50	100	200	400	600	800	1000	V
最大方均根电压（RMS）	V_{RMS}	35	70	140	280	420	560	700	V
最大直流阻断电压	V_{DC}	50	100	200	400	600	800	1000	V
最大正向平均整流电流	$I_{F(AV)}$	2							A
峰值正向浪涌电流，8.3ms 单一正弦半波	I_{FSM}	70							A
最大正向导通电压 @2A	V_F	1.1		1.0					V
最大反向电流 T_J=25℃ T_J=125℃	I_R	5							μA
		100							
典型结电容	C_j	15							pF
典型热阻	$R_{\theta JC}$	22							℃/W
	$R_{\theta JL}$	25							
	$R_{\theta JA}$	60							
工作时结温范围	T_J	−55~+150							℃
存储温度	T_{STG}	−55~+150							℃

2.5.2.3　热敏电阻（功率型负温度系数 NTC）

图 2-38 中的 RT1 位置，作用是抑制线路的浪涌电流。此 NTC 阻值较小，一般是几 Ω 级别，最大容许的电流的 A 级别，损耗大，工作时温升比较高。

零功率电阻： 零功率电阻值是指在规定温度（25℃）测得的直流电阻值，由于自热导致的电阻值变化对于总的测量误差可以忽略不计。一般厂家规定此值的误差为 ±15%。

B 值： 也叫材料常数，是热灵敏指标，此值越大代表对温度的变化越灵敏。定义为两个温度下，零功率电阻值的自然对数之差与这两个温度倒数之差的比值。

$$B_{T1/T2} = (\frac{1}{T1} - \frac{1}{T2})\ln(\frac{1}{T1} - \frac{1}{T2})\ln(\frac{R_{T1}}{R_{T2}}) \tag{2-61}$$

最大容许电流： 在环境温度为 25℃时允许施加在热敏电阻上的最大连续电流。

残余电阻：在环境温度 25℃时，对热敏电阻施加允许的最大连续电流时，热敏电阻剩余的阻值，亦称最大容许电流时的近似电阻。

最大容许电容：在负载状态下，与一个热敏电阻连接的电解电容的最大容许电容量。一般都会在规格书中体现出来。

注意：设计中将热敏电阻放置于直流总线上的话，主要是为了损耗的降低，因为直流总线电压一般升到了 400V 或者以上，所以总线上流过的电流就变得很小了，这比将热敏电阻放在前端位置上（如交流线位置，或是升压变压器前端等）的损耗要小得多。

2.5.2.4 升压二极管的选择

图 2-38 中的 VD2 位置，即为 Boost 电路的升压二极管。

耐压：需要大于 Boost 电路的过电压保护（OVP）值，如果升压母线电压控制在 420V 以内的话，一般常用 600V 的超快恢复二极管即可。

电流：理论上需要大于 Boost 电路的平均输出电流即可，但考虑到效率和温升，一般会选择大于计算值 3 倍。

$$I_{PFC} = \frac{P_{in}}{V_{outPFC}} = \frac{150}{400}\text{A} = 0.375\text{A} \tag{2-62}$$

所以在正常情况下，我们选择 1A 以上的超快恢复二极管即可满足电流要求。但是我们得考虑两种异常情况：

- 过电流保护（OCP）未到达之前的最大功率，此时流过二极管的电流肯定大于 0.375A；
- 旁路二极管失效之后的开机浪涌电流。

只有同时满足正常和异常情况下的电流，才是比较可靠的选型方案。

2.5.2.5 PFC-MOSFET 的选择

耐压：此处 MOSFET 耐压的选择与拓扑二极管相同即可，一般使用 500~650V，根据各个公司的不同情况去选取。

电流：第 1 章的 MOSFET 选型中已经有对 MOSFET 电流的选取有过工程定义（一般选取 3 倍有效值电流值即可满足效率和温升的综合要求）。

2.5.2.6 准谐振 QR-MOSFET 的选择

该位置的 MOSFET 选取，有常见的有两种考虑：

- 选用 650V 的 MOSFET，输出二极管用快恢复二极管；
- 选用 800V 的 MOSFET，输出二极管用肖特基二极管。

为何会有两种不同的选取方式呢？除了前面分析的 QR 反射电压高低的关系外，还与市场通用情况和公司设计准则有关。我们这里就对两种不同的考虑分别进行分析。

假设使用 650V 的 MOSFET，降额 90% 的使用原则（基于 MOSFET 不同厂家的原因，一般降压准则建议使用 80%~90%），那么 $V_{ds} = 0.9 \times 650V = 585V$，而 PFC 输出电压为 400V，假设反激 MOSFET 上的尖峰电压为 80V，输出二极管的正向压降 $V_f = 1V$，则余下的电压即为反射电压的最大值：

$$V_{or} = (585 - 400 - 80)V = 105V \tag{2-63}$$

此时最大占空比为

$$D = \frac{105}{400 + 105} = 0.21 \tag{2-64}$$

匝比为

$$N_{ps} = \frac{105}{33 + 1} = 3.08 \tag{2-65}$$

额定功率输出的情况下，假设尖峰电压为 50V，则输出二极管上的最小反向电压为

$$V_D = (\frac{400}{3.08} + 33 + 1 + 50)V = 213.9V \tag{2-66}$$

一般我们可以按 80%~90% 的降额去使用：

$$V_D = \frac{213.9}{0.9}V = 237.7V \tag{2-67}$$

我们选取的二极管反向电压值必须大于 237.7V，目前市场上比较常见的二极管耐压为 400V，当然有所谓的 300V 肖特基二极管，但是并不算常规品，成本方面会增加不少，所以基本上我们会选择 400V 的快恢复二极管作为输出的整流，因此造成效率的下降和热量的增加。

假设使用 800V 的 MOSFET，根据之前定义的降额 90% 的使用原则，那么 $V_{DS} = 0.9 \times 800V = 720V$，而 PFC 输出电压为 400V，假设反激 MOSFET 上的尖峰电压为 80V，则余下的电压即为反射电压的最大值为

$$V_{or} = (720 - 400 - 80)V = 240V \tag{2-68}$$

此时最大占空比为

$$D = \frac{240}{400 + 240} = 0.375 \tag{2-69}$$

匝比为

$$N_{ps} = \frac{240}{33+1} = 7.05 \tag{2-70}$$

额定功率输出的情况下，假设尖峰电压为 50V，则输出二极管上的最小反向电压为

$$V_D = (\frac{400}{7.05} + 33 + 1 + 50)V = 140.7V \tag{2-71}$$

按 85%~90% 的去降额使用：

$$V_D = \frac{140.7}{0.9}V = 156.3V \tag{2-72}$$

我们选取的二极管反向电压值必须大于 156.3V，此电压段可以使用肖特基二极管，耐压可以斟酌使用 150V，这样我们的效率和温升都会比较平衡。因此，一些公司为了产品更容易设计，性能更优越，大多数会选取 800V 的 MOSFET 的方法去设计。但此方法对于成本会有所增加，根据具体情况去选择设计方式。但实际中还存在其他的极端情况，如雷击浪涌，所以即使使用 800V 或是更高耐压等级的 MOSFET，如果前级防护电路做得不到位，仍然也有失效的可能。

本书中的例子选用的是第一种方法，是为着重考虑了公司物料的统一性和采购管理等相关成本方面，各位读者可根据自身实际情况考虑。

2.5.3　Mathcad 理论计算

我们的基本输入参数有：

$$f_{PFC} = 40kHz, V_{out} = 33V, I_{out} = 4A, \eta_{out} = 0.9, A_e = 119mm^2, \Delta B = 0.28$$
$$P_{out} = V_{out} I_{out} = 132W, V_{acmin} = 90V, V_{acmax} = 264V, V_{outnom} = 400V$$

最低电压输入时 PFC 的电感量：

$$L_{acmin} = \frac{V_{acmin}^2 (V_{outnom} - \sqrt{2}V_{acmin})}{2f_{PFC} \dfrac{P_{out}}{\eta_{out}} V_{outnom}} = 473\mu H \tag{2-73}$$

最高电压输入时 PFC 的电感量：

$$L_{acmax} = \frac{V_{acmax}^2 (V_{outnom} - \sqrt{2}V_{acmax})}{2f_{PFC} \dfrac{P_{out}}{\eta_{out}} V_{outnom}} = 454.5\mu H \tag{2-74}$$

选取 PFC 电感的感量为 $L_{PFC} = 420\mu H$。

选取电感之后，最低输入和最高输入时候的频率为

$$f_{\text{acmin}} = \frac{V_{\text{acmin}}^2(V_{\text{outnom}} - \sqrt{2}V_{\text{acmin}})}{2L_{\text{PFC}}\dfrac{P_{\text{out}}}{\eta_{\text{out}}}V_{\text{outnom}}} = 45\text{kHz} \tag{2-75}$$

$$f_{\text{acmax}} = \frac{V_{\text{acmax}}^2(V_{\text{outnom}} - \sqrt{2}V_{\text{acmax}})}{2L_{\text{PFC}}\dfrac{P_{\text{out}}}{\eta_{\text{out}}}V_{\text{outnom}}} = 43.3\text{kHz} \tag{2-76}$$

特别说明：因为本方案的 PFC 为变频工作模式，所以此处说的频率为最大占空比时刻的频率，测试的时候触发点应该在 MOSFET 电流或者 PFC 电感电流的最大值处。

PFC 电感的电流峰值：

$$I_{\text{Lpk}} = \frac{2\sqrt{2}P_{\text{out}}}{\eta_{\text{out}}V_{\text{acmin}}} = 4.367\text{A} \tag{2-77}$$

PFC 电感的电流有效值：

$$I_{\text{Lrms}} = \frac{2P_{\text{out}}}{\sqrt{3}\eta_{\text{out}}V_{\text{acmin}}} = 1.783\text{A} \tag{2-78}$$

PFC-MOSFET 的电流有效值：

$$I_{\text{mosrms}} = \frac{2}{\sqrt{3}}\frac{P_{\text{out}}}{\eta_{\text{out}}V_{\text{acmin}}}\sqrt{1 - \frac{\sqrt{2}\times 8V_{\text{acmin}}}{3\pi V_{\text{outnom}}}} = 1.526\text{A} \tag{2-79}$$

PFC 电感的圈数计算：

$$N_{\text{PFC}} = \frac{I_{\text{Lpk}}L_{\text{PFC}}}{A_{\text{e}}\Delta B} = 55.042\text{T} \tag{2-80}$$

选 PFC 的圈数 $N_{\text{PFC}} = 58\text{T}$，选取完 PFC 电感圈数后，我们需要验证电感是否会磁饱和：

$$\Delta B = \frac{I_{\text{Lpk}}L_{\text{PFC}}}{A_{\text{e}}N_{\text{PFC}}} = 0.267 \tag{2-81}$$

参考 TDK 的 PC40 材质，其 100℃ 时候的饱和磁通密度为 0.38，所以判定选取的圈数和感量在正常工作时可以符合设计要求。然而我们还需要验证在 OCP 点时候的值，如果两个值同时能满足小于 0.38，则可以判定属于合理设计。

PFC 限流电阻的计算：

$$V_{\text{I\_lim}} = 0.495\text{V} \tag{2-82}$$

为保证在开机瞬间时刻不会导致误触发，此处保留 0.1V 的余量：

$$R_{\text{sense}} = \frac{V_{\text{I\_lim}} - 0.1\text{V}}{I_{\text{Lpk}}} = 0.09\Omega \tag{2-83}$$

选取值比以上计算值要小，所以我们可以选取 $R_{\text{sense}} = 0.082\Omega$，选取此限流电阻之后的最大峰值：

$$I_{\text{Lpk}} = \frac{V_{\text{I\_lim}}}{R_{\text{sense}}} = 6.04\text{A} \tag{2-84}$$

此时的饱和磁通密度为

$$\Delta B = \frac{I_{\text{Lpk}} L_{\text{PFC}}}{A_{\text{e}} N_{\text{PFC}}} = 0.367 \tag{2-85}$$

以上计算出来的两个值都满足小于 0.38，所以可以先从理论上判定设计是合理的，可以进行 QR 部分的理论计算。

$$f_{\text{QR}} = 65\text{kHz}, \eta_{\text{QR}} = 0.95, A_{\text{e}} = 170\text{mm}^2, \Delta B = 0.28$$
$$V_{\text{outmin}} = 360\text{V}, C_{\text{oss}} = 46\text{pF}, V_{\text{r}} = 50\text{V}$$

上面我们已经选定了 650V 的 MOSFET，假设 QR 的尖峰电压为 $V_{\text{r}} = 50\text{V}$，所以反激变换器这边最大的匝比 $N_{\text{ps}} = 3.08$，我们选定的匝比必须比此数值小，取整 $N_{\text{ps}} = 3$，则 QR 部分的 V_{ds} 电压为

$$V_{\text{ds}} = V_{\text{outnom}} + N_{\text{ps}}\left(V_{\text{out}} + V_{\text{f}}\right) + V_{\text{r}} = 556.29\text{V} \tag{2-86}$$

峰值电流为

$$I_{\text{pkmax}} = \frac{2P_{\text{out}}}{\eta_{\text{QR}}}\left[\frac{1}{\sqrt{2}V_{\text{acmax}}} + \frac{1}{N_{\text{ps}}\left(V_{\text{out}} + V_{\text{f}}\right)}\right] + \pi\sqrt{\frac{2P_{\text{out}}C_{\text{oss}}f_{\text{QR}}}{\eta_{\text{QR}}}} = 3.559\text{A} \tag{2-87}$$

有效值电流为

$$I_{\text{rms}} = I_{\text{pkmax}}\sqrt{\frac{D_{\text{max}}}{3}} = 0.966\text{A} \tag{2-88}$$

QR 变压器的感量为

$$L_{\text{p}} = \frac{2P_{\text{out}}}{I_{\text{pkmax}}^2 \eta_{\text{QR}} f_{\text{QR}}} = 337.5\mu\text{H} \tag{2-89}$$

此 QR 控制为变频模式，为使假设频率和实际频率相差不大，或者说可以在我们设计范围内，可取 $L_p = 350\mu H$。设反激变换器的过流点为 1.1 倍，则最大的峰值电流为

$$I_{sat} = \frac{I_{pkmax}}{0.9} = 3.96A \tag{2-90}$$

计算变压器一次绕组匝数：

$$N_p = \frac{I_{sat}L_p}{A_e\Delta B} = 29.1T \xrightarrow{\text{取整}} N_p = 30T \tag{2-91}$$

二次绕组匝数：

$$N_s = \frac{N_p}{N_{ps}} = 10T \tag{2-92}$$

根据假设条件计算出感量和圈数之后，我们必须验证我们选取的值是否满足设计要求，正常工作情况下饱和磁通密度为

$$\Delta B = \frac{I_{pkmax}L_p}{N_pA_e} = 0.244 \tag{2-93}$$

过电流点处工作情况下饱和磁通密度为

$$\Delta B = \frac{I_{sat}L_p}{N_pA_e} = 0.271 \tag{2-94}$$

以上两个结果都小于 0.38，所以判定选取的匝数和感量在正常工作时可以符合设计要求，即可以判定属于合理设计。

总结：我们为了更好地保证产品的可靠性，饱和磁通密度的选取上我们选取的余量很大，主要考虑以下几点：

1. 系统实际工作的时候，磁心的温度不止 100℃，而是大于此值；

2. 实际磁心的一致性偏差，不同的厂家一致性偏差不同；

3. 实际供应商物料管理系统的可靠性。

考虑了以上几点后，我们慎重地选择了 0.28 以下作为比较合适的磁通密度。此方法适用于所有工厂，能很好地减少市场上由于参差不齐的品质问题造成的不良品。当然，有一定资质的公司，会很好的审核供应商系统，对供应商的品质管理有非常合理的管控手法，所以他们供应商给出的规格书会比较有参考意义，可根据供应商给出的磁心规格书选取更合理的饱和磁通密度。

2.5.4 电压环和电流环分析

相信工程师经常见到，对于 LED 驱动电源以及适配器电源输出端普遍存在恒流环和恒压环，有时也称之为限流环和限压环，这主要是因为当一个环达到额定值时，另一个环处于开环状态不起作用，或是饱和输出。最常用的恒压或是恒流设计环节，我们会采用常规的运放或是集成运放的专用芯片，由于体积需要，现在大家都选择集成运放和基准参考的专用芯片，这种一般称之为双运放基准控制器，如表 2-16 所示，这是一些常见的芯片，成本也不是很高，不同型号的存在主要是温度范围、输入电压范围，以及基准参考的区别。

表 2-16 市面上主流的一些恒流恒压控制芯片

供应商	型号	最低工作温度 /℃	最高工作温度 /℃	封装	最低供电电压 /V	最高供电电压 /V	基准电压 /V
STMicroelectronics	SEA01	−25	105	SO−8	3.5	36	2.5
STMicroelectronics	SEA05	−	−	SOT23−6L	−	−	−
STMicroelectronics	SEA05L	−40	150	SOT23−6L	3.5	36	2.5
STMicroelectronics	TSM101	−40	80	SO−8	4.5	32	1.24
STMicroelectronics	TSM1011	0	105	SO−8	4.5	28	2.5
STMicroelectronics	TSM1012	0	105	SO−8	4.5	28	1.25
STMicroelectronics	TSM1013	0	105	SO−8	4.5	28	2.5
STMicroelectronics	TSM1014	−40	105	SO−8	4.5	28	1.25
STMicroelectronics	TSM103W	−40	105	SO−8	4.5	36	2.5
STMicroelectronics	TSM1052	−10	85	SOT23−6L	1.7	18	1.21
STMicroelectronics	TSM109	−	−	SO−8	−	−	−
TSC	TS103ACS	−40	85	SO−8	3	18	2.5
TSC	TS103CS	−40	85	SO−8	3	18	2.5
DIODES	AP4305	−40	105	SOT26	2.5	18	1.21
DIODES	AP4306	−40	105	SOT26	2.5	18	1.21
DIODES	AP4310A	−40	105	SO−8	3	36	2.5
DIODES	AP4310E	−40	105	SO−8	3	36	2.5
DIODES	AP4312	−40	105	SOT26	1.7	18	1.21
DIODES	AP4312Q	−40	105	SOT26	1.7	18	1.21
DIODES	AP4313	−40	105	SOT26	1.7	18	1.21
DIODES	AP4320	−40	105	SOT26	3.6	36	2.5
RICHTEK	RT8481	−40	105	SOT−23−6	4.7	50	2.5
RICHTEK	RT8481A	−40	105	SOT−23−6	4.7	50	2.5

（续）

供应商	型号	最低工作温度/℃	最高工作温度/℃	封装	最低供电电压/V	最高供电电压/V	基准电压/V
RICHTEK	RT8454/5/6	−40	105	SOT−23−6	4.7	50	2.5
Onsemi	NCS1002/A	−40	105	SOIC−8	～	36	2.5
Onsemi	NCP4300A	−40	105	SOIC−8	3	35	2.6

如图 2-39 所示，这种控制器一般是恒压环加上恒流环，可以看到，I_{ctrl} 电流控制环一般的基准电压都会被降得比较低，这样让整个检测损耗会变得很低。而电压环的基准电压一般被设定为 2.5V/1.25V 或是其他标准值，这样和常规的并联稳压器 TL431/TL432 的基准电压类似。

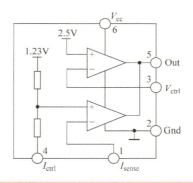

图 2-39　带基准的恒流环和恒压环的控制器内部框图

而回到我们的实际电路图中，我们采用的是专用芯片来实现，主要是从 PCB 尺寸上来考虑的，从而计算也变得较为简单了。图 2-40 为带基准的恒流环和恒压环控制器典型应用，图 2-41 为恒流恒压环节的实际应用。

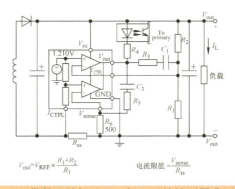

$$V_{out} = V_{REF} \times \frac{R_1 + R_2}{R_1}$$　　　电流限值 $= \dfrac{V_{sense}}{R_{ss}}$

图 2-40　带基准的恒流环和恒压环的控制器典型应用

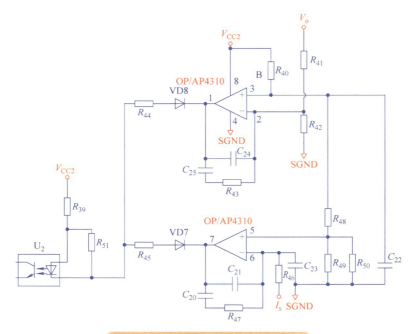

图 2-41　恒流恒压环节的实际应用

　　电压环：控制输出最高电压，该电压环的计算值为空载电压的最高值。上下拉电阻分别为 R_{41} 和 R_{42}，计算得到的输出电压：

$$V_o = 2.5(\frac{R_{41}}{R_{42}} + 1)\tag{2-95}$$

　　其补偿网络为 R_{41}、C_{24}、R_{43}、C_{25}。

　　电流环：控制输出电流恒定，此电流基准的上拉电阻为 R_{48}，下拉电阻为 R_{49} 和 R_{50} 并联（为了电流能在比较小的范围内调节，这里最好选择两个电阻的并联）。计算得到的输出电流（采样电阻 R_{S3} 和 R_{S4} 为相同阻值并联）。

$$I_o = \frac{\dfrac{2.5}{R_{48} + \dfrac{R_{49} + R_{50}}{R_{49} R_{50}}} \cdot \dfrac{R_{49} + R_{50}}{R_{49} R_{50}}}{\dfrac{R_{S3}}{2}}\tag{2-96}$$

　　其补偿网络为 R_{48}、C_{20}、R_{47}、C_{21}。

　　同时考虑到市场上还是有很多的工程师采用分立的运放和基准来实现此功能，这些可能是充电器，或是 LED 驱动电源，这个是可以理解的，因为分立元件一个最大的好处就是器件的选择性广，不会因为一个物料缺货或是涨价而只能等待，另一方面此类电路已经非常成熟，所以也不会因为分立器件的参数偏差而造成系统性能变差。

而基准一般来源于并联基准稳压器 TL431 的 2.5V，同时 2.5V 再分别处理出来作为恒流（CC）环的基准和恒压（CV）环的基准。

仍以一个实际例子来说明此电流环和电压环的控制过程。

图 2-42 即为使用 LM358 双运算放大器以及并联稳压器 (KA431) 实现恒压恒流的充电器控制电路。

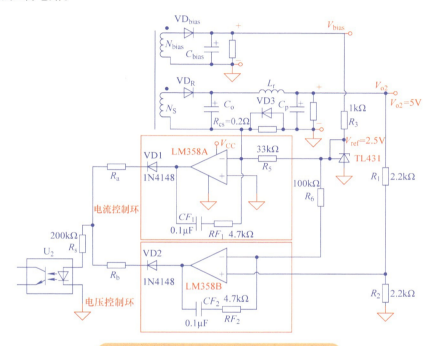

图 2-42 带恒压恒流功能的充电器电路图

恒定电压 (CV) 控制：输出电压由 R_1 和 R_2 控制，然后由运算放大器 LM358B 与 2.5V 的参考值做比较。运算放大器的输出将通过 VD2 和 R_d 的电流驱动到光耦合器。同时 R_3 作为偏置电阻给 KA431 提供了偏置电流，以保证 2.5V 基准的稳定。

恒定电流 (CC) 控制：采样电阻（R_{sense}）上的压降设置为小于 0.2V，即 $V_{sense}=I_oR_{sense}$。由于运算放大器的反相输入端几乎接地，R_4 和 R_5 之间的关系式为 $R_4=V_{sense}R_5/2.5$。

小结：对于电压环和电流环进行计算分析的话，只需要抓住真正的参考地，以及电流检测位置，这样就很容易将两个环支路解析出来。而且电流环的基准电压一般为几十 mV，电压环一般在 2.5V 或是其他相对来说较高的电压。

现在我们退回到光耦合器控制侧，实际上一次侧的占空比由误差电压控制，误差电压实际上分为电压误差 V_{COMV} 和电流误差 V_{COMI}，如果当误差电压处于二者之间时，则会由较小误差电压控制占空比。因此，在恒压调节模式中，由于 V_{COMI} 处于高值饱和状态，占空比由 V_{COMV} 控制。在恒流调节模式中，由于 V_{COMV} 处于高值饱和状态，

占空比由 V_{COMI} 控制。图 2-43 为一次侧控制的恒压恒流控制器逻辑图。

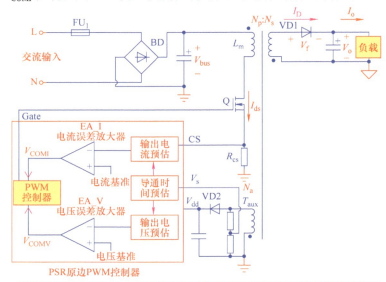

图 2-43 一次侧控制的恒压恒流控制器逻辑图（来源：Fairchild）

2.5.5 实测波形

一般我们需要测量 MOSFET 的波形，以及磁性元件的波形，还有一些特殊工况下的波形，这其中包括应力波形、时序波形，并对波形质量进行分析，进而考量整个电源的质量。不同输入电压下的 PFC 和 QR 的 V_{gs} 波形如图 2-44 所示。

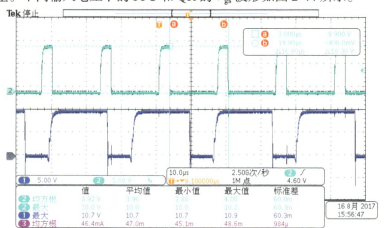

a) AC 90V输入，满载输出，PFC和QR的驱动波形 V_{gs}

图 2-44 不同输入电压下的 PFC 和 QR 的 V_{gs} 电压波形

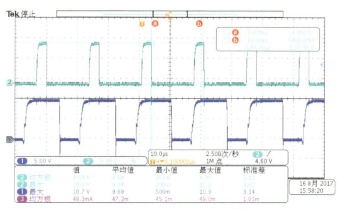

b) AC 110V输入，满载输出，PFC和QR的驱动波形 V_{gs}

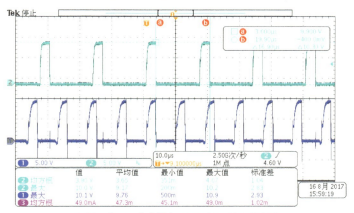

c) AC 220V输入，满载输出，PFC和QR的驱动波形 V_{gs}

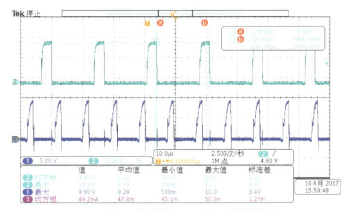

d) AC 264V输入，满载输出，PFC和QR的驱动波形 V_{gs}

图 2-44　不同输入电压下的 PFC 和 QR 的 V_{gs} 电压波形（续）

以上 4 张波形图，1 通道为 PFC 的 V_{gs} 电压波形，2 通道为 QR 的 V_{gs} 电压波形。

从以上波形中可以看到,输出功率不变的情况下,随着 AC 输入电压的增加,PFC 的工作频率也随之增加,但由于 PFC 的输出电压为一稳定值,所以 QR 反激变换器的工作频率为固定值,不会因为不同的 AC 输入电压而改变。

AC90V 输入,满载开机瞬间,PFC 的 V_{ds} 电压波形和 I_{ds} 电流波形如图 2-45 所示。

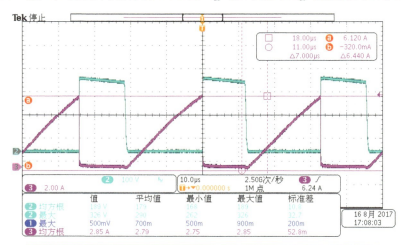

图 2-45　AC90V 输入开机瞬间时 MOSFET 上的电压和电流波形

对比上面的理论计算值,$I_{Lpk} = 6.04A$,跟此处的实测值 $I_{Lpk} = 6.12A$ 已经非常吻合,证明我们的理论计算结果正确,可以初步判定我们的设计是合理的。低压满载开机的波形可以反映出电源的极限特性,如出现波形多次振荡之类的话,说明设计有缺陷。

AC90V 输入,满载稳态,PFC 的 V_{ds} 电压波形和 I_{ds} 电流波形如图 2-46 所示。

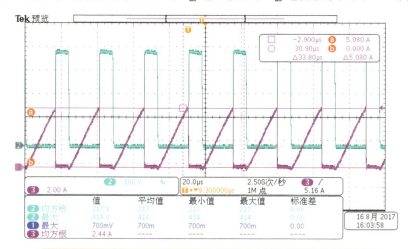

图 2-46　AC90V 输入稳态时 MOSFET 上的电压和电流波形

稳态为 PFC 电压最高点处测出的波形，以下均以此测试方法为准。从上图 2-56 可以看出，正常稳态下的峰值电流会比开机瞬间状态下要小很多，所以只要在开机瞬间能保证 PFC 电感的饱和磁通密度小于我们的设计值即可。

AC264V 输入，满载开机瞬间，PFC 的 V_{ds} 电压波形和 I_{ds} 电流波形；满载稳态，PFC 的 V_{ds} 电压波形和 I_{ds} 电流波形如图 2-47 所示。

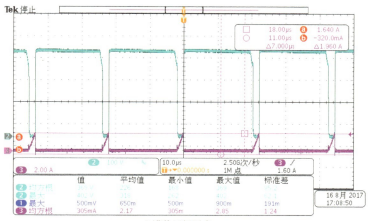

a) 满载开机瞬态

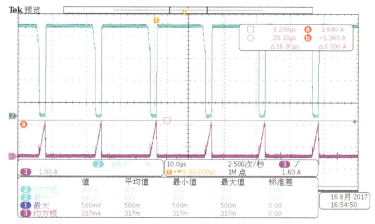

b) 满载稳态

图 2-47　AC264V 输入开机瞬间时 MOSFET 上的电压和电流波形

AC90V 输入，满载开机瞬间，QR 反激变换器 MOSFET 的 V_{ds} 电压波形和 I_{ds} 电流波形；满载稳态，QR 反激变换器 MOSFET 的 V_{ds} 电压波形和 I_{ds} 电流波形如图 2-48 所示。

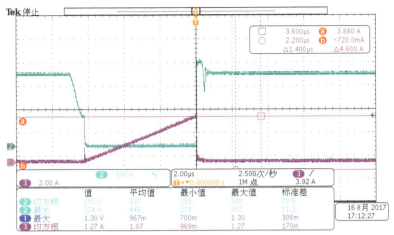

a) 满载开机瞬态

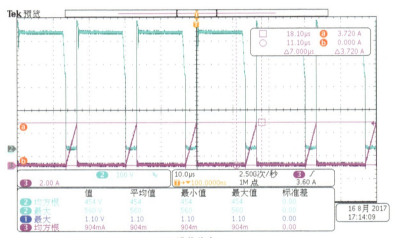

b) 满载稳态

图 2-48 AC90V 输入开机瞬间和稳态时反激变换器 MOSFET 上的电压和电流波形

从图 2-49 两张图可以看出，在启动瞬间，在 PFC 电压还没上升到额定值的时候，QR 这边已经开始了工作，所以在启动的时候峰值电流比稳态的时候大，但是增加有限。最大值与稳态值，均与我们上述的理论计算值偏差不大，可以初步判定设计合理。

AC264V 输入，满载开机瞬间，QR 反激变换器 MOSFET 的 V_{ds} 电压波形和 I_{ds} 电流波形；满载稳态，QR 反激变换器 MOSFET 的 V_{ds} 电压波形和 I_{ds} 电流波形如图 2-49 所示。

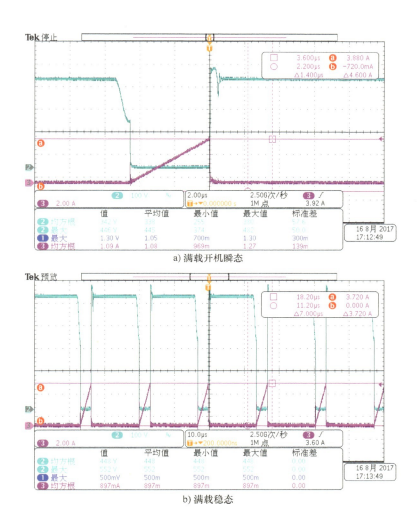

a）满载开机瞬态

b）满载稳态

图 2-49　AC264V 输入开机瞬间和稳态时反激变换器 MOSFET 上的电压和电流波形

　　以上两个波形与图 2-45 基本一致，证明高低压输入的情况下，PFC 的输出电压是稳定输出的。

　　下面我们进一步查看负载变化时对工作模式和波形的影响。

　　负载端电压为 20V/24V/28V/32V 时，QR 反激变换器 MOSFET 的 V_{ds}、I_{ds} 和 V_{gs} 波形如图 2-50 所示。

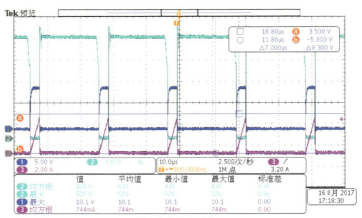

a) 输出负载端电压为20V

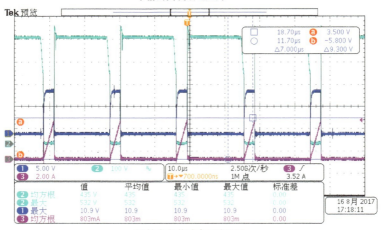

b) 输出负载端电压为24V

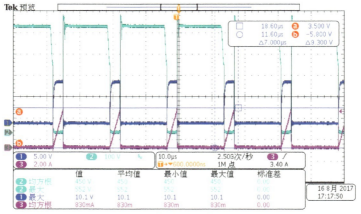

c) 输出负载端电压为28V

图 2-50 不同负载电压下的反激变换器 MOSFET 相关波形

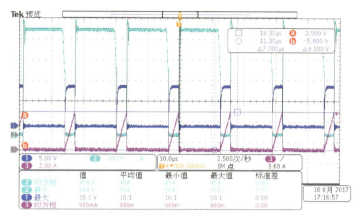

d) 输出负载端电压为32V

图 2-50 不同负载电压下的反激变换器 MOSFET 相关波形（续）

从图 2-50 的 4 张图中可以明显地看到，随着输出负载的增加，QR 反激变换器 MOSFET 的峰值电流增加，V_{ds} 电压增加，频率也随之增加，同时此 QR 模式一直保持在第一个谷底开通，达到最小损耗的目的。

小结：通过比较合理的理论计算，再按照理论计算出来的结果去完成该产品。实测波形对比之下，理论计算和实际情况吻合程度非常高。可对比此例的设计手法，在下次进行 QR 模式的项目时，不会感到手足无措。

这里的难点是合理的假设：没有一定的实战经验，无法预先判定一些常见的问题。例如尖峰电压的假设，为何设为 50V？为何不是 10V 或者是 100V？或者是其他的数值。其实假设为 50V，是因为可以通过设计的手法去实现我们认为可以得到的假设条件。

下面我们来看一些特殊情况下的波形，它们一般用来评估产品设计的可靠性。

AC90V 输入，负载端电压为 21V/30V，启动时间验证，验证时的各处波形（1 通道为输出电压波形，2 通道为输入电压波形，3 通道为输出电流波形）如图 2-51 所示。

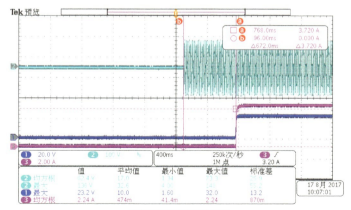

a) 输出负载端电压为21V

图 2-51 AC90V 输入时不同负载电压下的相关波形

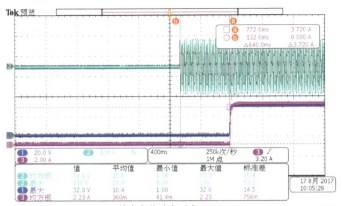

b) 输出负载端电压为30V

图2-51　AC90V输入时不同负载电压下的相关波形（续）

　　AC110V输入，负载端电压为21V/30V，启动时间验证，验证时的各处波形（1通道为输出电压波形，2通道为输入电压波形，3通道为输出电流波形）如图2-52所示。

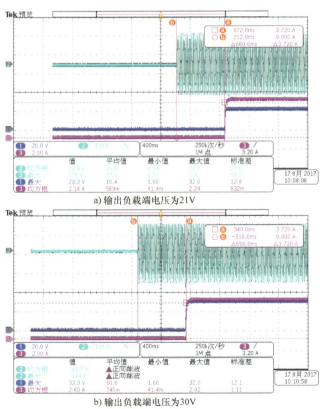

a) 输出负载端电压为21V

b) 输出负载端电压为30V

图2-52　AC110V输入时不同负载电压下的相关波形

AC220V 输入，负载端电压为 21V/30V，启动时间验证，验证时的各处波形（1 通道为输出电压波形，2 通道为输入电压波形，3 通道为输出电流波形）如图 2-53 所示。

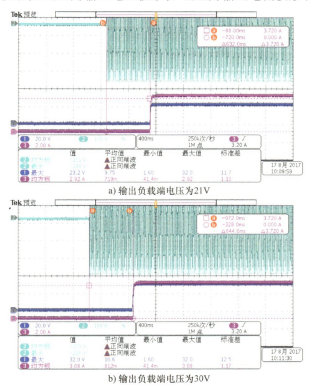

a）输出负载端电压为21V

b）输出负载端电压为30V

图 2-53　AC220V 输入时不同负载电压下的相关波形

AC264V 输入，负载端电压为 21V/30V，启动时间验证，验证时的各处波形（1 通道为输出电压波形，2 通道为输入电压波形，3 通道为输出电流波形）如图 2-54 所示。

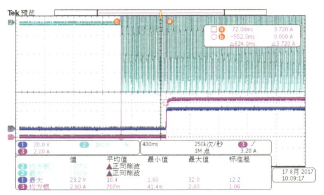

a）输出负载端电压为21V

图 2-54　AC264V 输入时不同负载电压下的相关波形

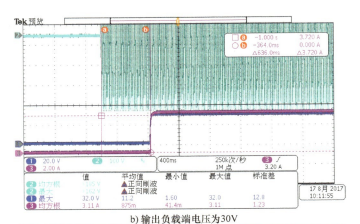

b) 输出负载端电压为30V

图 2-54　AC264V 输入时不同负载电压下的相关波形（续）

AC90V 输入，输出短路和输出开路波形（1 通道为 PFC 的 V_{gs} 波形，2 通道为 QR 反激变换器 MOSFET 的 V_{gs} 波形）如图 2-55 所示。

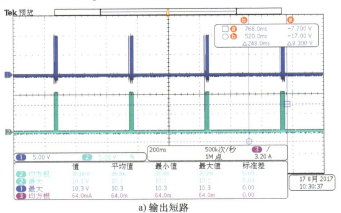

a) 输出短路

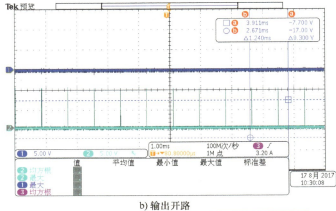

b) 输出开路

图 2-55　AC90V 输入，输出短路和输出开路波形

AC110V 输入，输出短路和输出开路波形（1 通道为 PFC 的 V_{gs} 波形，2 通道为 QR 反激变换器 MOSFET 的 V_{gs} 波形）如图 2-56 所示。

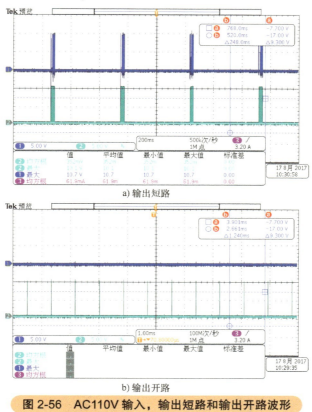

a) 输出短路

b) 输出开路

图 2-56　AC110V 输入，输出短路和输出开路波形

AC220V 输入，输出短路和输出开路波形（1 通道为 PFC 的 V_{gs} 波形，2 通道为 QR 反激变换器 MOSFET 的 V_{gs} 波形）如图 2-57 所示。

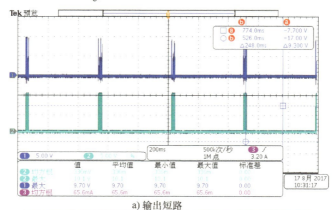

a) 输出短路

图 2-57　AC220V 输入，输出短路和输出开路波形

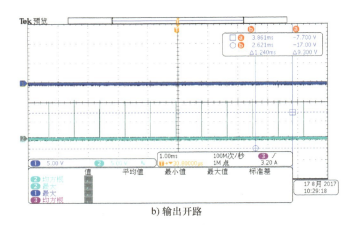

b) 输出开路

图 2-57 AC220V 输入，输出短路和输出开路波形（续）

AC264V 输入，输出短路和输出开路波形（1 通道为 PFC 的 V_{gs} 波形，2 通道为 QR 反激变换器 MOSFET 的 V_{gs} 波形）如图 2-58 所示。

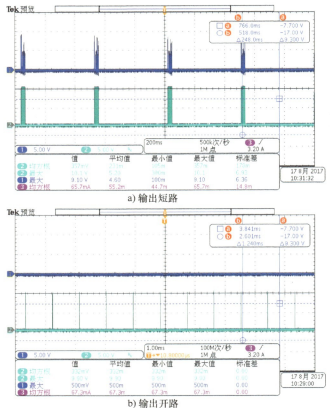

a) 输出短路

b) 输出开路

图 2-58 AC264V 输入，输出短路和输出开路波形

从上面 8 张波形图中可以看出：

1. 空载（输出开路）的时候，PFC 电路是停止工作的，这样即可以实现超低的待机功耗。

2. 当输入电压上升的时候，PFC 的频率是增加的，即使是在短路的情况下也同样满足。

我们再来看启动过程，是否存在多次启动，启动打嗝等情况。正常上电，则得到输出电压和电流波形如图 2-59 所示，总体看来还是挺完美的，软启动相当给力，充分体现了无过程，平滑启动。

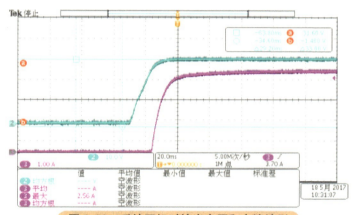

图 2-59　系统开机时输出电压和电流波形

单次启动没有问题，并不代表完全没有问题，故我们继续更为严苛的测试，重复开关机测试。

AC90V 输入，负载端电压为 21V/30V，重复开关机测试相关波形（1 通道为输出电压波形，2 通道为输入电压波形，3 通道为输出电流波形）如图 2-60 所示。

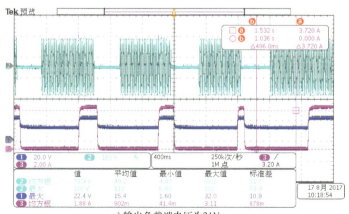

a）输出负载端电压为 21V

图 2-60　AC90V 输入时不同负载电压下重复开关机测试相关波形

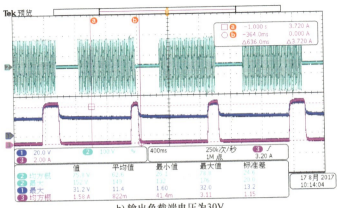

b) 输出负载端电压为30V

图 2-60　AC90V 输入时不同负载电压下重复开关机测试相关波形（续）

AC110V 输入，负载端电压为 21V/30V，重复开关机测试相关波形（1 通道为输出电压波形，2 通道为输入电压波形，3 通道为输出电流波形）如图 2-61 所示。

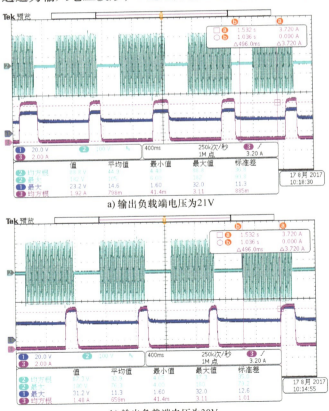

a) 输出负载端电压为21V

b) 输出负载端电压为30V

图 2-61　AC110V 输入时不同负载电压下重复开关机测试相关波形

AC220V 输入，负载端电压为 21V/30V，重复开关机测试相关波形（1 通道为输出电压波形，2 通道为输入电压波形，3 通道为输出电流波形）如图 2-62 所示。

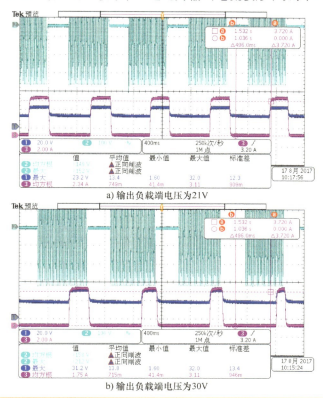

a) 输出负载端电压为 21V

b) 输出负载端电压为 30V

图 2-62　AC220V 输入时不同负载电压下重复开关机测试相关波形

AC264V 输入，负载为 21V/30V，重复开关机测试（1 通道为输出电压波形，2 通道为输入电压波形，3 通道为输出电流波形）如图 2-63 所示。

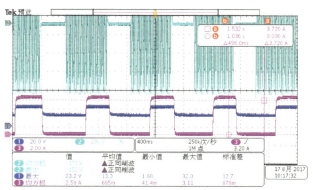

a) 输出负载端电压为 21V

图 2-63　AC264V 输入时不同负载电压下重复开关机测试相关波形

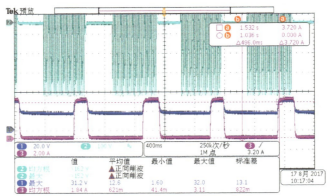

b) 输出负载端电压为30V

图 2-63　AC264V 输入时不同负载电压下重复开关机测试相关波形（续）

同样，通过这 8 张不同负载、不同输入情况下的重复开关机测试的波形，能明显地看到输出电压和电流波形的平滑上升，均无任何过冲出现。这样的话，不会对 MOSFET 造成过多过大的应力冲击，系统的可靠性提高。

进一步，我们看看一些极端情况下的应力情况，如开机短路故障、故障恢复等表现形为如图 2-64~ 图 2-66 所示。

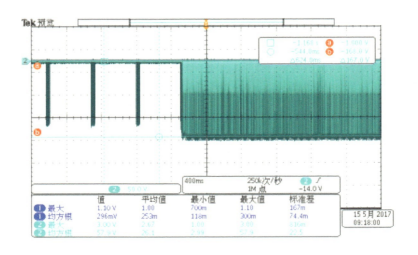

图 2-64　满载时短路后开机，再到恢复满载工作下，二次侧二极管波形

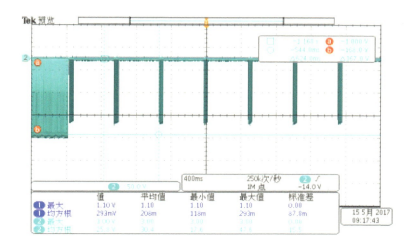

图 2-65　正常工作时，出现短路故障时，二次侧二极管波形

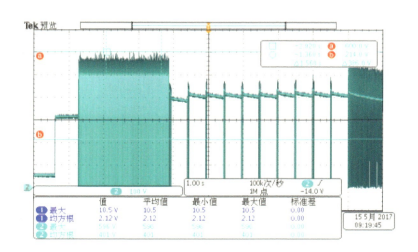

图 2-66　满载时短路后开机，再到恢复满载工作下，反激变换器 MOSFET 上 V_{ds} 波形

　　从图 2-64~ 图 2-66 可以看到，在系统短路情况下，反激控制器会进入一种保护状态，表现为突发工作模式，半导体的应力得到降低，而且在故障移除后，系统能够自动恢复到正常状态。

　　作为一款较宽输出的电压，我们比较关心的是在整个功率区间内的系统性能，特别是前端再回到系统的输入表现，在满载时，可以看到如下实验数据：

　　先看最大功率（33V/4A 满载）情况下的测试数据，系统的 PF 和 THD 见表 2-17，满载时不同输入电压下的 PF 和 THD 变化如图 2-67 所示。

表 2-17　整机满载输入时的 PF 和 THD 变化情况

输入电压 /V	PF	THD（%）
90	0.996	7.5
100	0.996	7.4
120	0.996	7.2
150	0.994	7.6
180	0.991	8
200	0.989	8.2
220	0.985	8.6
240	0.981	9
264	0.975	9.2

从图 2-67 和表 2-17 中可以看到，这是很优秀的数据，全电压范围下 THD 仍然小于 10%，完全能够满足电源适配器、LED 驱动电源目前所有的主流标准要求。但因为我们设计的是一个宽范围输出的电源，所以必须再考虑其他工况下的情况。

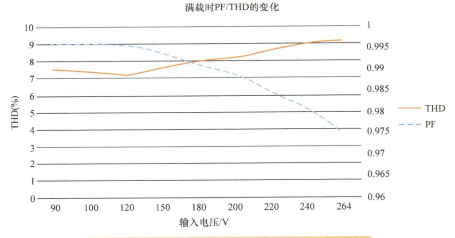

图 2-67　满载时不同输入电压下的 PF 和 THD 变化

对电源再做精细测试，分别测试不同负载下的 PF 和 THD 情况，得到表 2-18 所示的真实数据。

表 2-18　各种工作条件下的 PF 和 THD 情况

输入电压 /V	输出电压 /V	PF	THD（%）
90	20	0.996	7.5
	25	0.996	7.6

（续）

输入电压 /V	输出电压 /V	PF	THD（%）
	30	0.994	8.4
	33	0.995	9.5
110	20	0.995	7.9
	25	0.995	7.6
	30	0.996	7.3
	33	0.996	7.5
220	20	0.973	10.7
	25	0.98	9.4
	30	0.984	8.6
	33	0.986	8.3
264	20	0.955	12
	25	0.966	10.4
	30	0.973	9.5
	33	0.977	9

　　从表中数据可以看到，全电压下，PF 和 THD 表现均良好，完全满足中小功率的相关标准要求。绘制如图 2-68 和图 2-69 所示的不同负载、不同输入电压下的 THD 和 PF 变化。能更清楚的说明情况。

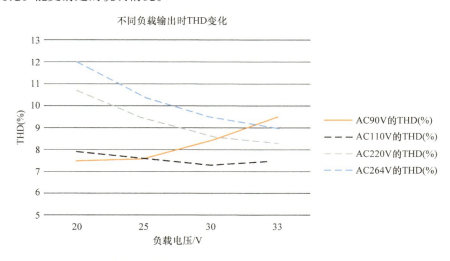

图 2-68　不同负载、不同输入电压下的 THD 变化

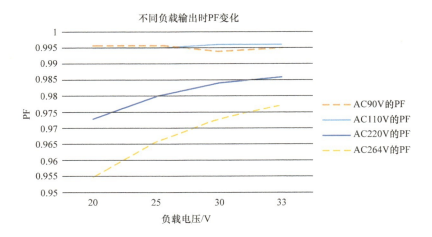

图 2-69　不同负载、不同输入电压下的 PF 变化

对于宽输出的电源来说，因为可能不同的应用场合所接的负载是不同的，例如，虽然此电源最大功率为 33V/4A/132W，但下游客户端可能用于 20V/4A/80W 的场合，这样的话，电源如果不能够在全范围（包括输入和输出）满足指标要求的话，很可能导致终端客户的某些条款达不到认证要求，一般体现在 PF/THD/EMI 条款上面。而通过表 1-12、图 2-66、图 2-67，本例所设计的宽范围输出电源能够具有优异的性能指标，在不同工作条件下各项性能指标比较均衡，使得本电源可以用于不同的终端场合，适应性很广。

2.6　主流芯片概览

市场在不断发展，当有一家创新性企业发布新产品后，很快就会有跟随者。PFC 和 PWM 芯片之前是分别存在，将其两者的功能组合的确是一种创新，这不仅减少了 PCB 所需要的尺寸和周边器件的使用，同时也为 PFC 和 PWM 信号的交互提供了使得。此种组合式芯片一般需要 16 个或以上的引脚，以满足基本性能和其他检测、保护功能。其缺陷仍在于物料的共用性上面，目前很少有直接 PIN 对 PIN 的方案，这一是出于知识产权的保护，二是为了稳固自己在市场上的地位和份额。但截止目前来说，仍然看到百花齐放，笔者通过搜索整理，得到了如表 2-19 所示的当今主流双级式（PFC+PWM）芯片清单，虽然笔者努力在浩瀚资料海洋中搜索并收集，力求清单的全面性和代表性，但仍然有遗漏之处，希望读者可以反馈给我们，笔者在此表示感谢！

表 2-19　当今主流双级式（PFC+PWM）芯片清单

品牌	芯片型号	芯片描述	CV 或 CC	封装
ON/Fairchild	FL 7921R	集成式临界模式 PFC 和准谐振电流模式 PWM 照明控制器	CV	SOIC−16
ON	NCP1937	结合 PFC 和 QR 反激的 AC-DC 控制器	CV	SOIC−20 NB
ON	NCL30030	结合 PFC 和 QR 反激的 AC-DC 控制器	CV	SOIC−16 NB
ON/Fairchild	FAN4801X	PFC+PWM 控制器	CV	SOIC−16
ROHM	BM1050AF	结合 PFC 和 QR 反激的 AC-DC 控制器	CV	SOP24
ROHM	BM1051F	结合 PFC 和 QR 反激的 AC-DC 控制器	CV	SOP24
ROHM	BM1C101F	结合 PFC 和 QR 反激的 AC-DC 控制器	CV	SOP18
ROHM	BM1C102F	结合 PFC 和 QR 反激的 AC-DC 控制器	CV	SOP18
ROHM	BM1C001F	AC-DC 转换器 IC（外置 MOSFET 的 PFC+QR 反激）<~150W 级>	CV	SOP18
TI	UCC28528 UCC28521	结合 PFC 和 QR 反激的 AC-DC 控制器	CV	SOIC−IW−20
TI	UCC2851X	结合 PFC 和 QR 反激的 AC-DC 控制器	CV	SOIC−IW−20
TI	UCC2850X	BiCMOS 工艺 PFC+PWM 控制器	CV	SOIC−IW−20
TI	UCC3850X	BiCMOS 工艺 PFC+PWM 控制器	CV	SOIC−IW−20
Infineon	ICE1CS02	PWM（FF 定频）+PFC(CCM) 控制器	CV	PG−DIP−16
Infineon	XDPL8220	数字化双级 PFC+PWM 反激控制器	CV	PG−DIP−16
NXP	TEA1755T	QR PFC+QR 反激、QR PFC 和 QR 反激的 AC-DC 控制器	CV	SO16
Silergy	SSL88516T	QR PFC 和 QR 反激的 AC-DC 控制器	CV	SO16
Silergy	SSL8516BT	QR PFC 和 QR 反激的 AC-DC 控制器，带突发工作模式	CV	SO16
Leadtrend	LD7790	整合临界导通模式功率因数校正（BCM PFC）及非连续导通模式返驰式电源转换器	CV	SO16
Leadtrend	LD7791X	整合临界导通模式功率因数校正（BCM PFC）及非连续导通模式返驰式电源转换器	CV	SO16
On-Bright	OB6663	临界导通功率因数校正（BCM PFC）和 QR 反激的 AC-DC 控制器	CV	SOP16
Champion	CM680X	结合 PFC 和 QR 反激的 AC-DC 控制器	CV	SOP16

2.7　其他双级式电源

对于本书所涉及的适配器电源以及 LED 驱动电源，因为功率范围仍属于中小型功率范围区间，所以 PFC 前级和反激后级（或是 DC-DC 隔离降压后级）仍然占有很大的市场，从芯片工作方式上，一般分为如下几种：

- 定频 PFC+ 定频反激

- 定频 PFC+DCM/CCM 反激
- 变频 PFC+ 定频反激
- 变频 PFC+ 变频反激（QR PFC+QF 反激）

诚然，并不是每个设计都需要变频工作，定频工作也有其优点，如变压器设计固定，不需要考虑多种模式下的变压器设计均衡问题。

2.8 参考文献

[1] 赵洋，郭恒，黎浩，等．关于有源功率因数校正（APFC）的研究 [J]. 天津理工大学学报，2011(03)：14-17.

[2] 蒋天堂 .LED 的特性及驱动电源的发展趋势 [J]. 照明工程学报，2011(03)：58-60.

[3] 许化民．单级功率因数校正技术 [D]. 南京：南京航空航天大学，2002.

[4]St phanie Cannenterre. 解决准方波谐振电源的谷底跳频问题 [J]. 电子设计技术 ,2011(6)：57,59.

[5] 赵辉，徐红波．MOSFET 开关损耗分析 [J]. 电子设计工程 ,201(23)：138-140.

[6] 钟升文，林干元，蓝建铜．准谐振模式在反激式转换器中的应用 [J]. 集成电路应用 ,2012(02)：28-30.

[7] 杨旺．准谐振反激式原边反馈开关电源控制电路设计 [D]. 南京：东南大学,2016.

[8] 廉运河．准谐振反激式 LED 驱动电源研究与设计 [D]. 南京：南京理工大学,2014.

[9] 卢宇晨，潘峰．基于 TEA1750 的 110W 大功率 LED 驱动电源设计 [J]. 科技通报，2016(01)：102-104,182.

[10] 黄智．一种中小功率准谐振式反激变换器的传导 EMI 建模与分析 [D]. 南京：东南大学，2016.

[11] 常晨．基于原边反馈的反激式恒压电源 EMI 特性分析与优化 [D]. 南京：东南大学，2015.

[12] 曹洪奎，陈之勃，孟丽图．SiC MOSFET 与 Si MOSFET 在开关电源中功率损耗的对比分析 [J]. 辽宁工业大学学报（自然科学版）,2004(2)：82-85.

[13] 张亮．单级 PFC 反激式 LED 驱动电路效率的分析与研究 [D]. 成都：电子科技大学,2014.

第 3 章

LLC 谐振变换器工程化设计

3.1 LLC 的起源

3.1.1 LLC 的起源和重新得到重视

LLC 谐振变换器不是一种新开发出来的电源拓扑,其实在几十年前(80 年代即有关于 LLC 的研究)此种拓扑即被提出来了。随着大功率适配器,以及 LCD 液晶显示器等的兴起,需要低电压大电流的电源,而且这种电源一般是单路输出较多,功率等级一般在 1kW 以下。如之前第 2 章所说,能效要求也是一个推动因素。所以 LLC 由于天生的 ZVS 以及 ZCS,无形中成为中小功率的优选拓扑。近年来 LED 照明的广泛兴起,LED 大功率电源绝大部分功率等级在 1kW 以下,如路灯、矿灯、舞台灯和探照灯等,这些单机式电源 / 灯具电源拓扑在选择时,LLC 是不二选择,所以 LLC 在某些场合又实现了满血复活,这主要是因为 LLC 具有如下优势:

1. 在全负载范围内能实现 ZVS,且 MOSFET 的关断电流更小,关断损耗低;
2. 二次侧取消了滤波电感,有效降低了整流二极管的电压应力;
3. 能够实现二次侧整流二极管的 ZCS,消除了二极管的反向恢复过程,既提高了效率,又降低了电源的 EMI 干扰;
4. 易于集成谐振电感与主变压器,节省设计空间;
5. 可以设计成较大输入电压和负载变化范围;
6. 对于电源设计者、芯片方案厂或电源生产商来说,采用 LLC 拓扑的电源在原始设计上可以实现一定功率段的延伸,如现在 40W 左右就开始采用 LLC 方案,这样可以减少产品品类,这对于量产化和市场化的生产来说是至关重要的。

3.1.2 零电压开关(ZVS)和零电流开关(ZCS)

既然谈到谐振,有必要先普及下软开关中的 ZVS 和 ZCS。

因为本书中所涉及的电源拓扑所用的功率器件均为 MOSFET,所以软开关也是针对 MOSFET 而言。

3.1.2.1　ZVS

ZVS 开通时序如图 3-1 所示，ZVS 开通实际波形如图 3-2 所示。

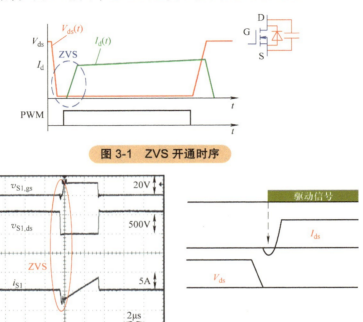

图 3-1　ZVS 开通时序

图 3-2　ZVS 开通实际波形

可以看到，由于 MOSFET 从关断到导通的过程（其间包括漏源结电容放电，体二极管导通，MOSFET 缓慢导通等过程），因为 MOSFET 漏源电压 V_{ds} 为零，所以 MOSFET 导通损耗为零。而在 MOSFET 关断时，我们可以看到在转换过程中电流和电压仍然还是维持在较高水平，所以存在关断损耗。

3.1.2.2　ZCS

ZCS 关断时序如图 3-3 所示，ZCS 关断实际波形如图 3-4 所示。

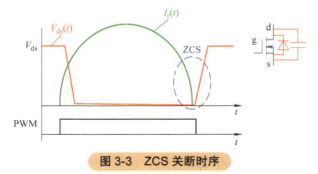

图 3-3　ZCS 关断时序

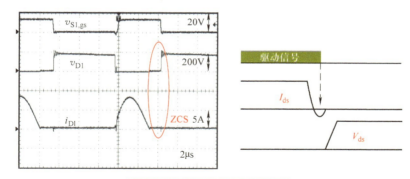

图 3-4　ZCS 关断实际波形

在 MOSFET 关断前，电流已经降为零，所以也没有损耗产生。

实际上，ZCS 可以在 MOSFET 导通和关断时实现。

由于软开关存在，我们可以减少噪声，因此 EMI 性能也会得到提升。这和常规 PWM 变换器中 EMI 和效率的不可调和的关系不同，具体来说，谐振电路都可以一定程度的实现软开关过程。如图 3-5 所示。

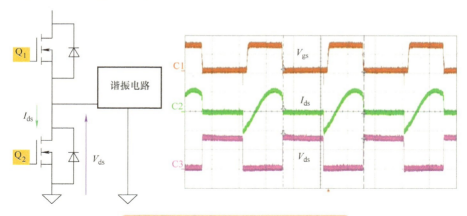

图 3-5　典型半桥谐波电路的软开关波形

3.1.3　基本谐振拓扑比较

3.1.3.1　什么是谐振

谐振一词很广，从原始定义来看，是指一个系统中在特定的频率点处振荡从而产生或得到极高的幅值的一种物理现象。

串联谐振阻抗关系如图 3-6 所示，从图 3-7 可以看到，当发生谐振时，电容和电感上的波形相位相反，二者抵消掉了，输入电压完全加在电阻上面，电容和电感串联支路呈短路状态。

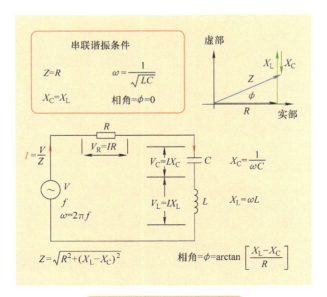

图 3-6　串联谐振阻抗关系

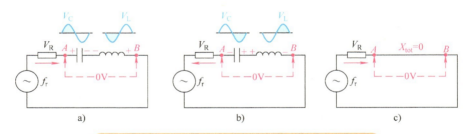

图 3-7　RLC 串联谐振在谐振点时的电路等效状态

在谐振频域分析时，增益一般用 dB 表示，而不用倍数表示，这是因为 dB 表示的范围很宽，如果用倍数表示，数字会显得十分庞大，而对于频率相关的参数，一般用对数表示更符合大家的习惯。同时，另一种频率的表达方式，即以归一化频率来描述，归一化频率即为工作频率与电路的基本谐振频率的比值，这样也能大大扩展频谱的表达范围。现在通过一个简单的实例仿真来观察图 3-7 所示的谐振状态，RCL 串联谐振仿真电路图如图 3-8 所示，其仿真结果如图 3-9 所示。

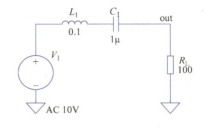

图 3-8　RCL 串联谐振仿真电路图

在这个例子中，我们通过对输入 AC 信号进行扫频分析，从直流变化到 100MHz，看此电路中的电流和电压情况，因为是串联谐振，我们可以比较方便地观察负载 R_L

上的电流和电压。具体仿真参数如下：L_1=0.1H，C_1=1μF，R_L=100Ω，交流输入为幅值为 10V 的正弦激励。

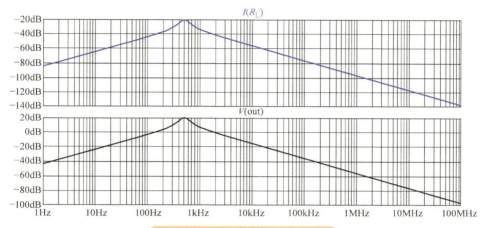

图 3-9　RCL 串联谐振仿真结果

可以看到，整个电路中的电流在全频率范围内有一个峰值，此时对应的负载电压上也出现了最大值，这个频率范围内即为谐振频率，测量到频率约为 506Hz，而理论计算约为 503.3Hz，这差异主要是测量不准确造成的。读者其实不好理解在频域下的数据意义，那我们回到时域，即将谐振频率代回到输入激励中，观察此时电路中各节点的电压和电流。时域下的仿真电路和仿真结果如图 3-10 和图 3-11 所示。

图 3-10　时域下的仿真电路

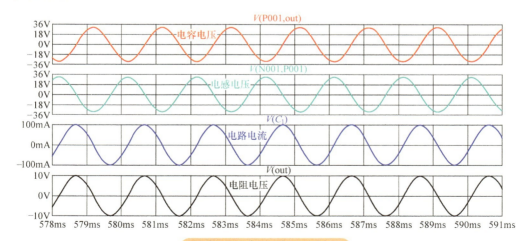

图 3-11　时域下的仿真结果

可以看到，人为地将谐振点频率代入激励信号，可以看到 RLC 串联谐振时电路形为：

1. 电容电压和电感电压幅值相等，相位正好相反，二者叠加为 0。

2. 此时输出负载电压等于源电压。

3. 此时电路中的电流最大，其值大小为源电压/输出负载。

同样我们可以改变负载，观察输出电压和电路中的电流的变化情况如图 3-13 所示。我们采用图 3-12 所示的仿真电路。

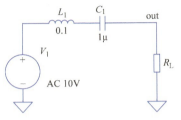

图 3-12　对负载变化进行分析

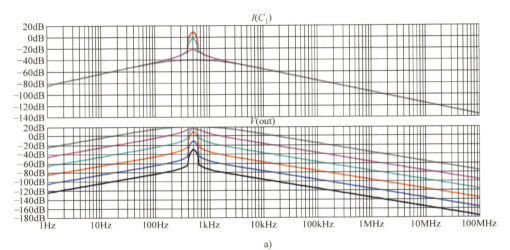

a)

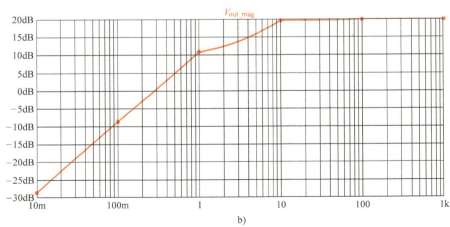

b)

图 3-13　负载变化时的电路中的电流及输出电压增益

从上面简单的例子中可以看到在一个固定的频率处（见图 3-13a），由于不同负载变化，输出电压的谐振峰值也在变化（见图 3-13b），谐振频率却只由参数 L/C 决定。

同时，我们固定负载，可以看到谐振频率发生了改变，谐振元件（电感）变化时的电路仿真原理图如图 3-14 所示，其变化时电路中的电流和输出电压增益如图 3-15 所示。

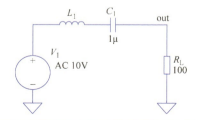

图 3-14　谐振元件（电感）变化时的电路仿真原理图

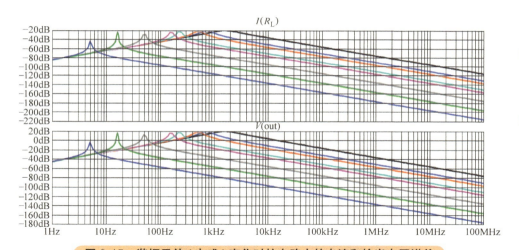

图 3-15　谐振元件（电感）变化时的电路中的电流和输出电压增益

3.1.3.2　串联谐振变换器

串联谐振变换器（Series Resonant Converter，SRC）原理图如图 3-16 所示。

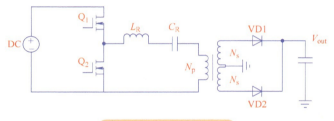

图 3-16　SRC 原理图

不难看出来，此谐振变换器有如下特点：

- 谐振网络（有时也称之为谐振腔，或谐振单元）与负载电阻串联在一起
- 谐振网络和负载形成分压网络
- 串联谐振变换器空载运行时，输出电压不受控
- 如果要实现 ZVS 运行的话，需要工作于谐振点之上（即负的斜率）
- 输入电压越低，越接近谐振频率
- 短路故障很好处理，开路故障比较复杂

从图 3-17 可以看出，不同 Q 值的曲线簇都发生在谐振频率处，并且增益为 1。开关频率低于谐振频率时，谐振网络的阻抗呈容性，此时 MOSFET 能够实现 ZCS；开关频率高于谐振频率时，谐振网络的阻抗呈感性，对于 MOSFET 而言，要实现 ZVS，变换器就必须工作在频率高于谐振频率的情况下。SRC 的直流增益特性曲线见图 3-18。

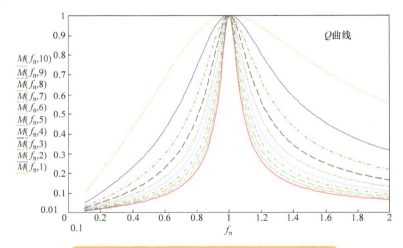

图 3-17　SRC 的 Q、增益与归一化频率的关系

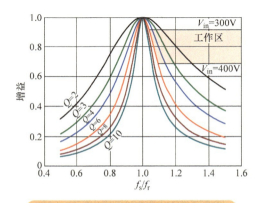

图 3-18　SRC 的直流增益特性曲线

谐振频率为

$$f_r = \frac{1}{2\pi\sqrt{L_r C_r}} \tag{3-1}$$

同时，为了保证轻载时仍然能够工作（维持与额定电压相近的水平），开关频率会升得很高，以此来实现输出电压的稳定。SRC 阻抗分析如图 3-19 所示。

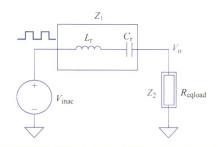

图 3-19　SRC 阻抗分析（仿真电路图）

我们稍做推导如下：

$$V_o = \frac{Z_2}{Z_1 + Z_2} \cdot V_{inac} = \frac{1}{\dfrac{Z_1}{Z_2} + 1} \cdot V_{inac} \tag{3-2}$$

可以看到，负载短路时，输出也为零，此拓扑天然具有短路保护功能。

当负载开路时，则可以看到 V_o 会接近于源电压，而此时如果要维持输出电压不变的话，我们对上式（3-2）稍做变换得到如下：

$$Z \equiv \frac{Z_1}{Z_2} = \frac{\dfrac{1}{j\omega C_r} + j\omega L_r}{R_{eqload}} = \frac{\dfrac{1}{2jfC_r} + 2jfL_r}{R_{eqload}} \tag{3-3}$$

可以看到，如果要维持输出电压不变，即网络阻抗比 Z_1/Z_2 为定值，考虑到正常工作时，工作频率是高于谐振频率点的，整个系统呈感性，所以如果负载开路时，工作频率必须提升到足够高的情况才能维持 V_o 输出电压的恒定。但实际上，系统工作频率由于寄生参数和集成芯片的限制，一般不允许无限制的提频，所以对于串联谐振变换器，这是它的天然缺陷，所以在轻载场合以及负载开路时需要加入额外的控制电路。

再看输入电压对其的影响，输入电压越低，越接近于谐振频率，而输入电压增加，工作频率越高，随着频率升高，谐振腔的阻抗也增加，由于谐振腔是不参与功率转换的，如果其阻抗很高的话，则谐振腔里的能量更高，这部分能量纯粹在做环流交换（环流交换的能量定义为返回到输入端的能量），这增加了 MOSFET 的电流应力，损耗增大，所以效率不高。

综合来看，SRC 作为降压型拓扑是合适的，但是主要问题有以下两方面：

1. 轻载调整率难以控制；

2. 输入电压高时损耗过大，牺牲效率。

3.1.3.3　并联谐振变换器

并联谐振变换器（Parallel Resonant Converter，PRC）的原理图如图 3-20 所示。

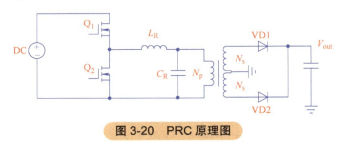

图 3-20　PRC 原理图

同样，其基本特点有：

- 负载与谐振电容并联
- 负载可以是空载
- 要实现 ZVS 的话，工作频率需要高于谐振频率
- 输入电压越低越接近谐振频率
- 同样存在高的环流电流，损耗高
- 与 SRC 一样，天然存在短路保护功能

由图 3-21 可以看到，此谐振变换器实际上是一个 LC 谐振腔，同时负载并联在谐振电容上，分析过程类似，只不过此谐振变换器能够工作于空载场合。

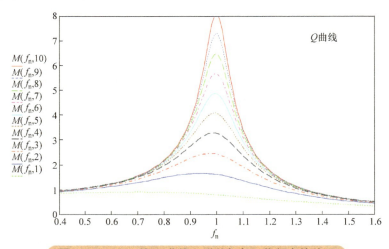

图 3-21　PRC 的 Q 曲线、增益与归一化频率的关系

综合来看：

1. 和 SRC 类似，工作区间仍然是要高于谐振频率以实现 ZVS。

2. 与 SRC 相比，其工作区间变得更小，但是轻载时，其频率变化度没有 SRC 大，所以 PRC 在轻载时不需要花费太大的精力来控制输出电压，从而轻载时的负载调整率问题在此结构中消失。

3. PRC 的等效输入阻抗较小，从而导致了一次电流较大，MOSFET 的导通损耗和关断损耗比 SRC 要大得多。即便是轻载或者空载条件下，PRC 的输入阻抗依然很小，这种情况仍然无法改善，这也是 PRC 的一个主要问题。

3.1.3.4　串并联谐振变换器

串并联谐振变换器（Series Parallel Resonant Converter，SPRC）原理图如图 3-22 所示。

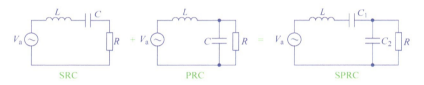

图 3-22　SPRC 原理图

既然 SRC 和 PRC 均存在或多或少的问题，那么自然地想到，如果能集合这两个变换器的优点，是不是即可以实现最佳的电路性能？

如图 3-22 所示，将负载与谐振腔串联，以减少关断电流环流能量（在高压输入时），同时再加入一个并联谐振电容，以实现轻载时的负载调整率（这不需要大范围改变工作频率）。

可以看到，SPRC 有两个谐振频率，但是同样的工作频率需要大于谐振频率才能实现 ZVS。但不巧的是，在这两个谐振频率之间是 ZCS 工作区间，如图 3-23 所示，这也不是我们期望的。

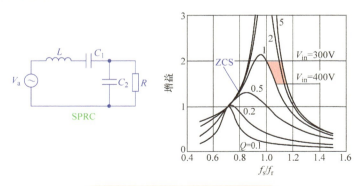

图 3-23　SPRC 的两个谐振频率

可见，虽然简单地集合了 SRC 和 PRC 的一般优点，但是仍然无法解决大范围输入下的环流电流大的问题。在高电压输入情况下，导通损耗和开关损耗增加，以至于其开关损耗（在高电压输入时开关频率升高，开关损耗增加）和常规的 PWM 变换器（在高电压输入时）并无差别。

所以通过上述分析，SRC、PRC 和 SPRC 这三种结构均不能解决高压输入时的损耗问题，宽范围下频率升高，从而导致的高导通损耗和开关损耗是三者的致命缺陷。高频化和高效率是我们设计谐振变换器时同时都要追求的目标。所以，有必要再重新审视其他衍生拓扑结构。

3.1.3.5 从 LCC 到 LLC

为了让在工作时全程均为 ZVS 模式，我们试图将 SPRC（LCC）中的谐振电容用一电感代替，即得到了 LLC，这是本章所讨论的正题，如图 3-24 所示。半桥 LLC 谐振变换器经典原理图如图 3-25 所示。

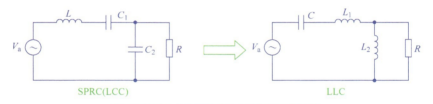

图 3-24　LCC 到 LLC 变换的原理图

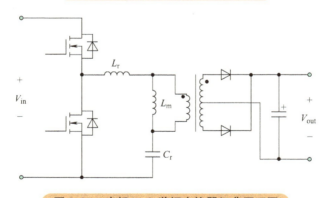

图 3-25　半桥 LLC 谐振变换器经典原理图

在 SRC 中，只有在 $f_s > f_{r1}$ 的情况下，MOSFET 才能实现 ZVS；而在 LLC 中，工作在 $f_s \geqslant f_{r1}$ 和 $f_{r1} > f_s > f_{r2}$ 区域内均能实现 ZVS。并且在谐振点处，从空载到负载过程中，频率几乎没有变化。具体工作区间见图 3-26。

当二次侧整流二极管导通时，变压器一次电压被输出电压箝位，因此，加在励磁电感 L_m 两端的电压是恒定的。此时电路中只有谐振电感 L_r 与谐振电容 C_r 参与谐振，此为谐振点 f_{r1}，如图 3-27 所示。

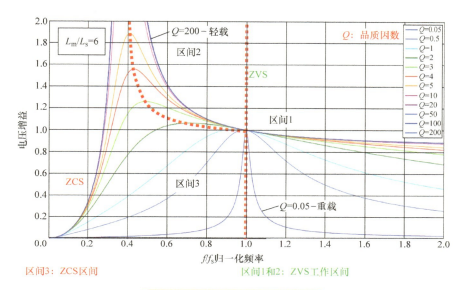

图 3-26   LLC 的三个工作区间

$$f_{r1} = \frac{1}{2\pi\sqrt{L_r C_r}} \qquad (3\text{-}4)$$

当二次侧整流二极管都处于关断状态时，变压器一次电压不再被箝位，因此励磁电感将与谐振电感串联参与谐振过程，此为谐振点 f_{r2}，如图 3-28 所示。

$$f_{r2} = \frac{1}{2\pi\sqrt{L_r + L_m C_r}} \qquad (3\text{-}5)$$

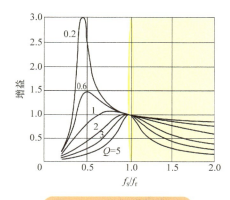

图 3-27   LLC 谐振点 f_{r1}

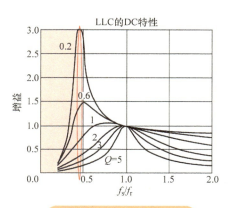

图 3-28   LLC 谐振点 f_{r2}

而在这两个频率之间的工作区间，则是 SRC 与 PRC 的混合情况。SRC 与 PRC 共同存在的情况如图 3-29 所示。

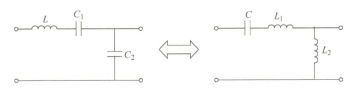

图 3-29　SRC 与 PRC 共同存在

实际上，如本章最开始所说，LLC 结构出现的时间比较早，但是由于缺少对其特性的理解，它一般作为串联谐振与无源负载使用，这就意味着系统设计时工作频率是高于谐振频率点的（通过 $L_r C_r$ 谐振腔决定）。而工作于此区间时，LLC 和 SRC 很相似。所以 LLC 的主要优势是轻载时较窄范围的频率变化，以至于空载时都可以实现 ZVS。

既然说到了直流增益特性，所以 LLC 的直流分析是至关重要的，本章也会从现有的理论和参考资料出发，对 LLC 的直流增益进行分析。

其上大谈 LLC 的各种优点，但我们必须清楚地认识到事物总是有两面性的。

首先，LLC 谐振腔元件参数计算比较复杂，难以用简单明了的公式直接算出比较准确的参数；其次，若用集成变压器来设计的话，集成变压器的漏感是用来充当谐振电感的角色，其漏感在批量生产的时候会比较难控制，会造成谐振频率跟设计值偏差较大；若用分立式电感，则需要把主变压器的漏感也考虑进去。此外，LLC 采用的是 PFM 控制方式，会导致空载时一次电流过大，空耗增加；最后，LLC 的动态响应慢，短路保护和开机时刻电流应力比较大。

3.1.3.6　LLC 中的 MOSFET 结构选择

LLC 不仅仅是可以用于半桥，一样可以用于全桥，如图 3-30 所示。采用半桥和全桥时，功率元器件及损耗对比见表 3-1。

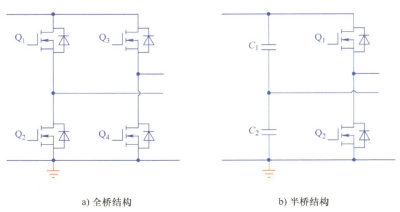

a) 全桥结构　　　　　　　　　b) 半桥结构

图 3-30　LLC 谐振电路可以用于全桥或是半桥电路中

表 3-1　采用半桥和全桥时，功率元器件及损耗对比

LLC 半桥相对于全桥的对比

I_{RMS}	I^2_{RMS}	MOSFET 个数	总的 MOSFET 损耗	N_p	R_{Pri}	变压器一次侧铜损
×2	×4	÷2	×2	÷2	÷2	×2

注：假设用的是相同的 MOSFET 和变压器。

存在即合理，全桥和半桥作为前级，如下是一个简单的对比（当然是基于使用同样的设计要求和同样的功率元器件来比较）：

• 半桥上的电流是全桥电流的 2 倍，这是因为半桥式电路变压器一次电压为 $\pm 1/2\ V_{dcbus}$，而全桥式电路变压器一次电压为 $\pm V_{dcbus}$，要想输出相同的功率，半桥式电路的输入电流就要是全桥式电路的 2 倍。但由于半桥上用的 MOSFET 是全桥的一半，虽然电流加倍，损耗是电流二次方关系，就变成 4 倍，但总体看来，MOSFET 的损耗只有全桥的一半。

• 而对于磁性元件（变压器）而言，半桥相对于全桥，只需要一半一次绕组的匝数即可以满足相同的电压增益和磁通摆幅，因此一次绕组的阻抗减半，铜损却仍然还是全桥的 2 倍，因为一次电流仍然是二次方关系，所以总体来说铜损仍然是全桥的 2 倍。

• 那很明显了，在大功率场合，一次电流也较大，导通损耗占主导的时候，半桥电路已经不太适合了，需要用全桥电路，因为采用半桥电路，一次侧 MOSFET 的电流应力，变压器绕组的线径需要增加很多，成本、体积均不占优势。

同样地，我们可以推广到输出级，输出级采用全波整流或是桥式整流的电路如图 3-31 所示，其采用的器件和损耗对比见表 3-2。

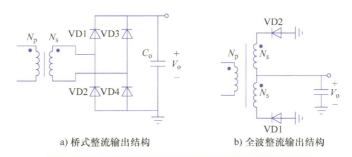

a) 桥式整流输出结构　　　　b) 全波整流输出结构

图 3-31　输出级采用全波整流或是桥式整流电路

表 3-2　输出采用全波整流和桥式整流的器件和损耗对比

LLC 输出级采用全波整流对于桥式整流的对比

二极管耐压等级	二极管数量	二极管导通损耗	二次绕组数量	单个绕组的阻抗 R_{sec} 电流	每个绕组的 I_{rms}	变压器二次侧铜损
×2	÷2	÷2	×2	÷$\sqrt{0.5}$	×2	×2

注：假设所用二极管具有相同的正向压降，且用的是相同的变压器。

・全波整流对输出二极管的选择更为严格，其耐压是全波整流的 2 倍，但是全波整流只需要 2 个二极管，桥式整流需要 4 个，因为每个二极管中通过的平均电流是一样的，所以相对于桥式整流，全波整流的二极管总的损耗只有其一半大小。

・全波整流需要 2 个 1∶1 的二次绕组，因此变压器直流阻抗和桥式整流相比，为 2 倍。而损耗的话则需要仔细分析一下才能得到，全波整流每一个变压器绕组的电流为桥式整流电流的 2 倍，故实际总的铜损仍为桥式整流的一半。

・实际上在高压输出应用场合，全波整流的优势还是十分明显的，因为整流二极管的耐压可以选择稍微低点。但是在低压大电流场合，全波整流更常见，因为总的损耗（二极管损耗）要小于桥式整流，而且可以采用同步整流进一步减少此损耗。而对于变压器绕组损耗，大电流一般采用的是铜带绕制，此损耗也大为降低。

3.2　LLC 现有的分析方法及不足

3.2.1　两个谐振频率的由来

如图 3-32 所示，LLC 是一个串并联多谐振网络简化电路，R_{ac} 是等效到原边的负载阻抗。考虑极限情况，系统存在两个操作模式，一个是 $R_{ac}=0$（负载短路），这意味着磁化电感被短路从而不起作用；另一个极限模式即为 $R_{ac}=\infty$（负载开路），即 R_{ac} 与谐振电路断开，此时即是变压器停止向输出传输能量。简单来看即为一个等效的分压网络。

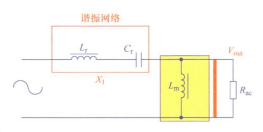

图 3-32　LLC 变换器简化等效图

即取决于 L_M 是否参与谐振，得到如图 3-33 和图 3-34 所示的等效图。

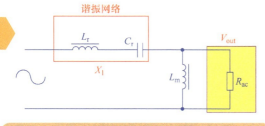

图 3-33　LLC 变换器简化等效图 - 模式 1（$R_{ac}=0$）

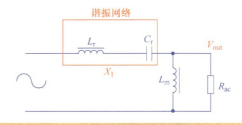

图 3-34　LLC 变换器简化等效图 - 模式 2（$R_{ac}=\infty$）

$R_{ac}=0$，负载短路，磁化电感 L_m 被短路，不参与谐振，并联部分短路，只存在串联部分。故此时串联谐振的谐振频率如下式（3-6）所示，这也为系统的最大工作频率。

$$f_{r1} = \frac{1}{2\pi\sqrt{L_r C_r}} \tag{3-6}$$

$R_{ac} = \infty$，此时为空载（或轻载），磁化电感 L_m 与主电感 L_r 谐振，故整个谐振网络的谐振频率如下式（3-7）所示，这也为系统的最小工作频率。

$$f_{r2} = \frac{1}{2\pi\sqrt{(L_r + L_m) * C_r}} \tag{3-7}$$

R_{ac} 处于 [0，∞) 时，频率位于在 $f_{r1} \sim f_{r2}$，LLC 是在进行调节工作，即通过频率来控制输出电压，这是和常规的 PWM 变换器最大的区别。

3.2.2　通俗易懂介绍 FHA

基波近似（First Harmonic Approximation，FHA），我们也称之为基波近似分析法。该简化方法可极大地简化系统的模型，将系统模型线性化，然后可用经典的交流电路补偿分析方法对系统进行分析。这个方法最初的完整出处来自于飞利浦研究院 Duerbaum Thomas 的《First harmonic approximation including design constraints》一文（1998 年），此文详细推导了增益公式、品质因数，以及 LLC 的 FHA 分析方法，并同时对 FHA 方法的应用给出了限制条件，它指出，LLC 是一个 4 自由度制约的模型，即品质因数、谐振频率、电感比、变压器匝比，具体的还请读者参考此文。

我们用图 3-35 来简单说明一下 FHA 的简洁性。

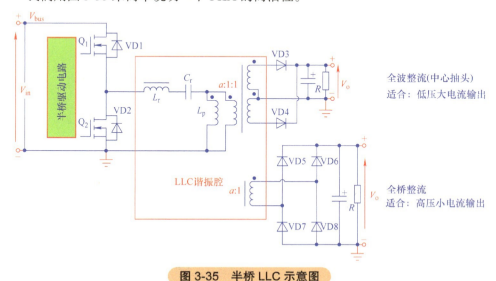

图 3-35　半桥 LLC 示意图

由于上下 MOSFET 开通各占 50%，LLC 中点的电压 $V_{sw}(t)$ 类似对称的方波，可以看成无数个多次正弦谐波叠加而成，可用傅里叶变换表示为

$$V_{\mathrm{sw}}(t) = \frac{V_{\mathrm{in}}}{2} + \frac{2}{\pi} V_{\mathrm{in}} \sum_{n=1,3,5\cdots} \frac{1}{n} \sin(2n\pi f_{\mathrm{sw}}t) \qquad (3\text{-}8)$$

从上式（3-8）可以看出，由于基波分量占比最大，故为了工程的简化设计，我们通常认为一次谐波上承担的能量即为整个方波的近似能量，这即是基波近似法的由来。可以看到，由于 LC 谐振网络的存在，高次谐波通过能力变低，LC 谐振网络可以看成是一个低通滤波器或是说一个带通滤波器，只能通过较低次数的奇次谐波，将其他高频分量滤掉而不进入负载。LC 谐振网络我们有时也称之为谐振网络，或是谐振腔。

同时再次利用一个仿真例子来说明，读者更容易理解谐振单元是如果将方波信号转换为正弦信号，从而实现软开关的。借用图 3-27 所示的简化原理图，我们赋予参数值，如图 3-36 所示的简单仿真电路。

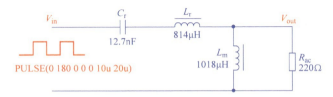

图 3-36　FHA 仿真示意图

在这里，我们用 V_1 的高频方波进行驱动 C_{r}、L_{r}、L_{m} 构成的谐振网络，同时负载 R_{ac} 模拟为等效交流负载，我们观察谐振电感电流、负载 R_{ac} 上的电压情况，FHA 仿真结果演示如图 3-37 所示。

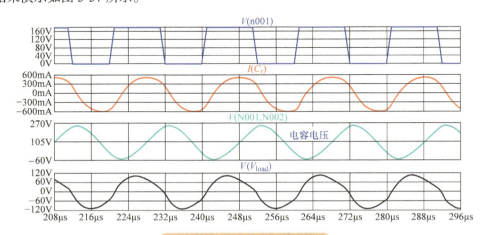

图 3-37　FHA 仿真结果演示

可以很清楚地看到，方波信号电压经过谐振网络后，负载上呈现的为正弦电压，电路中的电流也变为了正弦，这说明公式（3-8）中所示的基波分量传递到了负载上，而高次谐波被"过滤"掉了。为了更直观地认识到谐振网络的基波传递功能，我们将输入电压的方波进行了快速傅里叶分解（Fast Fourier Transformation，FFT），为了更好地进行对比，同时也对输出电压进行快速傅里叶分解，如图 3-38 所示。

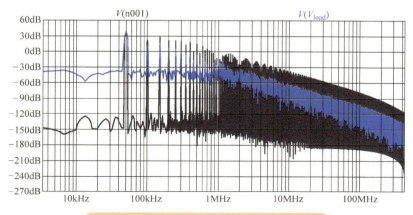

图 3-38　输入电压和输出电压的 FFT 结果

可以看到，输入电压的基波分析幅值和输出电压重合，而其他高次分量都有不同程度的衰减，这说明谐振网络是起作用了，并与预期的一致。但我们也要看到，由于其他高次谐波的能量被衰减，并不是所有的能量都被 FHA 分析法包含进来，所以这种工程近似方法一定存在误差。

3.2.3　现存各种各样的 LLC 设计参考资料

绝大多数工程师入手 LLC 设计，都是从主流芯片厂家给的资料开始。随着近年来各种论坛及各种线上线下培训的展开，网络上也流传着许多经验丰富的工程师的计算指南，但在国内影响力最大的要数美国弗吉尼亚理工大学电力电子中心李泽元教授的弟子，杨波的博士毕业论文《Topology Investigation of Front End DC/DC Power Conversion for Distributed Power System》，现在仍然可以在其官方网站上下载得到，翻译成中文的论文标题为《分布式电力系统前级 DC-DC 变换器拓扑研究》，这是杨波博士于 2003 年的毕业论文，其中详细研究和分析了谐振式变换器的拓扑理论，更有几章专门论述了 LLC 拓扑，由于其通俗易懂的讲解，再加上整个论文被翻译成中文，故在工程师心目中有很高的地位。

下面我们从几个不同的设计资料入手，为读者简化设计思路。

3.2.3.1　复杂且多参数的公式

我们来看看几家主流芯片厂家提供的 LLC 设计计算公式，实际上最为重要的是归一化频率和增益计算，详述如下：

ST 的讲解资料无疑是最全面、最系统的，许多原始定义即来源于这里，但 ST 的

LLC 设计太重视于理论的推导，我们可以通过如下几个公式窥见一斑，对归一化频率和最大增益的定义如下：

$$f_{\mathrm{nZ}}(\lambda,Q) = \sqrt{\frac{Q^2 - \lambda(1+\lambda) + \sqrt{[Q^2 - \lambda(1+\lambda)]^2 + 4Q^2\lambda^2}}{2Q^2}} \qquad (3\text{-}9)$$

$$M_{\mathrm{MAX}}(\lambda,Q) = M[f_{\mathrm{nZ}}(\lambda,Q),\lambda,Q] \qquad (3\text{-}10)$$

ON/Fairchild，其中以 Fairchild 为佳，它简单易懂，从 FHA 直截了当地进入频率和增益的定义如下：

$$M = \frac{2n \cdot V_{\mathrm{o}}}{V_{\mathrm{in}}} = \left| \frac{\dfrac{R_{\mathrm{ac}} \cdot \mathrm{j}\omega L_{\mathrm{m}}}{R_{\mathrm{ac}} + \mathrm{j}\omega L_{\mathrm{m}}}}{\dfrac{1}{\mathrm{j}\omega C_{\mathrm{r}}} + \mathrm{j}\omega L_{\mathrm{r}} + \dfrac{R_{\mathrm{ac}} \cdot \mathrm{j}\omega L_{\mathrm{m}}}{R_{\mathrm{ac}} + \mathrm{j}\omega L_{\mathrm{m}}}} \right| \qquad (3\text{-}11)$$

$$\rightarrow M = \left| \frac{\mathrm{j}\dfrac{\omega}{\omega_{\mathrm{o}}}(m-1)}{\mathrm{j}\dfrac{\omega}{\omega_{\mathrm{o}}}\left(m - \dfrac{\omega_{\mathrm{o}}^2}{\omega^2}\right) + (1 - \dfrac{\omega^2}{\omega_{\mathrm{o}}^2})(m-1)Q} \right| \qquad (3\text{-}12)$$

$$\rightarrow M = \left| \frac{(\dfrac{\omega}{\omega_{\mathrm{o}}})^2(m-1)}{\left(1 - \dfrac{\omega^2}{\omega_{\mathrm{p}}^2}\right) + \mathrm{j}\dfrac{\omega}{\omega_{\mathrm{o}}}\left(1 - \dfrac{\omega^2}{\omega_{\mathrm{o}}^2}\right)(m-1)Q} \right| \qquad (3\text{-}13)$$

$$R_{\mathrm{ac}} = \frac{8n^2}{\pi^2} R_{\mathrm{o}} \qquad (3\text{-}14)$$

$$\omega_{\mathrm{o}} = \frac{1}{\sqrt{L_{\mathrm{r}} C_{\mathrm{r}}}} \qquad (3\text{-}15)$$

$$\omega_{\mathrm{p}} = \frac{1}{\sqrt{L_{\mathrm{p}} C_{\mathrm{r}}}} \qquad (3\text{-}16)$$

$$L_{\mathrm{p}} = L_{\mathrm{m}} + L_{\mathrm{r}} \qquad (3\text{-}17)$$

$$m = \frac{L_{\mathrm{p}}}{L_{\mathrm{r}}} \qquad (3\text{-}18)$$

$$Q = \sqrt{\frac{L_r}{C_r}} \frac{1}{R_{ac}} \tag{3-19}$$

$$f_o = \frac{1}{2\pi\sqrt{L_r C_r}} \tag{3-20}$$

$$f_p = \frac{1}{2\pi\sqrt{L_p C_r}} \tag{3-21}$$

Infineon 比较适合有基础的读者朋友学习，具体可以参考网上的各种资料。

$$\rightarrow K(Q, m, f_n) = \left| \frac{V_{o_{ac}}(s)}{V_{in_{ac}}(s)} \right| = \frac{f_n^2(m-1)}{\sqrt{(m \cdot f_n^2 - 1)^2 + f_n^2 \cdot \left(f_n^2 - 1\right)^2 \cdot (m-1)^2 \cdot Q^2}} \tag{3-22}$$

$$Q = \frac{\sqrt{\frac{L_r}{C_r}}}{R_{ac}} \tag{3-23}$$

$$R_{ac} = \frac{8}{\pi^2} \cdot \frac{N_p^2}{N_s^2} \cdot R_o \tag{3-24}$$

$$f_n = \frac{f_s}{f_r} \tag{3-25}$$

$$f_r = \frac{1}{2\pi\sqrt{L_r C_r}} \tag{3-26}$$

$$m = \frac{L_r + L_m}{L_r} \tag{3-27}$$

无论多么复杂的公式，我们只要抓取某一种形式即可，贪多嚼不烂的道理大家应该都懂。这里简单说明下 LLC 中常见的参数意义：

归一化频率——$f_n = \dfrac{f_s}{f_r}$

电感比例系数——$k = \dfrac{L_m}{L_r}$

$$品质因数——Q = \frac{\sqrt{\dfrac{L_r}{C_r}}}{R_{ac}}$$

$$增益——M = \left| \frac{(\dfrac{\omega}{\omega_o})^2 (m-1)}{\left(1-\dfrac{\omega^2}{\omega_p^2}\right) + j\dfrac{\omega}{\omega_o}\left(1-\dfrac{\omega^2}{\omega_o^2}\right)(m-1)Q} \right|$$

其中，f_s 为工作频率；f_r 为 C_r 与 L_r 的谐振频率；L_m 为励磁电感；L_r 为谐振电感；R_{ac} 为等效阻抗；M 为增益。

3.2.3.2　复杂的工作过程

LLC 的谐振状态工作过程分析是一个复杂而且需要很细心的过程，初接触此拓扑的研发人员可以说是对此相当困扰，因为现在市面上所有的书籍和应用资料中，对于 LLC 的谐振工作过程的分析都是比较复杂的，诚然，LLC 本身的工作状态是多变而且时序相关性很强的，不同的时序情况下存在不同的状态过程。MOSFET 的开关情况，谐振单元中电压、电流流动方向，寄生参数在过程中的作用，换流过程以及死区状态等。由于存在上下两个功率 MOSFET，以及寄生电容、寄生体二极管等参与工作，这些都是初入门的工程师不曾碰到的问题。目前 ST/ 仙童 /ON/ TI/ 英飞凌 /NXP 等的一些资料或者一些学位论文对各个状态有一定的理论分析，但这些都成为了拦路虎，理论状态分析是大多数电源设计人员都头痛的一个问题。而从工程行业来讲，在各大电源相关论坛上也有一些有经验的工程师分享和贡献了他们的思路，所以在本书中对其各种时序不做深入分析。

3.2.4　FHA 的缺陷和误差

作为一种谐振变换器，其分析方法不同于常规的 PWM 控制方式，所以其分析方法也较为复杂。目前市面上对于 LLC 谐振变换器的分析方法，基本上都停留在近似的方法，当然这对于工程化设计而言是足够的，但是从理论高度精确建模分析，此近似方法也存在一定的误差，如我们看到的图 3-38 所示，高次谐波的能量被忽略掉了，这样的话，如果电路中的电流离标准正弦越远时，误差也就越大。当前鲜有资料谈及 FHA 的误差，因为这涉及大量的实验和验证，再加上受器件的容差影响很大，故大家研究极少，笔者从众多资料中找到如下一些关于 FHA 误差的资料。

杨波的博士论文章节附录 B 中给出 FHA 分析方法和仿真分析方法的误差对比如图 3-39 所示，FHA 方法的误差如图 3-40 所示。

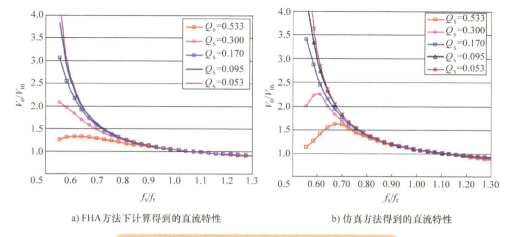

a) FHA方法下计算得到的直流特性　　　　　b) 仿真方法得到的直流特性

图 3-39　FHA 和仿真情况下的 LLC 直流特性对比

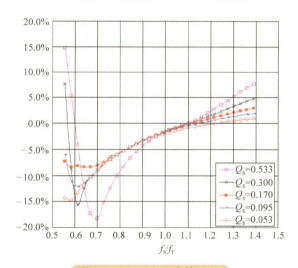

图 3-40　FHA 方法的误差

从图 3-40 可以看到，在谐振频率处的误差最小，而随着频率偏离谐振频率，误差均会增大。这从波形中也可以理解，当处于谐振频率时，波形是完美的正弦，所以不存在误差，而随着频率偏差，高次谐波增加，这显然会影响 FHA 分析方法的准确度。而采用仿真的办法，虽然能够实现精确，但很耗费时间。所以论文作者建议，采取两种方法结合的办法，即前期设计时，即 FHA 简单分析为主，如果需要进行优化设计的话，可以进一步采用仿真方法来精确设计。

而另一个资料出自于 TI，Hong Huang 的《Designing an LLC Resonant Half-Bridge Power Converter》，其中也提及了关于测试和 FHA 简化分析的对比。

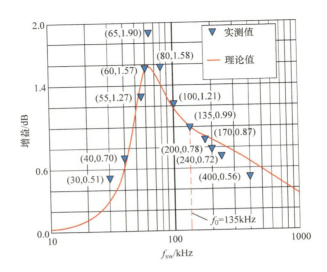

图 3-41　FHA 和实际样机测试时的对比（来源于 :TI 资料）

同样可以看到，在谐振频率处的理论值和实际测试值符合度很好，而偏离谐振频率时，误差增加，这和杨波博士的结论一样。

但是，目前来说，对于 LLC 等谐振变换器而言，工程领域至今没有出现特别好的办法，回到电路本身，一般我们设计的工作频率基本上也在谐振频率点附近，所以 FHA 方法仍然不失为一种工程近似的比较理想的方法。

3.3　工作状态的变化

3.3.1　不同情况下的增益

假设 $m=3$，$f_{r1}=100\text{kHz}$，$f_{r2}=57\text{kHz}$，根据增益 M 的表达式，可做出图 3-42。从图 3-42 上可以看到，当开关频率处于谐振频率 f_{r1} 附近时，LLC 的电压增益特性几乎独立于负载，这也是 LLC 相比于 SRC 的突出优势。因此在设计的时候，大家理所当然地把工作频率设定在谐振频率 f_{r1} 的附近。实际上，由于各种寄生参数、器件误差等因素，我们很难真正看到在理论计算的谐振频率处的工作状态。

从图 3-42 中还可以看到，LLC 的工作范围跟峰值增益有关，随着负载变轻（R_{ac} 变大），Q 值下降，工作频率向 f_{r1} 移动，峰值增益随之下降。因此我们在设计的时候都会选择最低输入电压而且是最大输出负载的情况下去设计谐振网络，并且在峰值增益满足的情况下，再留 10%~20% 的余量，确保开机瞬态或者 OCP 的情况下也能稳定的 ZVS 工作。

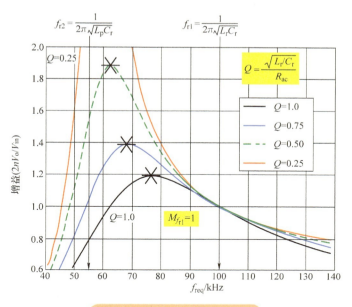

图 3-42　LLC 典型增益曲线

增益函数和简化模型是 LLC 设计的重中之重，对于一个固定的 LLC 变压器来说，f_n 和 Q 是固定的，由于多维变量的确定性比较困难，我们可以先固定一个参数，再在这个基础上确定另一个参数。如图 3-43 ～图 3-46 所示，选择不同的 k 值，可以看到不同的 Q 和 M 关系。

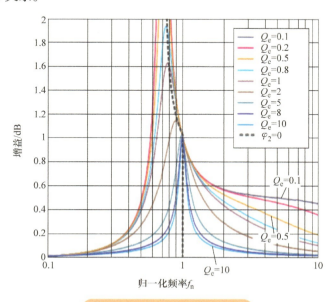

图 3-43　$k=1$ 时，增益曲线

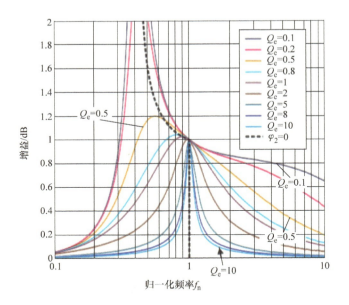

图 3-44　*k*=5 时，增益曲线

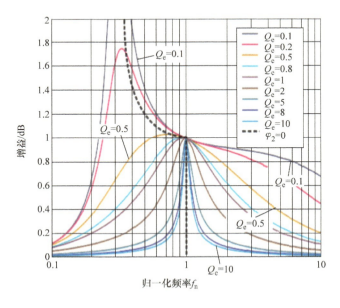

图 3-45　*k*=10 时，增益曲线

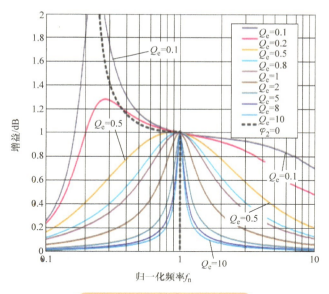

图 3-46 *k*=20 时，增益曲线

以上 4 个图不会一一对应到实际设计，在设计的时候需要根据实际情况设定，但不妨碍我们得出下面的结论：

1. 增益始终大于 0；

2. 增益是类似一个凸曲线形状，不同的 f_n 和 Q，最终在谐振点 f_{r1} 处汇集于一点，此时增益为 1；

3. 对于给定的 Q 值，选取的 k 值越大，能得到的增益越低，为保证能在全负载范围内都能满足电路所需增益，就不能选取过大的 k 值，这也是很多设计指导书内推荐 k 值范围在 3~10 的原因之一；

4. 对于一个给定的 k 值，增加 Q 值会让曲线簇变得集中，相当于工作在一个较窄的频率控制区间，这是我们期望得到的结果，但是同时带来的缺点是：当负载变化的时候增益变化太大，在重载、开机瞬间或者 OCP 的情况下无法达到所需的增益。

3.3.2 ZVS 实现的条件

对于 MOSFET 来说，ZVS 是一种非常理想的工作状态，前面已经明确 LLC 需要工作在感性区才能实现 ZVS，但这只是 ZVS 的一个必要条件。若想实现 ZVS 还需要满足在死区时间内能完成寄生电容的充放电，即：

$$I_{m\ min}t_{dead} = \left(2C_{oss} + C_{stary}\right)V_{inmax} \tag{3-28}$$

此处，$I_{m\ min}$ 为死区时间内励磁电感的放电电流峰值最小值；t_{dead} 为死区时间；V_{inmax} 为 LLC 的最大输入电压；C_{oss1}=C_{oss2}=C_{oss} 为 LLC 的上下 MOSFET 的寄生电容；C_{stray} 为变压器及 PCB 的总寄生电容。值得注意的是这个参数，我们需要在最恶劣的情况下算得，即最大频率下算得的 I_m，如下式（3-28）所示：

$$I_m = \frac{(V_o + V_d)n}{4L_p f_{sw\,max}}$$

（3-29）

其中，V_o 为输出电压；V_d 为二次侧整流管的压降；n 为匝比；f_{swmax} 为最高工作频率，出现在最小增益处。

虽说现在基本上这种芯片的死区时间都是可以根据实际情况自适应的，一般在 100~500ns 之间，死区时间越长，上下 MOSFET 的占空比偏小于 50% 就越远，ZVS 的时间也会缩短，即效率会越低，但死区时间并不是越小越好，过短的死区时间需要的放电电流更大才能实现 ZVS，若 I_m 小于 $I_{m\,min}$，则无法实现 ZVS，更严重的情况是上下 MOSFET 直通，导致炸机，所以我们在设计的前端应该重点考虑，若无法满足设计要求，则必须更改设计，选取合适的参数。所以满足 ZVS 的充分条件为

$$I_m > I_{m\,min}$$

（3-30）

3.3.3　上谐振或下谐振的选择

LLC 可以工作在下谐振，也可以工作在上谐振，这两种均是 ZVS 情况，那么我们如何选择比较合理的工作状态呢？如图 3-47 和图 3-48 所示，给出了两种不同模式下变压器一次电流和二次电流的波形。

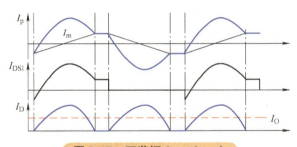

图 3-47　下谐振 $f_{r2} < f_s < f_{r1}$

当 LLC 工作在下谐振状态时，二次侧整流管是可以实现软开关的，但此时输出回路的环流比较大，所以下谐振适合在高压输出的情况下使用（大于 80V）。因为在较高电压的情况下，二次侧整流管只能使用快恢复二极管，其反向恢复的损耗比较大。下谐振还有个好处，就是在负载变化的时候，频率变化范围会比较小，特别是当空载的时候，其频率会受限制于谐振频率。

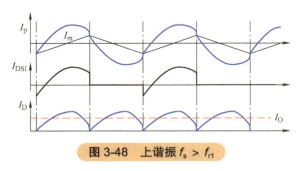

图 3-48　上谐振 $f_s > f_{r1}$

当 LLC 工作在上谐振时，其导通损耗比下谐振要小，输出回路环流比下谐振小，适合使用在低压输出的情况下（小于 80V）。因为在低压输出的时候，二次侧整流管可使用肖特基二极管或者 MOSFET，此时反向恢复问题已无关紧要。但同时需要注意，此工作状态的工作频率范围比较宽，在轻载或空载的时候频率会飘得比较高，导致输出电压失控，所以一般要求芯片有跳周期功能，防止频率升高导致的电压失控。

3.4 LLC 简化设计步骤

在这里可以用一个流程图来描述整个设计过程，此流程图原始出处来源于 TI 资料，详见附件参考文献 9，笔者进行了翻译和整理如图 3-49 所示。

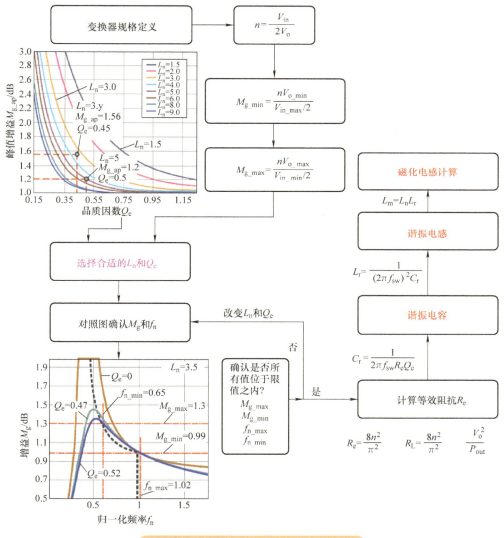

图 3-49　LLC 计算流程图（来源于 TI）

3.5 LLC 的仿真定性分析

对于 LLC，相对于前面两章，其理论还是较为复杂的，很难简单地描述出各个工作状态，而对电路进行仿真，是定性了解电源特性的有效手段，本小节以一个

28-36V/9A 的 LLC 电路来进行仿真研究。为了简化起见，本章节只用此仿真原理图来分析 LLC 的工作状态以及谐振情况，而不论述如何进行仿真电路搭建和仿真技巧，如果读者需要这一方面的了解，可以和笔者进行深入一步的交流。

用于仿真的主电路图如图 3-50 所示。

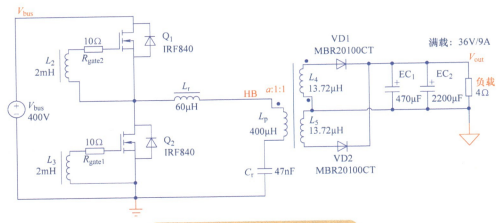

图 3-50　用于 LLC 仿真的主电路图

基于此原理图，我们可以改变输入输出条件来观察不同工作状态。改变输入母线电压 V_{bus} 大小，同时保持满载状态。

V_{bus} 为额定电压 400V 时，以及输出满载 36V/9A 时的相关波形，如图 3-51 所示，同时测得频率为 90kHz。

现在变更输入电压到 420V，模拟高压情况，同时继续保持满载，此时的对应点波形如图 3-52 所示，我们看到频率变化到了 100kHz 左右。

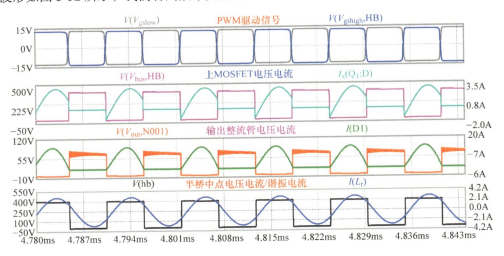

图 3-51　母线电压 400V 输入，满载时的对应点波形及满载时的频率

	V(Vbus,HB)		
Horz:	4.8071486ms	Vert:	48.032633V

Cursor 2			
	V(Vbus,HB)		
Horz:	4.8182672ms	Vert:	18.823536V

Diff (Cursor2 - Cursor1)			
Horz:	11.118566μs	Vert:	-29.209097V
Freq:	89.939659KHz	Slope:	-2.62706e+006

图 3-51　母线电压 400V 输入，满载时的对应点波形及满载时的频率（续）

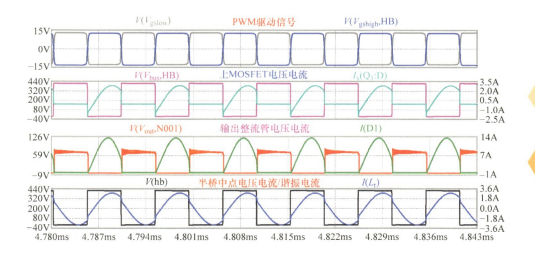

Cursor 1			
	V(Vbus,HB)		
Horz:	4.800332ms	Vert:	20.466107V

Cursor 2			
	V(Vbus,HB)		
Horz:	4.8102794ms	Vert:	1.9005601V

Diff (Cursor2 - Cursor1)			
Horz:	9.9473684μs	Vert:	-18.565546V
Freq:	100.5291KHz	Slope:	-1.86638e+006

图 3-52　母线电压 420V 输入，满载时的对应点波形及满载时的频率

再变更输入电压到 370V，模拟低压情况，同时继续保持满载，此时的对应点波形如图 3-53 所示，但此时频率降低到 76kHz 左右。

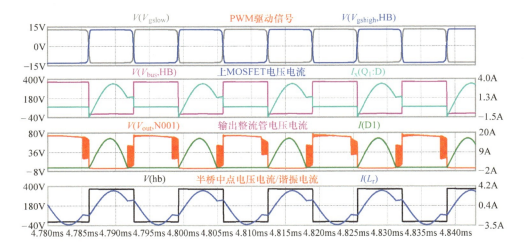

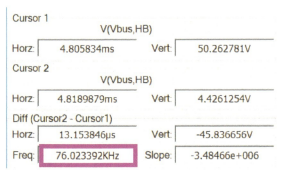

图 3-53 母线电压 370V 输入，满载时的对应点波形及满载时的频率

汇总如图 3-54 所示，当固定负载时，母线电压上升，频率也随之上升。

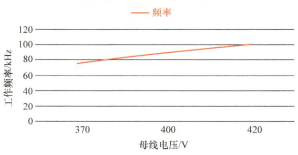

图 3-54 母线电压变化时，满载的工作频率变化曲线

现在我们来看负载变化的影响如图 3-55~ 图 3-59 所示，固定母线电压为 400V，先看下空载的情况。

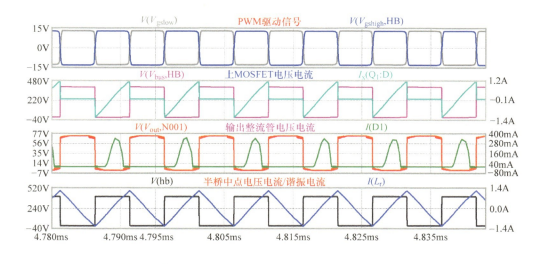

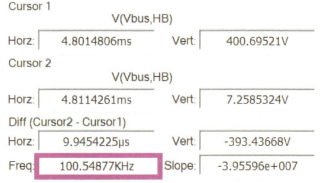

图 3-55　母线电压 400V 输入 36V 输出，空载时对应点波形，以及工作频率

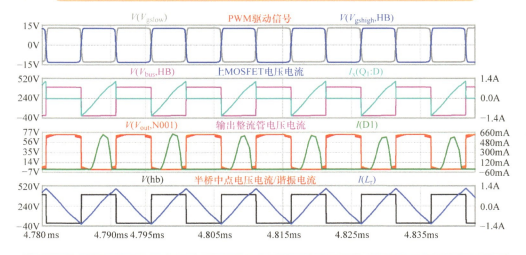

图 3-56　母线电压 400V 输入 36V 输出，极轻载约 1% 负载 (0.1A) 对应点波形，以及工作频率

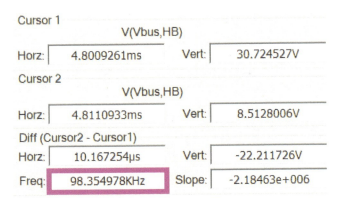

图 3-56　母线电压 400V 输入 36V 输出，极轻载约 1% 负载 (0.1A) 对应点波形，以及工作频率（续）

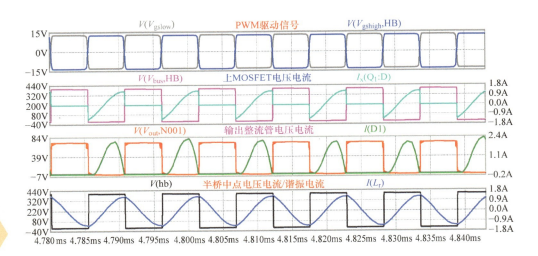

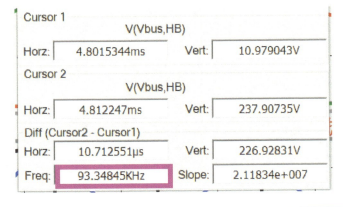

图 3-57　母线电压 400V 输入 36V 输出，轻载 10% 负载 (1A) 对应点波形，以及工作频率

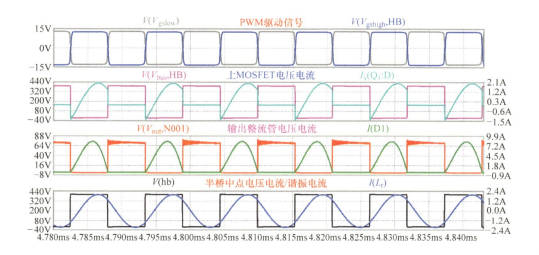

Cursor 1
　　　　　　V(Vbus,HB)
Horz:　4.8043765ms　　Vert:　189.45215V

Cursor 2
　　　　　　V(Vbus,HB)
Horz:　4.8153441ms　　Vert:　79.037716V

Diff (Cursor2 - Cursor1)
Horz:　10.967611μs　　Vert:　-110.41444V

Freq:　91.177556KHz　　Slope:　-1.00673e+007

图 3-58　母线电压 400V 输入 36V 输出，半载约 50% 负载 (5A) 对应点波形，以及工作频率

同时尝试看下最恶劣情况下的波形，输出短路时的情形，如下图 3-59 所示，当然此波形并不能代表其他 LLC 控制芯片在短路时的情况，不同的控制芯片可能对于短路时的表现情况略有不同。

将图 3-55~ 图 3-59 作图如下，可以看到负载（功率）增加，频率变低，同一输出电压，不同负载电流下的频率变化曲线如图 3-60 所示。

因为输出范围为 28~36V，现在固定输出负载电流，观察不同的输出电压下的情况如图 3-61~ 图 3-63 所示。

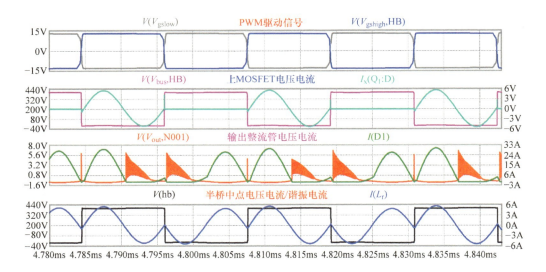

	V(Vbus,HB)		
Horz:	4.7960567ms	Vert:	329.21277V
Cursor 2			
	V(Vbus,HB)		
Horz:	4.8192216ms	Vert:	280.09589V
Diff (Cursor2 - Cursor1)			
Horz:	23.164948μs	Vert:	-49.116881V
Freq:	43.168669KHz	Slope:	-2.12031e+006

图 3-59   母线电压 400V 输入 36V 输出，短路时对应点波形，以及工作频率

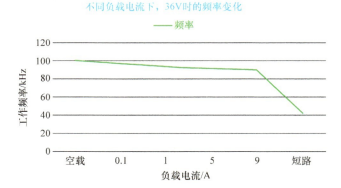

图 3-60   同一输出电压，不同负载电流下的频率变化曲线

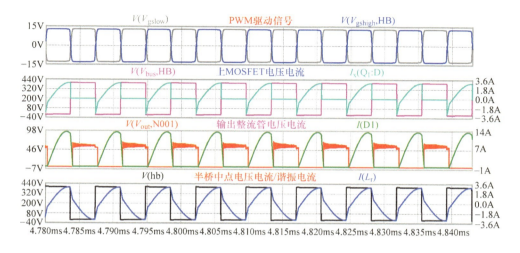

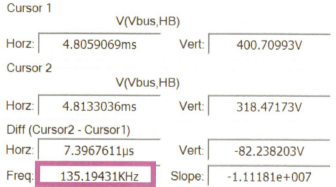

Cursor 1

V(Vbus,HB)

Horz: 4.8059069ms　　Vert: 400.70993V

Cursor 2

V(Vbus,HB)

Horz: 4.8133036ms　　Vert: 318.47173V

Diff (Cursor2 - Cursor1)

Horz: 7.3967611μs　　Vert: -82.238203V

Freq: 135.19431KHz　　Slope: -1.11181e+007

图 3-61　母线电压 400V 输入 28V/9A 输出时对应点波形，以及工作频率

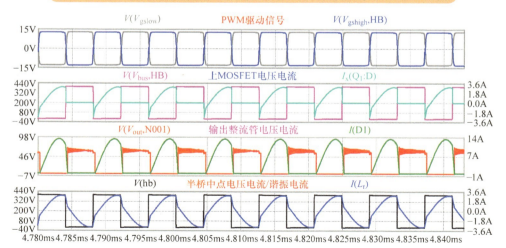

图 3-62　母线电压 400V 输入 30V/9A 输出时对应点波形，以及工作频率

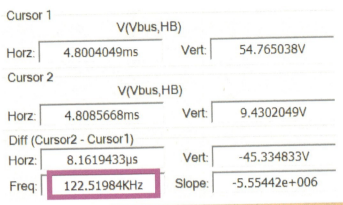

Cursor 1	V(Vbus,HB)		
Horz:	4.8004049ms	Vert:	54.765038V
Cursor 2	V(Vbus,HB)		
Horz:	4.8085668ms	Vert:	9.4302049V
Diff (Cursor2 - Cursor1)			
Horz:	8.1619433μs	Vert:	-45.334833V
Freq:	122.51984KHz	Slope:	-5.55442e+006

图 3-62　母线电压 400V 输入 30V/9A 输出时对应点波形，以及工作频率（续）

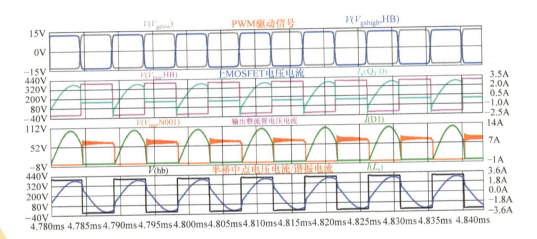

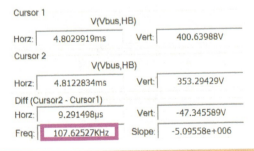

Cursor 1	V(Vbus,HB)		
Horz:	4.8029919ms	Vert:	400.63988V
Cursor 2	V(Vbus,HB)		
Horz:	4.8122834ms	Vert:	353.29429V
Diff (Cursor2 - Cursor1)			
Horz:	9.291498μs	Vert:	-47.345589V
Freq:	107.62527KHz	Slope:	-5.09558e+006

图 3-63　母线电压 400V 输入 33V/9A 输出时对应点波形，以及工作频率

　　同样，我们将频率数据作图出来，可以看到不同的输出功率时，工作频率的变化趋势如图 3-64 所示，整体看来，系统功率增加，频率也会变低，这和图 3-60 的结果一致。

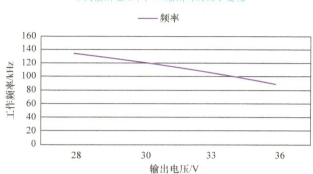

图 3-64　输出功率和工作频率的变化曲线

仿真毕竟是停留在理论层面，只有对仿真模型和实际电路有一定了解的时候才能如虎添翼，所以接下来仍然从实际电路角度来进行设计。

3.6 实物验证

如下原理图 3-65~ 图 3-67 为常见的一款 APFC+LLC 模式案例，输出采用了同步整流方式（SR）。

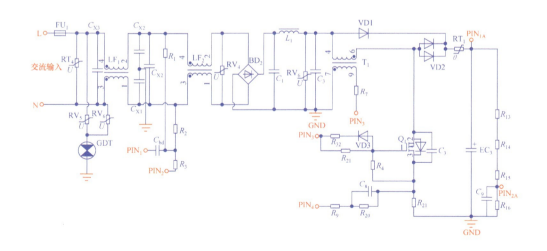

图 3-65　APFC+LLC 电路原理图第 1 部分：Boost APFC 部分

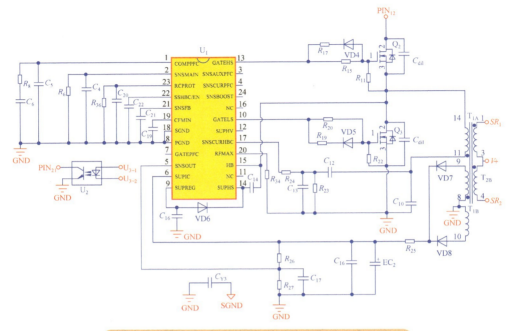

图 3-66   APFC+LLC 电路原理图第 2 部分：半桥部分

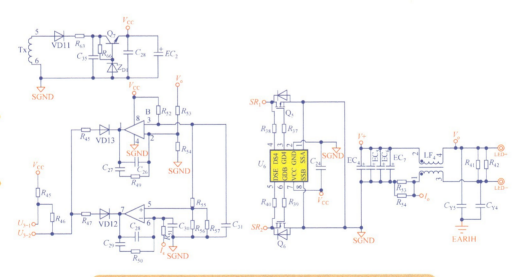

图 3-67   APFC+LLC 电路原理图第 3 部分：反馈和输出部分

本项目主要指标：

• 额定输入电压：AC100~240V/50~60Hz

• 额定输出电压：DC28~36V，输出电流 9A ± 5%，标称输出功率 300W

- 效率要求：$\eta > 90\%$（满载），输入电压为 AC110V 以及 AC230V
- PF 值要求：> 0.95（满载），输入电压为 AC230V
- THD 要求：<10%（33V 负载），输入电压为 AC230V，<15%（27V 负载），输入电压为 AC230V
- 雷击要求：4kV 差模（2Ω），6kV 共模（12Ω），8/20μs
- 保护功能：输入欠电压，输出过电压，输出短路，输出过电流，过温等
- 认证要求：CCC、TUV、FCC、CE 等

3.6.1　器件选型

3.6.1.1　一次侧 MOSFET 选型

耐压值的选取：假设 PFC 输出电压 OVP 值为 430V，那么应该选取 500V 以上的 MOSFET，常用 500V、600V 和 650V 的 MOSFET。

电流的选型：计算出流过 LLC 的电流有效值，参考规格书 100℃ 情况下 MOS-FET 的持续电流，留取一定余量，主要考察发热和能否工作在 ZVS 的情况。可按以下公式求出电流值。

$$I_{cr\_rms} = \frac{V_{omax}}{8nR_o} \cdot \sqrt{\frac{2n^4 R_o}{L_m^2 f_r^2} + 8\pi^2} \tag{3-31}$$

$$I_{cr\_pk} = \sqrt{2} I_{cr\_rms} \tag{3-32}$$

$$I_{cr\_ocp} = 1.2 I_{cr\_pk} \tag{3-33}$$

体二极管反向恢复时间：由于 ZVS 范围非常窄，续流电流消耗很高的循环能量，而环流这一过程发生在 LLC 工作状态中，总会在某个时刻产生，参见前面 3.5 章节。在 LLC 中的一个潜在失效模式与体二极管反向恢复特性较差引起的直通电流相关。即使功率 MOSFET 的电压和电流处于安全工作区域，反向恢复 $\mathrm{d}v/\mathrm{d}t$ 和击穿 $\mathrm{d}v/\mathrm{d}t$ 也会在如启动、过载和输出短路的情况下发生。所以理论上体二极管的恢复时间越短，其损耗越小，也更不容易导致直通现象。目前有些厂家已经针对此特性，生产了更适合 LLC 使用的 MOSFET。

等效输出电容：借助功率 MOSFET 的等效输出电容和变压器的漏感可以使所有的开关工作在 ZVS 状态下，无须额外附加辅助开关。所以 MOSFET 的等效电容变得极为重要。等效电容 C_{eq} 是受 MOSFET 的技术水平决定的，同时 C_{eq} 又和 MOSFET 的功率性参数极为相关，具体如图 3-68 所示。

图 3-68　MOSFET 输出电容对系统的影响

对于某一种 MOSFET 技术平台（常说的平面 MOSFET，超结 MOSFET 等），$R_{dson}*Q_g$ 或 $R_{dson}*C_{eq}$ 基本为固定值。如果 MOSFET 的 R_{dson} 越小，Q_g 和 C_{eq} 将会越大。所以我们需要找一个适合的，而不是一个完美的 MOSFET。

但是 C_{eq} 又不是一个固定的参数，它与实际 V_{DS} 电压水平息息相关，在工程化上可以通过数值模拟计算、仿真模式计算，以及实测来得到某一种 MOSFET 的实际 C_{eq}。施加的电压和等效电容之间的关系如图 3-69 所示。陈桥梁博士在 2015 年的电源技术交流会议上，分析了 LLC 谐振电路应用中 MOSFET 如何选择，有兴趣的读者可以进一步阅读。

综上可知，LLC 中 MOSFET 的物料替代变得异常复杂，从器件规格书中我们根本不能看出有效信息，故对于 LLC 中的 MOSFET 物料代替，是一个系统工程，许多公司仅仅是简单对比温升和 EMI 就以为万事大吉，这也是经常在论坛等地方，工程师们会问到的问题，所以在这里笔者提醒大家，

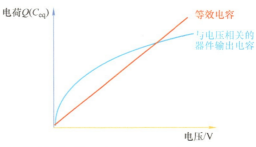

图 3-69　施加的电压和等效电容之间的关系

不要轻易对 LLC 电路中的 MOSFET 型号甚至厂商进行直接代替，现实中我们很大程度上迫于成本压力或是物料交期，将 A 家换成 B 家，然后受制于工艺水平，不同厂家参差不齐，不做系统级的测试，在极少的时间内进行物料替换是具有很大风险的，在本书的最后一章我们会涉及一部分关于量产后物料替换管理的一些经验和方法，有助于读者进一步理解这点。

自举二极管：主要是电压应力和反向恢复时间，耐压选择跟 LLC 的 MOSFET 耐压相同即可，恢复时间上可以选择超快恢复二极管。

3.6.1.2　输出整流二极管或是 MOSFET 的选型

耐压：选择为输出电压的 2 倍，再留少许余量（一般为 90%）即可。

电流：计算次级的有效值，查对应的规格书，在二极管温度在 100℃ 的情况下选取，再适当留点余量（一般为 85%~90%）。

需要注意的是采用同步整流时，MOSFET 的损耗一般由驱动损耗、导通损耗、输出电容损耗几部分组成，所以在选择 MOSFET 的时候，需要平衡各个参考，如 R_{dson}、C_{oss} 等，这样才能在不同负载电流下均能实现较好的效率，如图 3-70 所示。

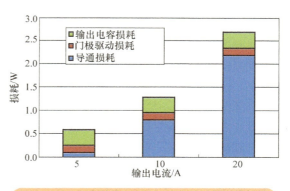

图 3-70　同步整流 MOSFET 的损耗分配关系

3.6.1.3　谐振电容选择

因为是高频大电流通过谐振腔，所以谐振电容必须有低的损耗因子（DF）。电解电容或者 X5R、X7R 等在电流流过的时候有较大损耗因子，故而不适合用于谐振电路中。而 NP0 电容很合适，因为它们的 DF 极小，但是由于容量和电压所限，也没有大量用于谐振电路。所以 LLC 谐振电路中通常选择双面金属化聚丙烯膜电容器 MMKP82。

但此电容由于应用在高频场合，其电压降额需要加以考虑。如图 3-71 所示是一个简单的规格为 12nF/600V 的电压降额曲线，如果频率增加到 100kHz 后，就只能承受 300V 的电压了，所以在选择谐振电容的时候需要特别注意，这也是大多数应用中谐振频率不太高的原因之一。

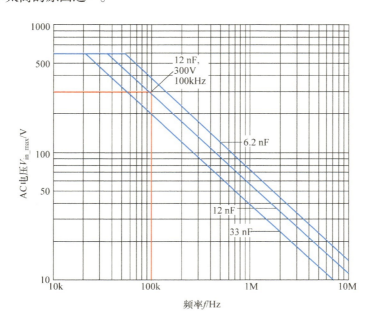

图 3-71　MMKP82 电压降额曲线

3.6.1.4 谐振电感：分立和集成

半桥LLC中包含2个电感(励磁电感，以及串联的谐振电感)。根据谐振电感位置的不同，谐振回路也包括两种不同的配置，一种为分立解决方案；另一种为集成解决方案。这两种解决方案各有其优缺点，分述如下。

对于分立解决方案而言，谐振电感置于变压器外面。这使得设计灵活性也就更高，设计人员可以灵活配置励磁电感和谐振电感，此外，EMI辐射也更低。不过，这种解决方案的缺点在于需要两个独立的器件。

在另一种集成的解决方案中，变压器的漏电感被用作谐振电感。这种解决方案只需单个磁性元件，通常是双槽形式的变压器结构，成本更低，而且会使得开关电源的尺寸更小。由于所有的绕组共绕在一个磁心上，变压器磁心温度会变高。但实际上参数（谐振电感、漏感）取决于变压器的工艺，绕线难度增加，一致性也不好。同时如果需要大比例范围的谐振电感和励磁电感比的话，这种双槽结构需要更大的变压器来实现更大的漏感值，从而增加了绕线和铜损，这样一来体积相对来说并不见得真的会减小。目前在中小型功率下，这两种电感各占有一席之地。如图3-72所示为谐振储能元件的两种不同配置。

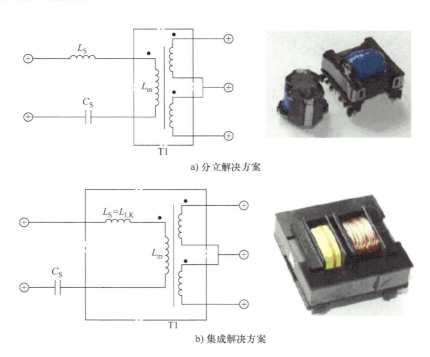

a) 分立解决方案

b) 集成解决方案

图 3-72 谐振储能元件的两种不同配置

3.6.1.5　Mathcad 理论计算

1. 设定输入输出参数

$$V_{out} = 36\text{V}, I_{out} = 9\text{A}, \eta_{out} = 0.94, A_e = 124.9\text{mm}^2, \Delta B = 0.4$$

$$P_{out} = V_{out} I_{out} = 324\text{W}, V_{in-nom} = 400\text{V}, \quad V_{in-max} = 420\text{V}, T_{hold} = 5\text{ms}$$

$$V_f = 0.3\text{V}, R_o = \frac{V_{out}}{I_{out}} = 4\Omega, P_{in} = \frac{P_{out}}{\eta_{out}} = 344.68\text{W}, C_{bus} = 150\mu\text{F}$$

$$V_{in-min} = \sqrt{V_{in-nom}^2 - \frac{2P_{in}T_{hold}}{C_{bus}}} = 370.16\text{V}, f_r = 100\text{kHz}, k = 6.5$$

2. 初定增益

假设 V_{in-nom} 时候的增益 M_{nom}=1，则：

$$M_{min} = \frac{V_{in-nom}}{V_{in-max}} M_{nom} = 0.95; \; M_{max} = \frac{V_{in-nom}}{V_{in-min}} M_{nom} = 1.08$$

假设过流点设置为 1.4 倍的最大电流，则 M_{pk}=140%M_{nom}=1.51

3. 初定变压器匝比

$$n_1 = \frac{V_{in-nom}}{2(V_{out} + V_f)} M_{min} = 5.25$$

4. 计算等效负载阻抗

$$R_{ac} = \frac{8n_1^2 V_{out}^2}{\pi^2 P_{out}} = 89.27\Omega$$

5. 选 Q 值

假设工作频率 f_{sw}=100kHz，则：

$$k = \frac{L_m}{L_r}, \; f_n = \frac{f_{sw}}{f_r}, \; L_n = \frac{L_r}{L_m} = \frac{1}{k}$$

$$M(f_n, L_n, Q) = \frac{1}{\sqrt{(1 + L_n - \frac{L_n}{f_n^2})^2 + Q^2(\frac{1}{f_n} - f_n)^2}}$$

$$M_{bd}(f_n, L_n) = \frac{f_n}{\sqrt{L_n f_n^2 - L_n + f_n^2}}$$

从图 3-73 中，可以初步选取一个满足峰值增益的 Q 值，Q=0.3。

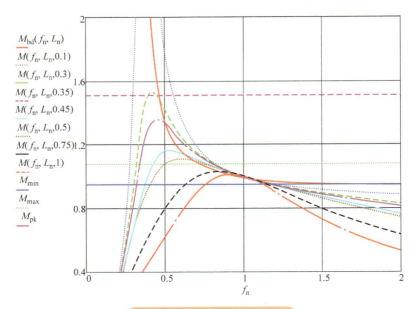

图 3-73   可选择的增益曲线

6. 计算谐振网络

$$C_{r1} = \frac{1}{2\pi Q f_r R_{ac}} = 59.43\text{nF}，\text{实际选取 } C_r = 47\text{nF}$$

$$L_{r1} = \frac{1}{(2\pi f_r)^2 C_r} = 53.89\text{μH}，\text{实际选取 } L_r = 60\text{μH}$$

$$L_{p1} = kL_r = 390\text{μH}，\text{实际选取 } L_p = 400\text{μH}$$

$$f_{rf} = \frac{1}{2\pi\sqrt{L_r C_r}} = 94.78\text{kHz}, k_1 = \frac{L_p}{L_r} = 6.67$$

7. 变压器设计

最小频率发生在最大增益处，则：

$$f_{swmin} = \frac{f_{rf}}{\sqrt{1 + k_1(1 - \frac{1}{M_{max}^2})}} = 67.74\text{kHz}$$

变压器一次绕组匝数最小值为

$$N_{p-min} = \frac{n_1(V_{out} + V_f)}{2 f_{swmin} M_{max} \Delta B A_e} = 26.04$$

根据匝比计算出二次绕组匝数为

$$N_{s1} = \frac{N_{p-min}}{n_1} = 4.96$$

取二次绕组匝数 $N_s=5$，则：

$$N_p = N_s n_1 = 26.24$$

所以这里的匝数必须取 26 以上才能满足我们前面的假设条件，这里取 $N_p=27$ 得到实际的变压器匝比 $n_2=5.4$，验证所取参数所对应的电压与频率曲线，如图 3-74 所示。

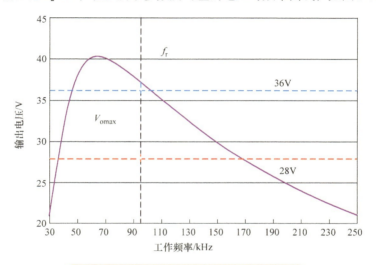

图 3-74　实际输出电压和工作频率的关系

8. 关键元器件应力

正常工作时，谐振电容上的电流有效值为

$$I_{cr-rms} = \frac{V_{out}}{8n_2 R_o} \sqrt{\frac{2n_2^4 R_o^2}{L_m^2 f_{rf}^2} + 8\pi^2} = 2.12A$$

正常工作时，谐振电容上的电压为

$$V_{cr-nom} = \frac{V_{in-max}}{2} + \frac{\sqrt{2}I_{cr-rms}}{2\pi f_{rf} C_r} = 317.35V$$

正常工作时，初级峰值电流为

$$I_{cr-pk} = \sqrt{2}I_{cr-rms} = 3A$$

OCP 点的峰值电流为

$$I_{cr-ocp} = 1.4 I_{cr-pk} = 4.21A$$

到达 OCP 点的时候，谐振电容上的最大电压为

$$V_{cr-nom} = \frac{V_{in-max}}{2} + \frac{I_{cr-ocp}}{2\pi f_{swmin} C_r} = 420.27\text{V}$$

MOSFET 的有效值电流为

$$V_{cr-nom} = \frac{I_{cr-rms}}{\sqrt{2}} = 1.5\text{A}$$

MOSFET 的最大电压值为

$$V_{ds} = V_{in-max} = 420\text{V}$$

9. 验证励磁电流峰值 I_m 是否大于 I_p

输入电压最高时候的励磁电流峰值为

$$I_m = \frac{V_{in-max}}{4 f_{swmax} L_p} = 1.52\text{A}$$

假设所选 MOSFET 的输出电容 C_{oss}=198pF，并联在 LLC 上下 MOSFET 的 DS 间的电容为 C_{stray}=100pF，LLC 的 PWM 死区时间 T_d=400ns，则保证 LLC 能工作在 ZVS 状态的条件为

$$I_p = \left(2C_{oss} + C_{stray}\right)\frac{V_{in-max}}{T_d} = 0.52\text{A}$$

$I_m > I_p$，所以设计满足要求；若 $I_m < I_p$，则减小 Q 值，再重新计算验证。

10. 输出电容的电流有效值

二次侧同步 MOSFET 上的电压应力为

$$V_d = 2(V_{out} + V_f) = 72.6\text{V}$$

二次侧峰值电流为

$$I_{dpk} = \frac{\pi}{2} I_o = 14.14\text{A}$$

二次侧电流有效值为

$$I_{o-rms} = \frac{\pi}{2\sqrt{2}} I_o = 10\text{A}$$

二次侧同步 MOSFET 的有效值电流为

$$I_{d-rms} = \frac{I_{o-rms}}{\sqrt{2}} = 7.07\text{A}$$

输出电容上的纹波电流为

$$I_{c-rms} = \sqrt{{I_{o-rms}}^2 - {I_o}^2} = 4.35\text{A}$$

假设所选用的电解电容的，则输出的纹波电压为

$$\Delta V_\mathrm{o} = \frac{\pi}{2} I_\mathrm{o} \frac{\mathrm{ESR}}{2} = 0.14\mathrm{V}$$

总结：

• 谐振频率的选取：根据实际空间和控制芯片的限制来决定，市面上较为常用的频率段为 60~300kHz，频率选择太低会增加系统体积，无法体现 LLC 的优点；若频率选择过高，控制芯片和 MOSFET 的损耗都会增加，所以在实际操作的时候需要综合考虑。

• k 值的选择：一般选 3~8，过小的 k 值，损耗过大；过大的 k 值，无法得到所需的最大增益。

• 集成变压器的优缺点：利用漏感作为谐振电感，节省了一个磁性元件，节省了空间和成本，但漏感的大小与一次、二次绕组圈数，一次侧和二次侧间距都有关系，在实际操作的时候需要折中考虑。

• 为得到更好的谐振腔参数，推荐使用外置谐振电感，单独的外置电感无论是感量还是特性均更可控。

3.6.2　样机实测波形

基于上述参数和电路最开始的指标，我们制作了样机进行测试，具体部分关键节点波形如图 3-75~ 图 3-94 所示。

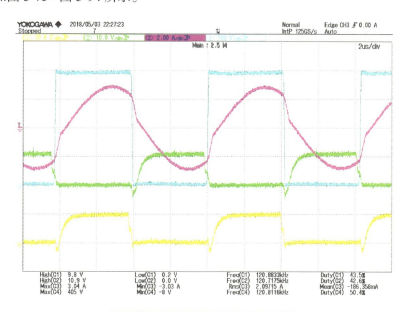

图 3-75　输出 36V 满载时的波形

3.6.2.1　LLC 稳态关键点波形

先看稳态结果，这是一个开关电源最重要的性能指标测试条件。实际测试中采用电子负载恒压（CV）36V 模式。

其中 1 通道为 LLC 下 MOSFET 驱动波形，2 通道为上 MOSFET 驱动波形，3 通道为谐振电流波形，4 通道为上下 MOSFET 中点电压波形，本节所有波形均相同设置。从图 3-75 可以看出，LLC 上下 MOSFET 波形基本对称，工作频率高于谐振频率，称为上谐振，也称为 CCM 模式。

稳态情况下，实际测试中采用负载为电子负载 CV30V 模式。

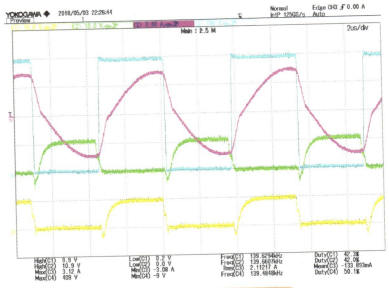

图 3-76　输出 30V 满载时的波形

稳态情况下，实际测试中采用负载为电子负载 CV28V 模式。

仔细观察，实际的工作频率与图 3-74 中计算出来的工作频率相近，与谐振腔的电流有效值也较接近，可以认为与理论计算是对应的。同时，由于此时 3 种负载（宽范围负载）下的工作频率都是高于谐振频率的，所以都能实现 ZVS。

同时读者朋友应该能发现，仿真和实测的结果有着不少的差异，这是由于仿真中的各种电路参数和模型均处于理想状态，而样机中掺杂了太多寄生参数和主变压器上的取值偏差。在开关电源模拟电路中，仿真只为指明一个大概方向。

同时观察对应的同步整流开关管（SR MOSFET）上的波形。

稳态情况下，实际测试中采用负载为电子负载 CV36V 模式。

其中，1 通道为 SR 上 MOSFET 驱动波形，2 通道为 SR 下 MOSFET 驱动波形，3 通道为下 MOSFET 电流波形，4 通道为下 MOSFET 电压波形，以下设置均相同。

稳态情况下，实际测试中采用负载为电子负载 CV30V 模式。

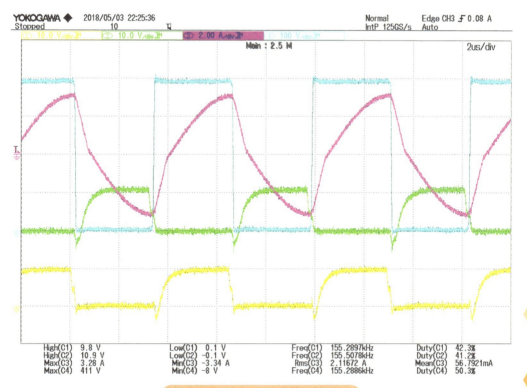

图 3-77　输出 28V 满载时的波形

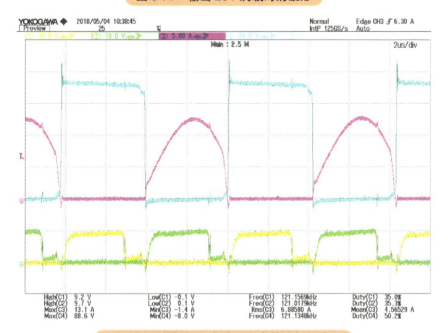

图 3-78　输出 36V 满载时同步整流相关波形

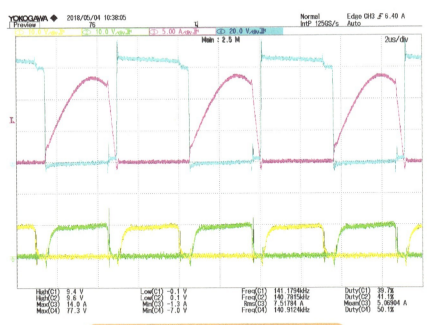

图 3-79　输出 30V 满载时同步整流相关波形

稳态情况下，实际测试中采用负载为电子负载 CV28V 模式。

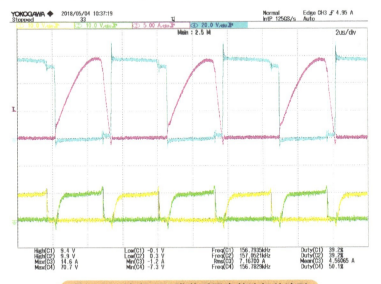

图 3-80　输出 28V 满载时同步整流相关波形

从以上的测试波形可以看出，上下 MOSFET 波形对称，设计很好地满足了谐振的条件。同时可以观察到，功率降低时，工作频率升高，电流峰值变大，这是因为谐振腔的阻抗随着工作频率的增加而增加，但谐振腔不参与功率转换，增加的能量纯粹在做环流交换。

稳态情况下，空载时的波形。

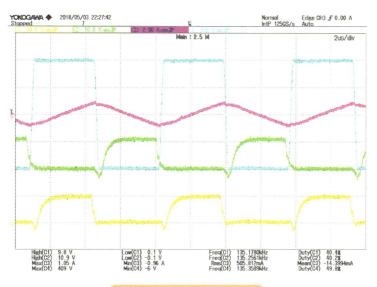

图 3-81　输出空载时波形

其中，1 通道为 LLC 下 MOSFET 驱动波形，2 通道为上 MOSFET 驱动波形，3 通道为谐振电流波形，4 通道为上下 MOSFET 中点电压波形，以下设置均相同。

稳态情况下，空载时的波形。

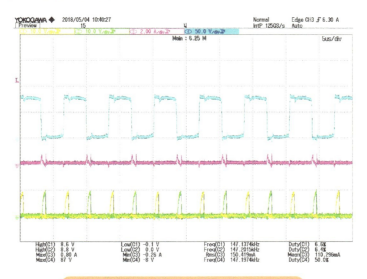

图 3-82　输出空载时的同步整流相关波形

其中，1 通道为 SR 上 MOSFET 驱动波形，2 通道为 SR 下 MOSFET 驱动波形，3 通道为下 MOSFET 电流波形，4 通道为下 MOSFET 电压波形。

3.6.2.2 LLC 其他工况下的波形

我们来看短路下的情况，因为短路是一个电源系统中比较严苛的条件，系统短路情况下的波形，出现了打嗝状态，这极大地降低了系统中的损耗。

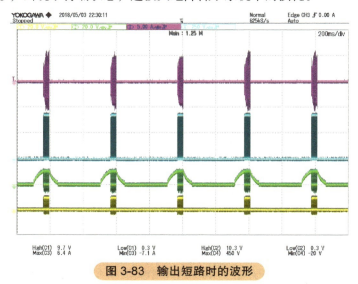

图 3-83 输出短路时的波形

其中，1 通道为 LLC 下 MOSFET 驱动波形，2 通道为上 MOSFET 驱动波形，3 通道为谐振电流波形，4 通道为上下 MOSFET 中点电压波形。

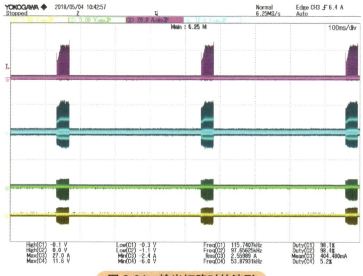

图 3-84 输出短路时的波形

其中，1 通道为 SR 上 MOSFET 驱动波形，2 通道为 SR 下 MOSFET 驱动波形，3 通道为下 MOSFET 电流波形，4 通道为下 MOSFET 电压波形。

再观察瞬态响应，其中开机状态是开关电源比较严苛的一种情况。

实际测试中采用负载为电子负载 CV36V 模式。

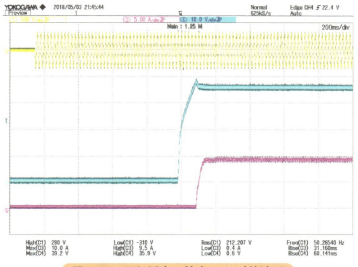

图 3-85　开机瞬态，输出 36V 时的波形

其中，1 通道为输入电压波形，3 通道为输出电流波形，4 通道为输出电压波形，以下设置均相同。

瞬态情况下，实际测试中采用负载为电子负载 CV30V 模式。

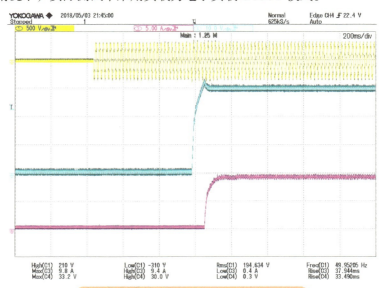

图 3-86　开机瞬态，输出 30V 时的波形

瞬态情况下，实际测试中采用负载为电子负载 CV28V 模式。

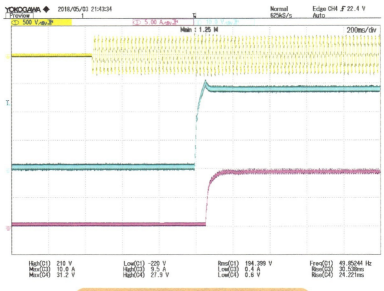

图 3-87 开机瞬态，输出 28V 时的波形

可以看到在启动时刻，在 3 种不同负载下，负载输出电流均无过冲现象，系统所带的软启动功能有效。

瞬态情况下，实际测试中采用负载为电子负载 CV36V 模式。

a)

图 3-88 开机瞬态，输出 36V 时的波形

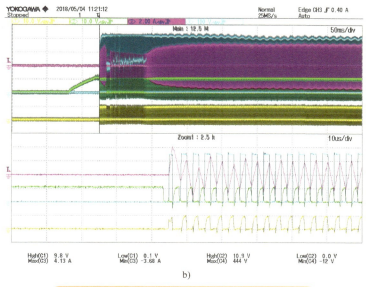

b)

图 3-88　开机瞬态，输出 36V 时的波形（续）

其中，1 通道为 LLC 下 MOSFET 驱动波形，2 通道为上 MOSFET 驱动波形，3 通道为谐振电流波形，4 通道为上下 MOSFET 中点电压波形，以下设置均相同。

图 3-88 中，a 图即为开机时进入稳态时的情况，而 b 图即为开机状态的瞬间波形展开，此后图中示波器设置均相同。

瞬态情况下，实际测试中采用负载为电子负载 CV30V 模式。

a)

图 3-89　开机瞬态，输出 30V 时的波形

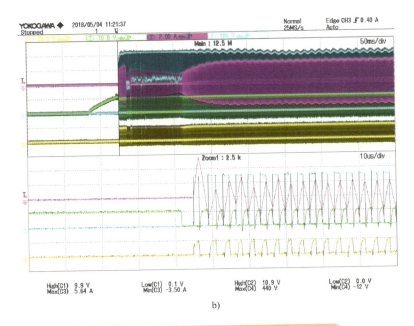

b)

图 3-89　开机瞬态，输出 30V 时的波形（续）

瞬态情况下，实际测试中采用负载为电子负载 CV28V 模式。

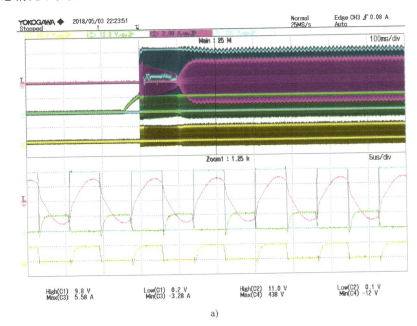

a)

图 3-90　开机瞬态，输出 28V 时的波形

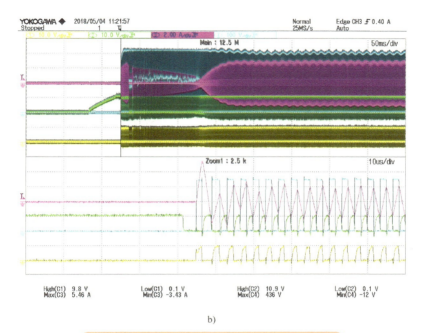

b)

图 3-90　开机瞬态，输出 28V 时的波形（续）

　　通过图 3-88~ 图 3-90，可以看到，启动无二次启动状态，上下 MOSFET 工作时序正常，且开机过程中没有进入容性工作模式，系统能正常进入稳定工作条件。

　　而重复开关机则是检验电源的稳定性和可靠性，同样在样机中进行了测试。

　　重复开关机测试，实际测试中采用负载为电子负载 CV36V 模式。

图 3-91　电源重复多次开关机测试波形，输出 36V 时的波形

　　其中，1 通道为输入电压波形，3 通道为输出电流波形，4 通道为输出电压波形，以下设置均相同。

　　重复开关机测试，实际测试中采用负载为电子负载 CV28V 模式。

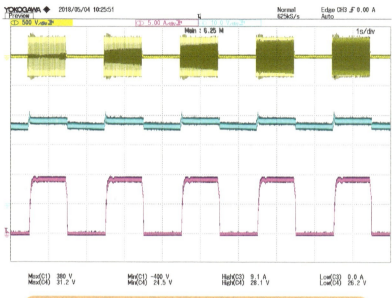

| Max(C1) 380 V | Min(C1) −400 V | High(C3) 9.1 A | Low(C3) 0.0 A |
| Max(C4) 31.2 V | Min(C4) 24.5 V | High(C4) 28.1 V | Low(C4) 26.2 V |

图 3-92　电源重复多次开关机测试波形，输出 28V 时的波形

　　重复开关机测试，实际测试中采用负载为电子负载 CV36V 模式。

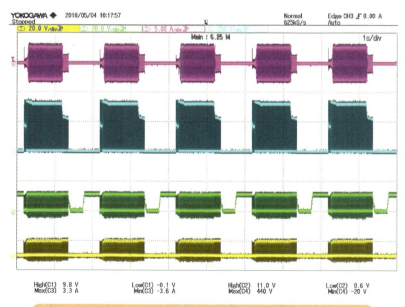

| High(C1) 9.8 V | Low(C1) −0.1 V | High(C2) 11.0 V | Low(C2) 0.6 V |
| Max(C3) 3.3 A | Min(C3) −3.6 A | Max(C4) 440 V | Min(C4) −20 V |

图 3-93　电源重复多次开关机测试波形，输出 36V 时的波形

重复开关机测试，实际测试中采用负载为电子负载 CV28V 模式。

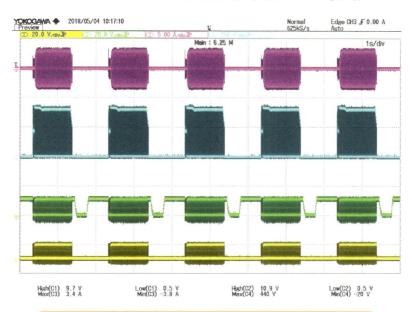

图 3-94　电源重复多次开关机测试波形，输出 28V 时的波形

重复开关机启动，上下 MOSFET 工作正常，谐振电容的电流无过冲，无大小波，工作稳定，说明系统能够承受一定的冲击，可靠性得到验证。

通过上面的实测波形，读者需要知道，评估一个电源的好坏需要在不同工况下进行，这个过程是整个电源设计中最复杂的一环，也是最费时间的一环，因为这里涉及大量的波形分析和实际调试，对工程师的能力挑战也最大，大家一般也是在这个过程中不断学习和成长。

3.7　主流芯片概览

毕竟 LLC 半桥拓扑在中功率等级中得到了广泛使用，所以目前市面上有许多可用的 LLC 芯片，我们也罗列了这些芯片，以期望给读者在选择的时候提供便利。这里仅统计截止笔者成书前（2019 年 4 月）的主流 LLC 芯片，这里仅限于半桥谐振芯片。见表 3-3，当然读者也不需要局限于此，新颖的芯片不断涌现，数字化芯片也越来越多，正是电源的多样性要求才推动了整个电源芯片行业的进步。

表 3-3　市面主流 LLC 芯片概览

品牌	料号	芯片描述	控制模式	封装
TI	UCC256301/2/3/4	宽范围输入超低待机功耗 LLC 谐振变换器	电流模式	SOIC-14

（续）

品牌	料号	芯片描述	控制模式	封装
TI	UCC25710	照明用半桥 LLC 谐振变换器	电压模式	SOIC-20
TI	UCC25600	8pin 高性能谐振变换器	电压模式	SOIC-8
TI	UC2861/3/4	8pin 高性能谐振变换器	电压模式	SOIC-16
Onsemi	UCP1396	高性能谐振变换器	电压模式	SOIC-16
Onsemi	UCP1397	高性能谐振变换器	电流 / 电压模式	SOIC-16
Onsemi	UCP1398	高性能谐振变换器	电流 / 电压模式	SOIC-16 NB
Onsemi	UCP1399	高性能谐振变换器	电流模式	SOIC-16 NB
Onsemi	UCP13992	高性能谐振变换器	电流模式	SOIC-24
Onsemi	UCP1910	CCM PFC-LLC 谐振变换器	电流模式	SIP-9
Onsemi	FLS1600XS	照明用半桥 LLC 谐振变换器	电压模式	SIP-9
Onsemi	FLS1700XS	200W- 照明用半桥 LLC 谐振变换器	电压模式	SIP-9
Onsemi	FLS1800XS	260W- 照明用半桥 LLC 谐振变换器	电压模式	SIP-9
Onsemi	FLS2100XS	400W- 照明用半桥 LLC 谐振变换器	电压模式	SIP-9
NXP	TEA1713T	PFC-LLC 谐振变换器	电压模式	SO24
NXP	TEA1716T	PFC-LLC 谐振变换器	电压模式	SO24
NXP	TEA1916+TEA19162T	PFC-LLC 谐振变换器	电流模式	SO8+SO16
Infineon	ICE2HS01G	高性能半桥谐振变换器	电压模式	PG-DSO-20
Infineon	ICE1HSO1G-1	高性能半桥谐振变换器	电流模式	PG-DSO-8
Infineon	IDP2303/A	数字化多模式 PEC 和半桥 LLC 控制器	电流模式	PG-DSO-16
ST	STCMB1	PFC-LLC 谐振变换器	电流模式	SO20W
ST	L6599/A	高性能半桥谐振变换器	电流模式	SO16N
ST	STNRG011	数字化多模式 PEC 和半桥 LLC 控制器	电流模式	SO20
Champion	CM6090G	串联谐振变换器	电流模式	SO16
Champion	CM6091	SRC/LLC 谐振变换器	电流模式	SO16
Sanken	SSC3S901/2	LLC 谐振变换器	电流模式	SOP18
Sanken	SSC3S910/21/27	LLC 谐振变换器	电流模式	SOP18

（续）

品牌	料号	芯片描述	控制模式	封装
MPS	HR1001B/A/L/C	LLC/SRC 谐振变换器	电流模式	SOIC-16
Shindengen	MSZ5208SG MSZ5209SN MSZ5203SE MSZ5207SG MSZ5213ST MSZ5211ST	LLC 谐振变换器	电流 / 电压模式	SOP16 SOP24 SOP22 SOP16 SOP16 SOP16
Power Inter-gration	HiperLCS HiperPFS-2/3/4 HiperTFS-2	LLC 谐振变换器		eSIP-16J. eSIP-16K. eSIP-16K.eS- IP-16D.eSIP-16F.
Microsemi	LX27901	LLC 谐振变换器	电压模式	SOIC-16
Microsemi	LX27902IDW	LLC 谐振变换器	电压模式	SOIC-24
Microsemi	LX27912IDW	LLC 谐振变换器	电压模式	SOIC-24
Silergy	SSL4120T	LLC 谐振变换器	电压模式	SOIC-24

3.8　参考文献

[1] Jung J H，Kwon J G. Theoretical analysis and optimal design of LLC resonant converter [C]. 2007 European Conference on Power Electronics and Applications，2007.

[2] Choi H S. Design consideration of half-bridge LLC resonant converter [J]. Journal of Power Electronics，2007,7(1):13-20.

[3] Onsemi. Design considerations for a half-bridge LLC resonant converter[C]. On-semi technology analysis,2008.

[4] Duerbaum T. First harmonic approximation including design constraints [C]. Tele-communications Energy Conference, 1998: 321-328.

[5] Yang Bo. Topology Investigation for Front End DC/DC Power Conversion for Dis-tributed Power System[D]. Virginia Polytechnic Institute and State University，2003.

[6]Lu B，Liu W D，Liang Y，et al. Optimal design metholoy for LLC resonant converter[C]. APEC 2006: 533-538.

[7] Huang H. Designing an LLC Resonant Half-Bridge Power Converter [C]. Power Supply Design Seminar, 2011.

[8] 熊日辉, 姜利亭 . 一种 LLC 谐振变换器的磁集成结构设计方法 [J]. 中国计量大学学报，2017(4): 516-521.

[9] 詹亮，苏建徽，刘硕 . 基于 LLC 谐振的 AC-DC 变换器应用研究 [J]. 电气传动 ,2016(9):35-38.

[10] 胡海兵，王万宝，孙文进，等 . LLC 谐振变换器效率优化设计 [J]. 中国电机

工程学报 ,2013(18):48-56.

[11] 张澧生 . LLC 谐振变换器软开关边界理论及最小死区设计 [J]. 华东师范大学学报（自然科学版），2015(6):90-100,107.

[12] 王镇道，张一鸣，李炳璋，等 . 全桥软开关 LLC 变换器模型与设计 [J]. 电源技术，2017(11).

[13] 包尔恒 . LLC 谐振变换器空载输出电压漂高问题分析解决 [J]. 电力电子技术，2013(1):26-27.

[14] 鲍晟，陈明鹏，潘海燕 . 基于 LLC 谐振变换器和准谐振 PWM 恒流控制的 LED 驱动电源设计 [J]. 电子设计工程，2014(17):70-72,75.

[15] 高海生，雷宝 . 基于 LLC 谐振的 150W LED 驱动电源设计 [J]. 华东交通大学学报，2014(1):124-129.

[16] 秦海迪 . LLC120WLED 驱动器的设计与实现 [D]. 杭州电子科技大学，2013:1-85.

第4章

电磁兼容（EMC）工程化设计

电磁兼容（Electro-Magnetic Compatibility，EMC）是玄学还是科学？EMC 是测出来的还是设计出来的？在本章你会看到一些很有趣的问题，同时也会看到 EMC 问题的解决并不都是那么难。

4.1 基本概念

对于 EMC，虽然看似简单，但它其实包含了两个方面：电磁干扰（Electro-Magnetic Interference，EMI）和电磁耐受度（Electro-Magnetic Susceptibility，EMS），这也是众多工程师容易忽略的一个概念。虽然电源工程师天天在讨论着，其实大多数情况下要么或多或少地选择性忽略它们之间的关系，或是没有理解这其中的概念关系。本书希望在这里做简单描述，作为一个约定条款，希望读者在基本概念上要严谨地对待。图 4-1 为电磁波谱的波长和频率分布，图 4-2 为日常中的频率分布以及对应的实物。

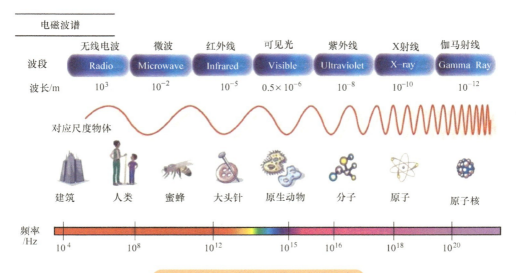

图 4-1 电磁波谱的波长和频率分布

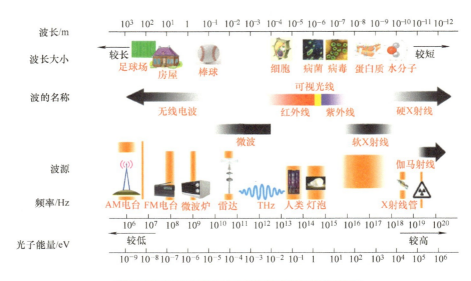

图 4-2　日常中的频率分布以及对应的实物

从图 4-1 和图 4-2 中可以看到，我们经常大量接触到的频率范围一般在 5GHz 以下，这其中包括现在广泛使用的电视和手机等。但是需要注意的是，我们经常听到的 2G/3G/4G 手机，这些和频率无关，即 4G 手机不是使用的 4GHz 的频率，手机中所说的 G 是指代 (Generation)，如下是最直接的一个 iPhone4s 支持的网络类型参数信息。

iPhone4s 支持网络类型：3G 网络联通 3G（WCDMA），联通 2G/ 移动 2G（GSM），电信 3G（CDMA2000），电信 2G（CDMA），如图 4-3 所示。

而支持频段：

- 2G：GSM 850/900/1800/1900 MHz
- 3G：WCDMA 850/900/1900/2100 MHz
- 3G：CDMA EVDO 800/1900 MHz

蜂窝和无线网络

- 世界电话
- UMTS/HSDPA/HSUPA (850、900、1900、2100 MHz)；GSM/EDGE (850、900、1800、1900 MHz)
- CDMA EV-DO Rev. A (800、1900 MHz)[3]
- 802.11b/g/n WLAN 网络(仅适用于 802.11n 2.4GHz)
- Bluetooth 4.0 无线技术

802.11n

Bluetooth

图 4-3　iPhone4s 所支持的无线网络类型

虽然现在的手机目前普及到了 4G，正在迈向 5G，所在频率区间也有所提升，但和我们电磁领域所说的频率不是同一个意思，具体的内容读者可以自行查阅通信技术相关的专业资料和科普资料。

我们先罗列对照如下英文术语，它们在工程师进行整个电源的 EMC 设计过程中一定会遇到的。

EMC：电磁兼容（Electro-Magnetic Compatibility）

EMI：电磁干扰（Electro-Magnetic Interference）

EMS：电磁耐受度（Electro-Magnetic Susceptibility）

FCC：美国联邦通讯委员会（Federal Communications Commission）

CISPR：国际无线电干扰特别委员会（International Special Committee on Radio Interference）

CE：欧盟（Conformité Européene 法文的缩写）

CCC：中国强制性产品认证制度（China Compulsory Certification）

CQC：中国质量认证中心（China Quality Certification Centre）

EN：欧洲标准（European Norm）

IEC：国际电工委员会（International Electrotechnical Commission）

ITE：信息技术设备（Information Technology Equipment）

CE：传导发射（Conducted Emission）

RE：辐射发射（Radiation Emission）

CDN：耦合 / 去耦网络（Coupling Decoupling Network）

电磁兼容，大家更愿意称之为 EMC，实际上是一个泛指概念，它包括了 EMI（电磁干扰）以及 EMS（电磁耐受度），前者 EMI 指设备本身对外的干扰不能超过标准的限制，即这是出于对外界产品的保护，产品本身不能够具备强大的（主动攻击）干扰能力。后者 EMS 指设备能承受一定的外界干扰，主要是电网其他设备等不可抗拒干扰因素，这是从产品自身的角度来考虑，即自卫能力。一个具有 EMC 良好设计的设备，应该具有较低的主动攻击能力，但自卫能很强，这与一般的概念不同，因为这个主动攻击对外界而言是一个不友好的情况，所以这个能力越低越好。

总之，产品的 EMC 要求，用通俗的语言来说：做到"我不犯人，人不能犯我"。

EMC 由三要素组成，缺一不可，如图 4-4 所示，所以这也给我们 EMC 设计提供了一些指导，后面我们会详细介绍。

a) 三要素

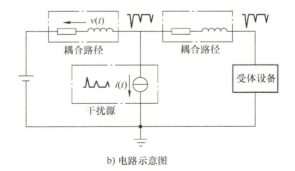

b) 电路示意图

图 4-4　EMC 环境构成的三要素和电路示意图

EMC 与 EMI

EMC 按其针对对象，现在已经被分成了两类，即 EMI 和 EMS。所以回到本章最开始的话，只用 EMI 来代替 EMC 是很不严谨的说法。EMC 分类如图 4-5 所示。

图 4-5　EMC 的分类

图 4-6 清楚地表明了 EMC 测试中包括很多项，而我们一般只关注了其中几项，但是真正完整的 EMC 报告中，这些项目都是需要测试的。对于电源适配器和 LED 电源，我们关注的一般在辐射发射、传导发射、谐波电流、ESD、浪涌这几个项目。具体的请参照相应的标准，但这不是本书的重点。

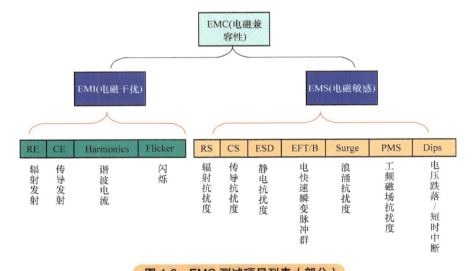

图 4-6　EMC 测试项目列表（部分）

4.2　其他容易混淆的概念

4.2.1　IEC、CISPR、FCC、EN 之间的关系

在 EMC 或是其他领域，我们经常看到 IEC 和 EN 以及 CISPR 的各种混用，这里也做简单的阐述，由于历史原因，与电磁兼容相关的，目前存在的比较大也比较权威的国际性标准化组织如下：

国际电工委员会（International Electrotechnical Commission，IEC），成立于 1906 年，下设多个技术委员会，其中从事 EMC 的主要为 CISPR（国际无线电干扰特别委员会）、TC77（第 77 技术委员会），以及其他相关的技术委员会。IEC 机构构成如图 4-7 所示。

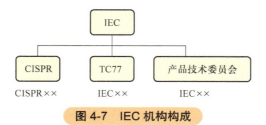

图 4-7　IEC 机构构成

国际标准化组织（International Organization for Standardization，ISO），成立于 1947 年，非政府组织，总部在瑞士日内瓦。汽车电磁兼容标准的主要发布单位。

国际电信联盟（International Telecommunication Union，ITU），始于 1865 年的国际电报联盟，1934 年更名为国际电信联盟，为联合国下属机构，总部在瑞士日内瓦，联合国的任何一个主权国家都可以成为 ITU 的成员。国际电联是主管信息通信技术事务的联合国机构，负责分配和管理全球无线电频谱与卫星轨道资源，制定全球电信标准等。

欧洲电工标准化委员会（European Committee for Electrotechnical Standardization，CENELEC），由欧共体委员会授权制订欧洲标准 EN。EN 标准中引用了很多 CISPR 和 IEC 标准，其中一些对应关系如下：

EN6xxxx=IEC 标准，（例：EN61000—4—3 等同 IEC61000—4—3 Pub.11）

EN55xxxx=CISPR 标准，（例：EN55011 等同 CISPR Pub.11）

EN50xxxx=CENELEC 自定标准，（例：EN50801）

美国联邦通信委员会（FCC）：主要制订民用产品标准，关于电磁兼容的标准主要包括在 FCC Part15 和 FCC Part18 中。

日本电磁干扰控制委员会（Voluntary Control Council for Interference by Information Technology Equipment，VCCI）：日本的民间机构，其标准与 CISPR 和 IEC 一致。

我国消费性电子产品的 EMC 标准，如果溯源的话，一般很大程度是直接引用 IEC 标准，所以我一般会在标准号中看到这样的一句话，以 GB 17625.1—2012《电磁兼容限值谐波电流发射限值（设备每相输入电流≤ 16A)》为例，如图 4-8 所示。

但是由于需要对国际标准的理解、翻译，以及本土化的调研等工作，所以一般国际标准发布后，待真正的中国国家标准发布需要推迟三年左右（或是更长）时间才能推行。

ICS 33.100.10
L 06

中华人民共和国国家标准

GB 17625.1—2012/IEC 61000-3-2:2009

代替 GB 17625.1—2003

电磁兼容　限值　谐波电流发射限值
（设备每相输入电流≤16 A）

Electromagnetic compatibility—Limits—Limits for harmonic current emissions
（equipment input current ≤16 A per phase）

（IEC 61000-3-2:2009,IDT）

　　本部分等同采用国际标准 IEC 61000-3-2:2009＋Cor.1（第 3.2 版）《电磁兼容（EMC）　第 3-2 部分：限值　谐波电流发射限值（设备每相输入电流≤16 A）》。该国际标准的技术勘误内容已列入本部分并用垂直双线（‖）标示在它们所涉及条款的页边空白处。
　　与本部分中规范性引用的国际文件有一致性对应关系的我国文件如下：
　　——GB/T 2900.74—2008　电工术语　电路理论[IEC 60050-131:2002,MOD]

Ⅲ

图4-8　中国国家标准与 IEC 标准的关系示例

4.2.2　CE 与 EMC

　　CE 标志是产品进入欧盟国家及欧盟自由贸易协会国家市场的"通行证"。任何规定的产品，无论是欧盟以外还是欧盟成员国生产的产品，要想在欧盟市场上自由流通，在投放欧盟市场前，都必须符合指令及相关协调标准的要求，并且加贴 CE 标志。这是欧盟法律对相关产品提出的一种强制性要求，为各国产品在欧洲市场进行贸易提供了统一的最低技术标准。而 CE 认证，对于照明以及信息技术设备（ITE）而言，包括两个大类，即安规指令和 EMC 指令，故 CE 认证是包含 EMC 的，但还是有许多人混为一谈。

4.2.3 FCC 与 EMC

FCC 是指美国联邦通信委员会，成立于 1934 年，是美国政府的一个独立机构，直接对国会负责。FCC 通过控制无线电广播、电视、电信、卫星和电缆来协调国内和国际的通信。根据美国联邦通信标准相关部分 (CFR 47 部分) 中规定，凡进入美国的电子类产品都需要进行电磁兼容认证，所以这是一个强制条款（一些有关条款特别规定的产品除外），即进入美国的电子产品必须取得此认证。美国 FCC 对于工作频率在 9kHz 以上的电子产品所产生的电磁干扰均有管制，这意味着本书所涉及的电源适配器、LED 驱动电源均在此范围之内。

4.2.4 UL

UL 是 Underwriters Laboratories 的简写，估计电源工程师都知道，但是全称则不一定了解，UL 的中文全称为美国保险商实验室（也有称之为美国保险商试验所）是美国民间组织，它也是世界上最古老的认证公司，成立于 1894 年，由于其权威性，现在也基本主导了美国的产品安全认证标准。UL 的一些标准与 IEC 标准有时存在很大的差别，UL 标准数量之多，改动之频繁也经常让工程师们觉得困惑。它虽然名义上是非官方组织，但经它认证的产品却成为了进入北美地区的入场券。所以 UL 和 FCC 一起，一官一民，构建起了北美电子产品的准入门槛。补充一点知识，大多数人眼里的 UL 代表了美国国家产品安全标准，事实上，美国的国家标准机构是美国国家标准协会（American National Standards Institute，ANSI），而非 UL。

4.2.5 CCC、CQC 与 EMC

作为中国的产品认证体系，CCC 和 CQC 则显得比较复杂了。查询中国产品质量中心可以看到有这样的描述：中国强制性产品认证简称 CCC 认证或 3C 认证，是一种法定的强制性安全认证制度，也是国际上广泛采用的保护消费者权益、维护消费者人身财产安全的基本做法。貌似看起来这也只是针对安全而言，进一步检索相关资料，我们查看《实施强制性产品认证的产品目录》的信息技术设备，如图 4-9 所示，可以看到其认证依据标准包括安全标准 GB 4943.1—2011 以及电磁兼容标准 GB 17625.1—2012 和 GB/T 9254—2008。截止本书成稿时（2018 年）相应的最新标准具体如下：

GB 4943.1—2011《信息技术设备的安全 第 1 部分：通用要求》

GB 17625.1—2012《电磁兼容限值谐波电流发射限值 (设备每相输入电流 ≤ 16A)》

GB/T 9254—2008《信息技术设备的无线电骚扰限值和测量方法》

序号	产品种类	认证依据标准	
		安全标准	电磁兼容标准
1	微型计算机（含自动服务终端）、便携式计算机、与计算机连用的显示设备、与计算机相连的打印设备、多用途打印复印机、扫描仪、计算机内置电源及电源适配器、充电器、复印机、服务器	GB 4943.1—2011	GB/T 9254—2008 GB 17625.1—2012
2	电脑游戏机、学习机	GB 4943.1—2011	/
3	收款机	GB 4943.1—2011	GB/T 9254—2008

图 4-9　强制性产品认证目录中信息技术设备的认证依据标准

再来看看照明类产品中的认证依据标准，如图 4-10 所示，同样可以看到其实也是包括安全和电磁兼容的部分，为了完整性，我们也将截止本书成稿时（2019 年）的最新标准号列出如下：

序号	产品种类	认证依据标准	
		安全标准	电磁兼容标准
1	固定式通用灯具	GB 7000.1—2015 GB 7000.201—2008	GB 17743—2017 GB 17625.1—2012
2	嵌入式灯具	GB 7000.1—2015 GB 7000.202—2008	GB 17743—2017 GB 17625.1—2012
3	可移式通用灯具	GB 7000.1—2015 GB 7000.204—2008	GB 17743—2017 GB 17625.1—2012
4	水族箱灯具	GB 7000.1—2015 GB 7000.211—2008	GB 17743—2017 GB 17625.1—2012
5	电源插座安装的夜灯	GB 7000.1—2015 GB 7000.212—2008	GB 17743—2017 GB 17625.1—2012
6	地面嵌入式灯具	GB 7000.1—2015 GB 7000.213—2008	GB 17743—2017 GB 17625.1—2012
7	儿童用可移式灯具	GB 7000.1—2015 GB 7000.4—2007	GB 17743—2017 GB 17625.1—2012
8	荧光灯用镇流器	GB 19510.1—2009 GB 19510.9—2009	GB 17743—2017 GB 17625.1—2012
9	放电灯（荧光灯除外）用镇流器	GB 19510.1—2009 GB 19510.10—2009	GB 17743—2017 GB 17625.1—2012
10	荧光灯用交流电子镇流器	GB 19510.1—2009 GB 19510.4—2009	GB 17743—2017 GB 17625.1—2012
11	放电灯（荧光灯除外）用直流或交流电子镇流器	GB 19510.1—2009 GB 19510.13—2007	GB 17743—2017 GB 17625.1—2012
12	LED 模块用直流或交流电子控制装置	GB 19510.1—2009 GB 19510.14—2009	GB 17743—2017 GB 17625.1—2012

图 4-10　强制性产品认证目录中照明设备的认证依据标准

GB 7000.1—2015《灯具 第 1 部分：一般要求与试验》及 GB 7000 其他系列

GB 17625.1—2012《电磁兼容限值谐波电流发射限值 (设备每相输入电流 ≤ 16A)》

GB 19510.1—2009《灯的控制装置 第 1 部分：一般要求和安全要求》及 GB 19510 的其他系列

GB/T 17743—2017《电气照明和类似设备的无线电骚扰特性的限值和测量方法》，于 2018 年 7 月 1 日正式实施

而我们在国内的产品上经常看到的 CCC 标识，确实还有一定的玄机，我们可以看到，有几种不同的图案。实际上，当前的 "CCC" 认证标志分为四类，分别如下：

1）CCC+S 安全认证标志；

2）CCC+EMC 电磁兼容类认证标志；

3）CCC+F 消防认证标志；

4）CCC+S&E 安全与电磁兼容认证标志。

其 CCC 图形如图 4-11 所示。

正是因为存在这四种不同的认证标志，让人感到混乱，故中国国家认证认可监督管理委员会 2018 年 3 月 15 号发布公告，自

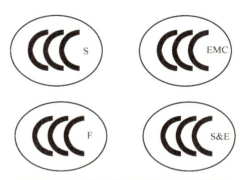

图 4-11　CCC 四种不同的认证标识

2018 年 3 月 20 日起，CCC 标志不再标注 S（安全产品）、EMC（电磁兼容）、S&E（安全与电磁兼容）、F（消防）、I（信息安全）等细分类别，原有 CCC 标志可根据模具更换周期及产品库存等情况自然过渡淘汰。这就是说，自此以后，只有一个单独的 CCC 符号，如图 4-12 所示，要获得此 CCC 标识，必须要满足安全和电磁兼容要求。

图 4-12　CCC 新认证标识

4.3 EMI(传导和辐射) 最新限值

4.3.1　A 类和 B 类

一般地从标准限值上来看，我们会看到有 A 和 B 两种分类，这也是我们选择测试标准的前提，因为 A 类和 B 类使用场合不同，所以在 EMI 的要求中也变得不同。

一般来说，A 类是指在工业环境，频繁切断大感性负载或大容性负载的环境，大电流并伴有强磁场环境等。B 类是指居民区、商业区及轻工业环境，例如：居民楼群、商

业零售网点、商业大楼、公共娱乐场所、户外场所(如加油站、停车场、游乐场、公园、体育场)等。此外，住宅 B 类限值比工业 A 类限值基本上要严格 10dBuV。这主要是考虑到工业信号源和住宅电视接收机之间可能存在的墙壁（墙壁能产生额外的衰减）。

A 类和 B 类的区别延伸到 CE 的抗干扰度免疫要求（因为 FCC 没有此要求，所以这个区别在美国不适用）。对于抗干扰度，工业 A 类限制比 B 类住宅限制更严格，这反映了从 EMI 的角度来看，工业环境更加恶劣。

最后，美国和欧洲之间关于此定义存在细微差别。在美国，如果设备将被广泛用于家庭，那么它必须经过严格的 B 级限值的测试。在欧盟，如果设备在家庭或轻工业环境下使用，则必须按照 B 类限制进行辐射测试，B 类限制要求干扰能力更为严格，但抗干扰能力要求不高。反之，如果设备在重工业环境中使用，则必须按照 A 级限值进行测试，这种限值对干扰要求不高，但对抗干扰能力要求非常严格。还有关键的一点是，你的测试产品在美国和欧洲可能会被划分成不同的类别，所以最为保险的做法就是咨询 EMI 测试实验室或 EMI 认证测试工程师。

这里实例说明，现在对于 LED 灯，特别是出口北美地区，考虑到北美地区的人口成本，许多 LED 灯仍然要考虑兼容旧时的荧光灯系统，也就是说很多出口北美的 T8 LED 灯需要同时带有镇流器才能工作，那么 LED 灯的 EMI 测试就要充分考虑到镇流器系统（更高层面的灯具系统）的工作场合，它们一般用于工业场合，所以可以使用 A 类标准来测量，但是也可能被用于家用，这种情况下，从市场角度来看，符合最终目标的应用场景才是我们需要考虑的，所以在这种场合 A 类测试即可，但有时为了拓宽市场渠道，设计时可以用最严格的标准进行测试，当然这在很大程度上会带来成本的升高。现实情况中，仍然有许多小型公司由于对标准的理解不到位，最后在产品周期的最后端才发现有问题，要么重新再来，要么面临着被召回的风险。

4.3.2　EN55032、EN55035 和 RED

欧盟新的 EMC 标准 EN55032 于 2017 年 3 月 5 日强制实施，正式取代 EN 55013 [音视频设备 (AV) EMC 标准] 和 EN55022（传统信息技术设备 EMC 标准）。这是一个很大的跨越和融合，图 4-13 是一个时间轴。值得注意的是，EN55032 并不是 EN55013 和 EN55022 简单的集合或是覆盖，而是增加或删除了某些条款，这不在本章的讨论之列。

图 4-13　EN55032 标准过渡时间节点

我们只看对 AC/DC 电源端子的骚扰限值（当然还有对信号端口以及光迁类端口，由于限值相对来说都较高，不在本书所主讲的范围之内，故不展开讨论）。图 4-14 和图 4-15 为 EN55032-2012：B 类和 EN55032-2012：A 类设备的电源端口处骚扰限值（QP 和 AV 限值），图 4-16~ 图 4-19 为 EN55032-2012：B 类和 EN55032-2012：A 类设备分别在 30MHz~1GHz 和 1~6GHz 范围内的辐射限值。

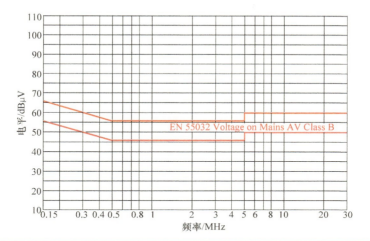

图 4-14　EN55032-2012：B 类设备的电源端口处骚扰限值（QP 和 AV 限值）

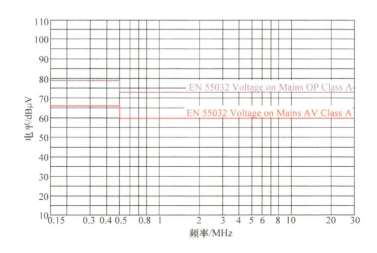

图 4-15　EN55032-2012：A 类设备的电源端口处骚扰限值（QP 和 AV 限值）

而在辐射骚扰上，EN55032 大大扩展了测试频率范围：

如果设备内部振荡器频率达 108MHz，需要测试 30MHz~1GHz 范围；

如果设备内部振荡器频率达 500MHz，需要测试 30MHz~2GHz 范围；

如果设备内部振荡器频率达 1GHz，需要测试 30MHz~5GHz 范围；

如果设备内部振荡器频率大于 1GHz，需要测试 30MHz~6GHz 范围。

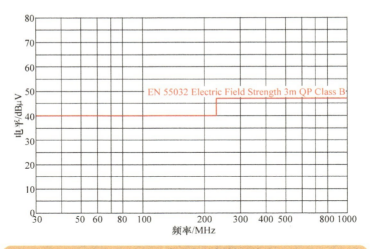

图 4-16　EN55032-2012: B 类设备的辐射限值（30MHz~1GHz）

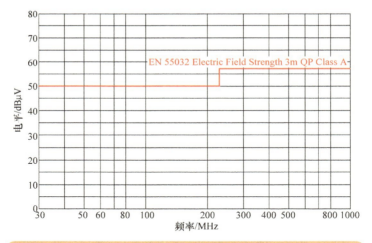

图 4-17　EN55032-2012: A 类设备的辐射限值 (30MHz~1GHz)

　　可以看到，CE 传导时必须 QP 和 AV 值同时满足限值，而测试 RE 时只看 QP 值。同时，可以看到 A 类限值与 B 类限值相比，总体在低频要求（1GHz 以内）上要宽松 10dB 左右。

　　为了资料的完整性，这里提及一下对应的抗骚扰度标准，EN55035 也将替代 EN55020 和 EN55024。其中除了 ESD 项目外，EN55035 增加一些以前没有的测试项目。具体读者可以对比这三份标准，或是直接咨询认证实验室。

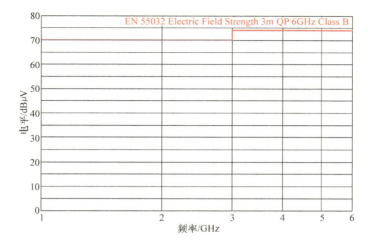

图 4-18　EN55032-2012: B 类设备的辐射限值 (1~6GHz)

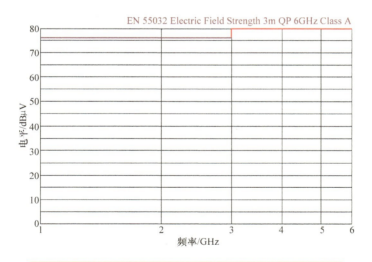

图 4-19　EN55032-2012: A 类设备的辐射限值 (1~6GHz)

随着互联网以及物联网（Internet of things, IoT）越来越发达，无线产品的增加，各种新颖的产品不断涌现，它们结合了常规产品和无线模块，这可以将常规产品进行智能化改造。其中的一些产品，典型的包括无线智能插座、无线智能 LED 灯具和智能家居等许多产品（这里的无线可能是 WiFi、蓝牙等各种无线协议），酝酿已久的无线电设备指令（The Radio Equipment Directive，RED）取代 R&TTE 指令，并于 2014 年 6 月 12 日生效。指令范围覆盖电气安全、电磁兼容性及无线电频谱等许多方面的技术要求，RED 同时也是一个协调标准，它里面包括的标准也越来越多。

4.3.3　FCC Part15 和 Part18

在美国，这些 EMC 要求以及管理规定以"标题 47"（Title 47）的形式，列入了美国的联邦规章法典（the Code of Federal Regulations），一般称为 CFR Title 47，其中与本书所述的技术最相关的主要有：

- FCC Part 15 – Radio Frequency Devices（射频设备）
- FCC Part 18 – Industrial、Scientific and Medical Equipment（工业、科学和医疗设备）

同样的，我们常知的信息技术设备类一般是采用的 Part15 进行测试，而照明类以 Part18 居多，但由于现在照明产品的多元化，许多产品里面也含有射频模块，所以现在也有一些照明灯具采用 Part15 进行测试。下面我们来看一下各自对应的限值，见表 4-1、表 4-2 和图 4-20。

表 4-1　FCC Part 15 A/B 类传导发射限值

B 类设备

辐射频率 /MHz	传导限值电平 /dBμV	
	准峰值（QP）	平均值（AV）
0.15~0.5	56~66	46~56
0.5~5	56	46
5~30	60	50

A 类设备

辐射频率 /MHz	传导限值电平 /dBμV	
	准峰值（QP）	平均值（AV）
0.15~0.5	79	66
0.5~30	73	60

表 4-2　FCC Part15 A/B 类辐射发射限值

A 类设备（3m 场）

辐射频率 /MHz	传导限值电平 /dBμV
30~88	40.0
88~216	43.5
216~960	46.0
> 960	54.0

B 类设备（10m 场）

辐射频率 /MHz	传导限值电平 /dBμV
30~88	39.0
88~216	43.5
216~960	46.4
> 960	49.5

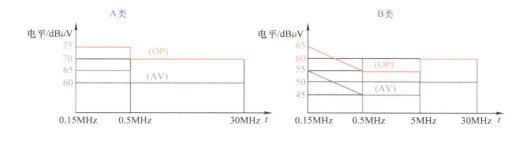

图 4-20　FCC Part18 A/B 类传导发射限值

通过本小节对限值的讲解，读者至少知道，不同的应用场合，以及不同的产品类型，在产品最开始设计时，就具有针对性，当然过严的 EMI 设计标准，势必会造成成本的上升和空间的紧张，特别是在一些对成本敏感的场合，EMI 很大程度被放在后期才去考虑，这是一个很危险的设计思路，这在本章后面会介绍。

4.4　EMI(CE+RE) 测试过程中遇到的问题

如果读者熟悉 EMI 测试过程，或者在 EMI 检测实验室里有过 EMI 整改的经验，就会觉得 EMI 实验室测试过程是一个十分值得说道的事。并不是每个公司都会建 EMI 实验室，传导实验室成本一般在几十万，而辐射屏蔽室（暗室）一般是百万级的投资，而且需要专门人员来操作，这样对于小公司或是设计公司而言，成本过高，所以一般都是在外部第三方实验室进行测试。而基于现在的行情，EMI 测试费用比较昂贵，传导和辐射测试费用一般在 500~1000 元 /h，而且还需要预约时间。所以如果不提前知道测试中的一些细节的话，或者用通俗的话来说，称之为"坑"，浪费成本太大。

4.4.1　测试场地、机构资质、人员的素质

测试场地，对于传导而言，我们只需要一个"安静"的环境，但对于辐射测试而言，电波暗室则是一个复杂的工程，一般的 10m 场动辄几百万的投资建设，维护费用也贵，所以选择一个合适的测试场地很关键，当然机构资质也是很重要的。

EMI 测试是一个高度经验和需要技术的过程，整个测试过程包括仪器的校准，测试设备的摆放，连接线、接收仪器微调，前置衰减器的使用，测试标准的选取，测试配套软件的使用，精细读值（点），报告的生成等多个环节，在有限的时间内必须一

气呵成。所以对测试人员要求都比较高，一个好的 EMI 测试工程师能够快速地判别整个过程中的异常情况，以及快速完成操作。有时候一些经验不够的测试人员，或是长期测试疲劳时会犯一些错误，因为 EMI 仪器基本上是人停机不停，EMI 测试机构也是二班操作，在交接班过程中，以及上下不同客户测试过程中，存在着输入电压、频率的不同，测试标准（限值）的不同，接地与不接地不同，二线与三线的不同等，所以读者在进行 EMI 测试时，先检查和确认自己产品的各项输入条件要求。

4.4.2　6dB 裕量的故事

如图 4-21 所示，我们经常看到 EMI 测试结果曲线，通常会有两个限值曲线，除了实际结果还有一条裕量线。是不是很好奇，我们经常听到 EMI 需要 6dB 的裕量，为什么呢？如上图所示的测试结果图中，也都默认给出一个 6dB 的裕量曲线，为什么恰好是 6dB，而不是其他值呢？在回答这个问题之前，我们来理解一个换算单位，因为实际上我们测 EMI 是测量的噪声信号，噪声信号都很小，在信号领域中，我们一般用对数和分贝形式来描述噪声信号。

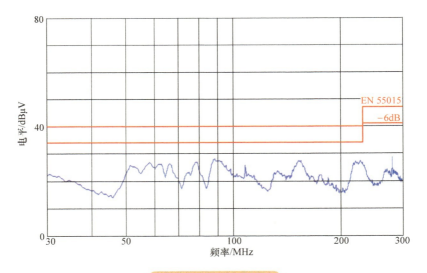

图 4-21　6dB 裕量线

dB 基本上是一个比例数值，也就是一种倍数的表示单位，也就是测试数据与参考标准的相对差异表示，具体换算如下：

dB = 10 log（P1/P2）= 20 log（V1 / V2）

dBmV=20log(Vout /1mV)

其中，Vout 是以 mV 为单位的电压值

dBuV=20log(Vout /1μV)

其中，Vout 是以 μV 为单位的电压值

V1 是测试数据，V2 是参考标准。例如，V1 数据是 V2 的 2 倍，就是 6 dB（P 代表功率，V 代表电压）。dBV 是以 1V 为 0dB 参考标准，dBμV 是以 1μV 为 0dB 参考标准（一般所说的信号强度 dB 或 dBμ，其实就是 dBμV）。

$$U = 20\log_{10}\left(\frac{u}{u_0}\right) \qquad u_0 = \begin{cases} 1\text{V} & [\text{dBV}] \\ 1\mu\text{V} & [\text{dBμV}] \end{cases} \tag{4-1}$$

我们可以得到实际噪声幅值与 dBμV 之关的转换关系如图 4-22 所示：

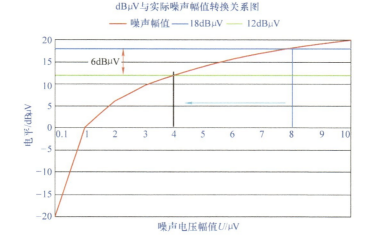

图 4-22　噪声电压幅值与 dB 之间的转换图

表 4-3　噪声电压幅值与 dB 之间的转换表

噪声幅值 $U/\mu\text{V}$	$U/\text{dBμV}$
0.1	−20
1	0
2	6.020599913
3	9.542425094
4	12.04119983
5	13.97940009
6	15.56302501
7	16.9019608
8	18.06179974
9	19.08485079
10	20

可以看到，如果我们要将测量到的噪声从 18dBμV 减少到 12dBμV，即减小了 6dBμV，对应的噪声幅值水平从 8μV 变成了 4μV，即减小了一半。所以对于这个流传

已久的行业习惯，现在这里简单解释如下：

1. 6dB，在最终的 EMI 结果图中实际上为 6dBμV 的差；

2. 6dB 电路中的现实结果就是，实际的噪声电压幅值减少一半；

3. 6dB 的裕量是为了系统集成而留下的空间，当然也可以要求更大的裕量，不过这对成本和设计难度要求更高。

4.4.3　EMI 测试过程的小技巧

在 EMI 测试过程中，存在一些小的技巧，如布线、测试设备的摆放位置、所用的一些附件等。

现场测试设备的摆放位置对于 EMI 的传导和辐射测试有时起着微妙的作用。

同时测试时待测设备（Device Under Test, DUT）的摆放角度对于辐射也有一定的影响，特别是对于灯具来说，一定要按照实际使用场合进行摆放，如发光角度、面位置等，虽然辐射测试的转台是 360° 环绕扫描，但是辐射源由于天线的接收度不同而导致得到的值不同。

一些其他的事项，如对于公共接线端子，接线时必须稳固接线，特别是一些高频接线处，接触不良会导致 EMI 频谱的不稳定，容易出现误判或者浪费时间和金钱。

由于暗室里测试时无法进入，时常有这种情况，测试过程中，测试人员经常发现结果异常，一个流程测试完成后，打开屏蔽室，才发现要么功率不对，要么负载断开等低级错误，所以有的检测实验室在屏蔽室里加装了一个摄像检测探头，用来监控测试过程中是否发生异常，从而保证测试的准确性。当然，在暗室里加入任何其他仪器/产品都需要考量其对测试结果的影响程度，这可以通过测量暗室里的背景噪声来进行评估。

在 EMI 测试里，经常可以看到 800~900MHz 会出现一些尖峰，当然现在我们都已经知道这是手机 GSM 信号的干扰所致，所以在测试过程中出现单个尖峰的话，则需要进行干扰定位排除。如图 4-23 中所示的绿色区域的尖峰即为手机 GSM 干扰，而其他尖峰如 1/2/3 处的呈扩展状，则是真正的辐射噪声电压过高。

4.4.4　无线法和 CDN 法的对比

耦合/去耦网络（Coupling Decoupling Network，CDN）是我们常用的一个替代暗波辐射的办法，它仅限于照明产品使用。对于电气照明设备等小型待测设备，CIS-PR 15（EN 55015、GB 17743）标准规定，CDN 法是辐射发射测量方法的替代法，用CDN 法测量共模端子电压能缩短测试时间并节省场地费用（可以在无屏蔽的室内进行）。CDN 法的原理是对于小型 EUT，引线上由共模电流引起的辐射发射，远远大于受试物表面向外的辐射。由于 CDN 能提供稳定的共模阻抗，因此可以通过测量共模电压推导出辐射发射。CDN 法可以测量的频率范围为 30~300MHz。CDN 法测试辐射的设置图如图 4-24 所示。

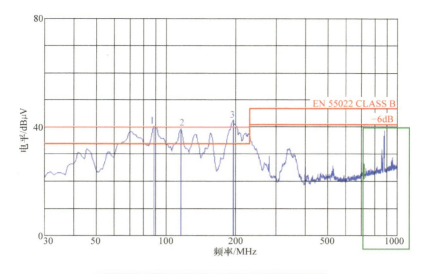

图 4-23　EMI 测试过程中出现的尖峰噪声

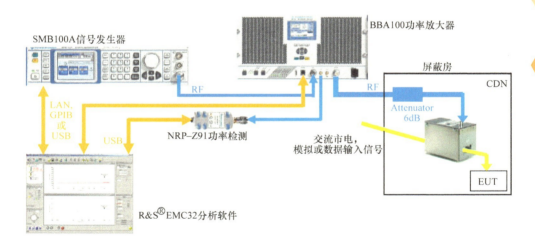

图 4-24　CDN 测试辐射的设置图（来源：Rohde & Schwarz）

（1）天线法

天线法辐射骚扰测试应在满足 CISPR 22 标准要求的开阔场或电波暗室中进行，在 30~300MHz 频率范围内根据 CISPR 22 第 10 章规定的测试方法进行测试。对于 30MHz 以上产品的辐射发射，由于辐射发射结果与产品布置的关系尤为密切，精确测试时需要按照标准的要求进行受试设备、辅助设备和所有连接电缆的布置。测试设备主要包括 EMI 接收机、接收天线、测试软件、其他辅助设备（如转台、天线塔）等。测试分别在垂直、水平两种天线极化方向下进行，EUT 随转台 360° 转动，天线在

1~4m 高度范围内升降，寻找辐射最大值。而 3m 场和 10m 场的区别理论上仅在于屏蔽室场合的空间大小，但实际由于空间噪声的耦合，具体还需要实际分析，但目前许多产品的测试，仍然是以 3m 场为最直接判定结果。该方法的测试设置和测试布置图如图 4-25 和图 4-26 所示。

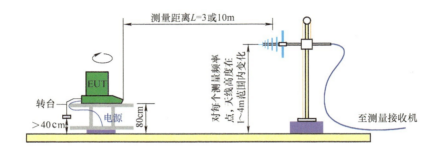

图 4-25　EMI 辐射测试之天线法 3m 场（或 10m 场）测试设置

图 4-26　3m 场（或 10m 场）天线法辐射发射测试布置图

（2）CDN 法

　　由于电波暗室对场地和资金投入的要求比较高，而 CDN 法可以在无屏蔽的室内进行，节省场地费用。当受试物满足 CISPR 15 标准附录 B 中的相关要求时，CDN 法则可作为设备在 30~300MHz 频率上的辐射骚扰测量的替代方法。

　　CDN 法布置如图 4-27 所示。受试设备放置在非导电的高度为 10cm 的木块上，木块放置在接地金属板上，金属板尺寸比 EUT 至少大 20cm。EUT 通过一根长为 20cm 左右的电源线缆与适当的 CDN 相连接。应使用非导电的支撑件使得电缆离金属板的距离为 4cm。CDN 安放在金属板上，其 RF 输出端通过一个 6dB、50Ω 衰减器连接到测量接收机。照明设备 CDN 法辐射发射测试布置图如图 4-27 所示。

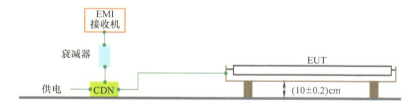

图 4-27　照明设备 CDN 法辐射发射测试布置图

天线法与 CDN 法对应不同的测试原理、测试场地和测量设备等，以及客观存在的不确定性，导致两者之间的差异必然客观存在。相对于传统的天线法，CDN 法应该不是一种完美的替代，第三方电磁兼容检测机构对 CDN 法的使用仍然相对谨慎，在 30~300MHz 频率范围内电磁兼容辐射骚扰测试主要还是用天线法进行。虽然 CDN 法与天线法之间存在一定的差异，因为其测试不具有方向性，但 CDN 法在产品设计初期仍有其不可忽视的优势，可以为整改提供一定的借鉴思路，在照明产品中，还是有许多公司和认证机构选择这种方法来评估辐射。更主要的是，此种测试装置和实验场合，对于一般的公司也能承受，所以如果去一些照明公司的实验室参观，你会发现很多公司都配备了 EMI 传导测试和 CDN 测试台。不得不认识到一个问题，由于 CDN 法最初由欧洲标准人员提出，一直在欧洲产品中得到使用，而中国的 EMC 标准一般也是遵循欧洲标准，故现在国内也开始接受 CDN 代替暗室，但是 CDN 法受引线长度、设备高度、布线方法所限，不能很好地反映出实际情况，有时与暗室法相距甚远。所以目前北美 FCC 测试仍然不认可这种方式。

4.5　工程设计中 EMC 的考虑

4.5.1　EMC 与产品成本的关联度

如图 4-28 可以看到，这是一个典型的电源产品设计流程图，从设计概念开始，就要考虑 EMC 的影响，其实可以看到 EMC 的设计过程和产品其他方面设计是同步的。

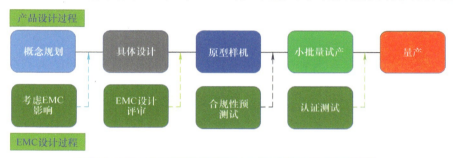

图 4-28　电源产品设计的整个过程（包含 EMC 设计）

当产品设计方案选定后，需要对设计进行评审，此时 EMC 设计也应该是其中的一部分。一旦原型样机出来后，需要进行 EMC 预测试，这可能是一个迭代过程，因为从原型样品到投入生产过程中，设计可能会存在一定的更改，而每一次更改，都需要评估其 EMC 的影响。当产品定型后，就可以进入试生产，同时此时也要准备将产品送到具有认证资质的实验室进行合规性测试。EMC 设计成本和产品周期的关系如图 4-29 所示。

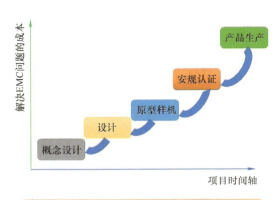

图 4-29　EMC 设计成本和产品周期的关系

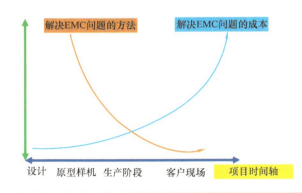

图 4-30　EMC 设计成本、产品周期、解决方案的关系

正因为 EMC 要求基本上是产品的强制要求，所以在量产之前必须要符合要求。图 4-30 可以看到，当产品越接近后期，为了解决 EMC 问题而付出的代价也越大，有可能是呈指数增长，这也是为什么需要强调 EMC 设计的原因，如果在产品初期不给予重视，后面多次迭代操作，如 PCB 改版、EMC 器件增加的话造成的成本更高。

4.5.2　EMI 考虑总的原则

EMI 在工程设计中，都是采用针对 EMI 系统的三要素分而治之的办法，即控制干扰源、切断耦合路径、增强抵抗力，如图 4-31 所示的基本方法。

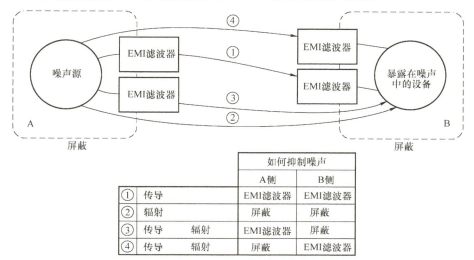

	如何抑制噪声	
	A 侧	B 侧
① 传导	EMI 滤波器	EMI 滤波器
② 辐射	屏蔽	屏蔽
③ 传导　辐射	EMI 滤波器	屏蔽
④ 传导　辐射	屏蔽	EMI 滤波器

图 4-31　EMI 噪声抑制的基本原则

基于电力电子 EMC 领域广泛使用的方法，我们可以列出一个不完备的清单，用来检查我们在设计电源时是否考虑到了 EMI 设计。

1. 降低系统的高频转换特性，开关电源之所以 EMI 问题变得棘手，主要是因为其开关波形在转换过程中存在大量的谐波分量，所以一般有如下措施：

- 波形斜率和占空比控制，软开关或是低频化
- 过滤并抑制噪声源
- 调整转换器频率以适配 EMC 限值曲线

2. 减少 PCB 的磁场环路面积，这是在 PCB 布局时需要考虑的，良好的 PCB 布局不仅是 EMI 设计的一个方面，特别是现在越来越高频化的设计中，PCB 布局与功能的实现也息息相关，具体操作时我们可以采用以下措施：

- 减少磁场环路的表面积，即通常所说的减少高频走线包络的面积
- 合理使用去耦电容
- 地平面技术
- 减小 VCC 和地之间的包络面积

3. 减少所有器件的寄生效应，当频率高到一定程度时，电阻、电容、电感就发生了变化，甚至有可能是：电容"变成了"电感，电感"变成了"电容，电阻也"不再是"电阻。可以采用如下措施：

- 选择适当的 PCB 技术，如多层布线，以减少走线电感的影响

- 利用地平面和电源平面，合理使用接地技术
- 将去耦电容以及电感的自谐振频率调整到转换器的工作频率
- 缩短电容连接长度
- 尽量采用 C0G 和 NP0 介质类型
- 防止磁性元件的相互耦合，调整相近磁性元件之间的距离或是角度
- 增加噪声源与接收者之间的物理距离

4. 屏蔽

- 将波动最大的绕组安排在最内层
- 使用器件材料和散热器作为屏蔽
- 使用容性屏蔽，在容性耦合的走线之中增加地平面走线
- 解耦其他浮动电位，如通过电容连接到外壳或是低电势点以稳定浮动电压等

以上所列及的只是总体原则的冰山一角，对于 EMC 设计，每个电源工程师都可以高谈阔论说很多，但是脱离纸面，我们需要将这些原则和理论转化成真正可以实施的，特别是能够应用到自身项目中去，这就比较困难了。

4.5.3 地线的干扰以及 PCB 走线的影响

由于接地电路中有杂散电流，可能会有不必要的电位累积在其他敏感地点，这样地线并不是真正的零电位，即电位得到了提升。为了防止这个情况发生，可以利用多种技术，包括以下措施：

1. 不要将信号返回走线和功率返回走线直接捆绑在一起；
2. 将电源地和信号地分开，如图 4-32a 所示；
3. 使用地平面，如图 4-32b 所示；
4. 应用星形接地 / 单点接地配置，如图 4-32c 所示；
5. 使用接地总线，如图 4-32d 所示。

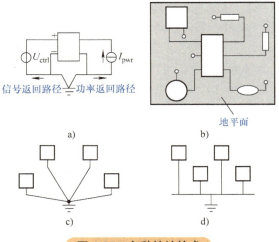

图 4-32 各种接地技术

大地： 对于接大地的电源系统，会引入从大地上带进来的差模干扰信号，超标频段为 9kHz~5MHz，30~70MHz，一般处理方法如下：

1. L 线和 N 线，输出正负端各串一个 Y2 电容到大地；

2. 地线经过一个差模电感再接入电源系统；

3. 地线套镍锌材质磁环，绕 2~4 圈；

4. 输出线套镍锌材质磁环，绕 2~4 圈。

功率地： 我们在驱动中，最常见的三个主功率环路有：

1. PFC 功率环路；

2. DC-DC 功率环路（降压、反激、正激、半桥、全桥等）；

3. 输出功率环路。

反激变换器中的功率环路如图 4-33 所示。

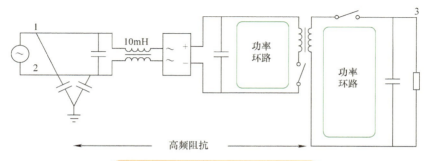

图 4-33　反激变换器中的功率环路

功率环路中的接地必须跟信号地分开走线，一方面防止信号走线被功率走线的强 di/dt 干扰；一方面防止环路走线面积太大，引入其他的干扰。

功率地的环路没设计好，一般表现在辐射，频段为 30~50MHz 和 70~100MHz，若不想通过 PCB 改进 EMI 的影响，可以直接通过增加滤波器件和减缓 di/dt 的变化量的方法去压制辐射干扰，整改方法如下：

1. PFC 的 MOSFET 在 DS 之间增加一个 MLCC 小电容，容值在 22~100pF 之间，过小效果不明显，过大则会导致效率严重降低，从而 MOSFET 温升过高。而实际上，建议如果空间允许，此电容用插件瓷片电容而不是高压 MLCC。

2. PFC 的拓扑二极管上并 RC 电路，对于中小功率变换器，R 在 100Ω 左右，C 在 100pF 以下。同样地，选取的 RC 电路会对效率造成很大影响，但效果也是非常明显的。同时，工程实际上也需要慎用此法，因为 RC 的加入会对某些 APFC 的芯片过零检测有影响，需要重新调试相关参数。一个实际的例子是，ST 的 L6562X 系列芯片对此处十分敏感。

3. 假设 PFC 的后级连接着 Flyback 的拓扑结构，仍可以使用上面的方法。

4.5.4 变压器的屏蔽与工艺实现

屏蔽接"地",这里的"地"可以是低电位的静点,也可以是高电位的静点。我们经常用的是低电位的静点,变压器内层屏蔽有如下两种方式:

1. 绕线屏蔽,这里的屏蔽层常用一根线疏绕或者多根线并绕铺满一层,起绕点挂在静点,末端悬空。绕线屏蔽需要合理地选择并绕的根数,线少了圈数太多,感应在绕组末端的电压越高。线多了难以绕制,所以并绕的根数一般是 2~3 根。感应的电压太高容易导致线绕屏蔽与其他绕线层或是挂脚处打火,甚至短路烧毁变压器。工程技术人员在设计的时候必须把这些需要考虑的地方做取舍,一般绕线屏蔽用在小功率段 50W 以下比较多。

2. 铜箔屏蔽,运用范围广,因圈数少或者不成圈,基本忽略感应电压。0.9 圈和 1.1 圈是常用的屏蔽模式,此处需要注意在使用 1.1 圈铜箔屏蔽的时候,必须用到背胶形式,不然形成短路后,变压器内层线路相当于被屏蔽掉,所以现在使用 1.1 圈的用法是比较少见的。相对来说,0.9 圈的形式就比较方便,如果骨架宽度稍微大点的,基本上可以不用背胶就能满足基本的安规要求。铜箔屏蔽适用于各种功率段。

变压器外层屏蔽跟内层屏蔽类似,也有绕线和铜箔两种方式。外层屏蔽的用法是闭合的线圈接地的形式。绕线屏蔽会在线包方向上绕一圈或者几圈,然后挂脚到变压器的地,铜箔屏蔽可以在线包或者磁心方向上绕闭合的一圈,然后挂脚到变压器的地。变压器中的内外层屏蔽方式如图 4-34 所示。

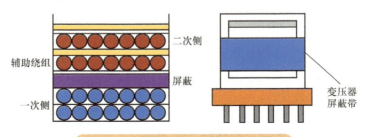

图 4-34 变压器中的内外层屏蔽方式

屏蔽对于效率是有影响的,不同的屏蔽方式有不同的损耗,其中 1.1 圈铜箔屏蔽损耗最大,接着是 0.9 圈铜箔屏蔽,最小的是绕线屏蔽。但是对于屏蔽效果来说,则是完全相反的,1.1 圈铜箔屏蔽的效果最好,绕线屏蔽的效果最差,所以这是绕线屏蔽用在小功率段比较多的原因。

变压器的屏蔽位置会影响到 EMI 的好坏,一般内层屏蔽会放在一次侧和二次侧的中间,起到屏蔽一次绕组和二次绕组的相互干扰。变压器设计造成的 EMI 超标频段为 9kHz-5MHz,30~100MHz。对于中小型功率段的反激变换器,一般常用的变压器层次为 N_p-N_c-N_s-N_a-N_p 或 N_p-N_c-N_s-N_p-N_a(N_p:一次绕组,N_c:屏蔽绕组,N_s:二次绕组,N_a:供电绕组)。

4.5.5　MOSFET 驱动电路的影响

驱动电路的影响主要表现在辐射段 30~100MHz，使用慢开快关的原则，常用的驱动电路有如下图 4-35~ 图 4-38 所示：

图 4-35 所示电路的驱动信号的高低电平只有一个路径，开和关的信号通过同一个电阻 R1，此驱动电路最简单，但该电路局限性太大，一般用于信号开关相关的回路或者驱动电阻较小的功率回路。

图 4-36 所示的电路驱动开的路径经过 R1，关的路径通过 VD1 回到芯片，工程中这种用法比较常见，关断速度还可以接受，一般用在中小功率段比较多。

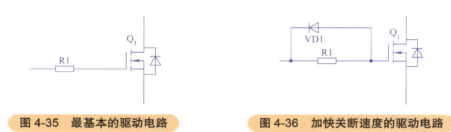

图 4-35　最基本的驱动电路　　　　图 4-36　加快关断速度的驱动电路

图 4-37 所示的电路驱动开的路径经过 R1，关的路径通过 VD1 和 R2 回到芯片，工程中这种用法也比较常见，开关速度可以更灵活的调节，一般用在中小功率段比较多。

图 4-38 所示的电路驱动开的路径经过 R1 和 VD1，关的路径经过 Q_2，使用 VD1 的目的是保证 MOSFET 关断的线路只能通过 Q_2 来完成，R2 是保证 Q_2 的正常开通。此线路在关的时候不依靠芯片本身的拉电流能力，所以在大功率器件使用的时候，能很好地保证 MOSFET 的关断，提高了驱动电路的可靠性。各种功率段都可使用，线路灵活可靠。

图 4-37　加快关断速度，且限制关断电流尖峰的驱动电路　　图 4-38　大电流抽流驱动电路

其他还有许多变种，但无非都是在关断时间，以及关断时的电流尖峰抑制上做文章，当然，由于芯片驱动引脚输出到真正的 MOSFET 之间加了一级驱动电路，所以也要保证驱动电路的加入不会改变芯片原始的输出特性，如输出幅度、输出频率和占空比等。

4.5.6　MOSFET 寄生电容的影响

对比我们常用的平面 MOSFET 和 CoolMOS 可知，标称同样是 12A/650V 的开关管，平面 MOSFET 的 EMI 是比较容易通过的，而 CoolMOS 的 EMI 相对来说不是特别容易通过，需要通过再次的整改之后才能顺利通过，也就是我们常说的结电容大小导致，这里所说的结电容通常指 MOSFET 的输出电容 $C_{oss}=C_{ds}+C_{gd}$。可以经常看到在 MOS-FET 上并一个 10~100pF 的高压贴片电容来针对整改辐射超标部分。缓冲吸收网络的作用如图 4-39 所示。

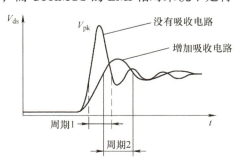

图 4-39　缓冲吸收网络的作用

4.5.7　工作频率的选择

对于单级 PFC 来说，满载工作情况下随着输入电压的升高，工作频率也随之升高，这里在第 1 章有具体的测试体现，一般我们选择比较常见的是最低输入电压和最大输出负载时刻的频率为 50~130kHz。建议工作频率为 60kHz 左右，这样的好处是，在第一个工作频率时刻，EMI 已经是往下的趋势，2 倍频率的时候为 120kHz 左右，3 倍频率时候是 180kHz，躲过 150kHz 的界限，剩下的由工作频率引起的干扰已经大幅度减小，这样传导就比较容易处理了。

选择的频率过低，在最低电压并且满足设定的最大磁通量的情况下，需要更多的圈数才能满足要求，需要比较大的磁心骨架才能满足基本的设计要求，较低频率的时候需要更大的 EMI 滤波器才能压制相同能量带来的 EMI 问题，同时带来的后果是成本高、体积大，与现在市场追求的小型化和高集成度相悖。

选择的频率过高，则与上述相反，但由于大部分单级 PFC 的芯片内部有最高频率限制（基本在 130kHz 左右）的机制，对于高出限制频率的范围，全部通过芯片内部限制，如此会造成能量的亏损，芯片温升高，不利于电源整体的稳定性，频率过高也不利于 EMI 的处理。所以市场上基本上大多数的设计，最低工作频率一般在 50~130kHz 之间，但会避开 75kHz 这个频率，因为其 2 倍频为 150kHz，而 150kHz 正处在传导限值的转换点。

对于两级方案来说（QR-Boost 加 DC-DC），一般最低输入情况下频率设置范围在 35~70kHz 左右，跟单级 PFC 类似，Boost 的工作频率也会随着输入电压的升高而升高，而后级的 DC-DC 因为 Boost 的前级，所以 DC-DC 的输入电压为固定值。Boost 在波谷周围的时候频率非常高，而且此时的工作模式为 DCM 模式，震荡较多，所带来的 EMI 成分更大，在两级方案的 EMI 处理中，一般重点处理 Boost 级。图 4-40 的波形为最低电压输入，满载输出的情况下的 EMI 曲线。可以从图 4-40 上看到，现在的工作频率接近 40kHz，刚好完美的"躲"过限值，如果再往前一点，可能需要通过其他的方式去压制 EMI 曲线，所以我们可以选择在 35kHz 或者 60kHz 左右。35kHz

的 3 倍频仍小于 150kHz，可以轻松"躲"过这个限值，而 60kHz 的 2 倍频小于 150kHz，同样也可以作为可选方案。同时，我们需要考虑的是 Boost 磁心的尺寸，在不同的使用环境和项目要求中，我们需要综合考虑。

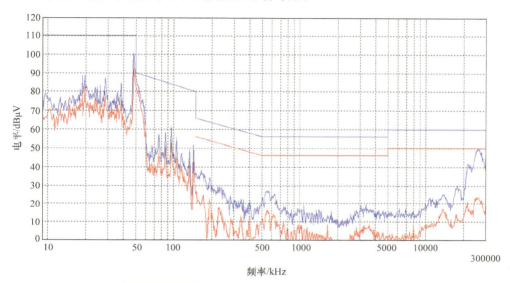

图 4-40　开关频率的选择可以避免在低频段超标

前面频率的选择只是说了对于传导的部分，接着我们说下辐射的部分。频率的高低对于辐射的影响更明显，dv/dt、di/dt 越大，会导致 EMI 成分越多，第 4.5.5 节中讲述的慢开快关就是类似的原理，都是为了保证 EMI 能顺利通过。慢开快关跟频率的高低有类似关系，在相同的时间内，频率高的开关次数更多，带来的 EMI 成分更多，若在最低输入情况下采用了比较高的频率，在最高输入的情况下就会有非常高的频率，这样将导致辐射量提升，增加了 EMI 整改的难度。通常对于 PFC 电感，我们都会选择外包"十字架"闭合铜箔屏蔽到对应的地，横向和纵向的磁力线全部被隔开并导入地，降低辐射干扰。

选择过低的工作频率，需要更大的 EMI 器件，变换器发热量大、效率低，辐射比较容易通过；选择过高的工作频率，需要的 EMI 器件较小，驱动开关损耗和反向恢复的损耗增加，效率低，辐射难通过。选择频率的高低各有优缺点，需要折中考虑。当然这里说的频率高低都只针对变频 DCM/QR 和定频 CCM 这三种情况，若是全程软开关状态的拓扑不考虑在列，已超出本书的范围，这里不再赘述。

4.5.8　差模、共模干扰和抑制方法

差模和共模干扰是客观存在的事实，简单来说，其产生的原理是由于电缆感抗、电流回路和开关变换所引起，所以在所有的开关电源中，都存在差模和共模干扰。

低频段：9kHz~1MHz，大多数属于差模干扰，选择合适的工作频率和合适的差模电感可解决；

中频段：1~5MHz，差模和共模干扰混合，相关部分包括 X 电容、Y 电容、差模电感、共模电感、变压器等，修改以上部分均可有效；

高频段：5~30MHz，共模为主，相关部分包括 Y 电容、共模电感、变压器、整流管 RC 吸收等。

通过下面的图 4-41~图 4-45，我们可以简单地从理解层面了解共模、差模信号及如何抑制。

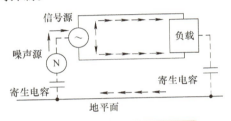

图 4-41　共模噪声信号流向

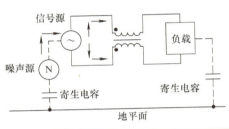

图 4-42　通过增加共模电感来抑制共模噪声

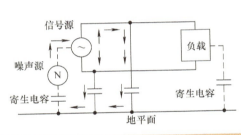

图 4-43　通过将信号源分别对地接电容来抑制共模噪声

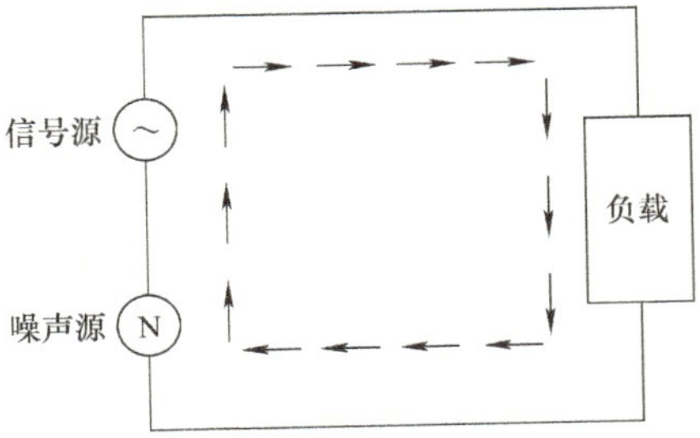

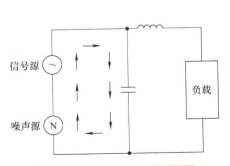

图 4-44　差模噪声信号流

通过图 4-41~图 4-45，这样简化过后，对于共模和差模的理解就变得更为深刻，从而也就知道了为什么开关电源中 EMC 滤波器的构架都是比较相似的原因，因为原理是不变的，变的只是需求不同。如图 4-46 即为典型的开关电源 EMI 滤波器结构图。

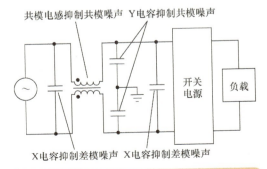

图 4-45　差模噪声抑制方法

图 4-46　典型的开关电源 EMI 滤波器结构图

4.5.9　隔离保护环

保护环是一种接地技术，可以隔离此保护环外部的噪声环境（例如射频电流），因为在正常操作中没有电流流过保护环，有时候地可以作为此保护环。如图 4-47 和图 4-48 所示。

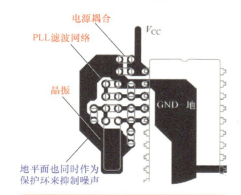

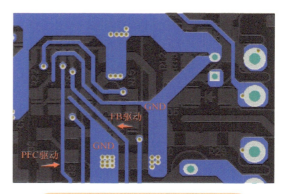

图 4-47　合理的接地平面可以作为一个隔离保护环（数模混合电路）

图 4-48　合理的接地平面可以作为一个隔离保护环（模拟电路）

4.5.10　数字电路中的电源和地

如果没有专用的电源平面，建议保持走线尽可能靠近，以减少回路面积和寄生电感。这种方法不仅减少了由于陡峭的电流变化引起的发射场，而且降低了芯片对接收到干扰的敏感度。数字芯片电源和地的走线处理如图 4-49 所示。

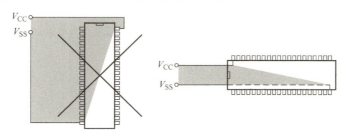

图 4-49　数字芯片电源和地的走线处理

当地和电源引脚靠近时，磁耦合系数可以接近 0.8 或更高，互感可以达到一个引脚的自感的大小，并消除引脚总电感的磁场。当接地电流和电源电流具有相同的大小和相同的相位时，这是正确的。数字芯片电源和地的处理如图 4-50 所示。

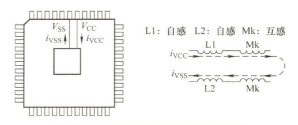

图 4-50　数字芯片电源和地的处理

4.6 具体实例分析

4.6.1 器件及参数的影响

这里利用第 2 章的实际电源样机进行 EMI 测试，如图 4-51 和图 4-52 所示，合理的设计使得 AC100V 输入时刻巧妙避开对应的限值点，EMI 能顺利通过。

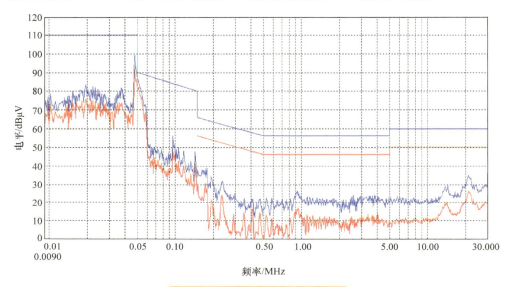

图 4-51 100V 输入时传导结果

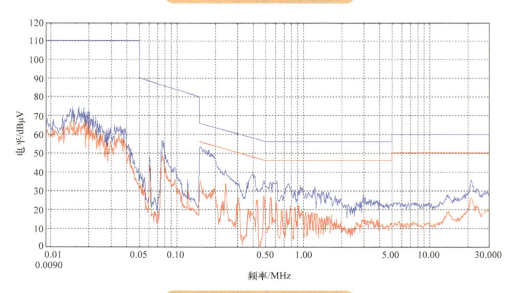

图 4-52 240V 输入时传导结果

　　对比图 4-51 和图 4-52 可知，准谐振情况下，输入电压增加而频率也随之增加，所以在高压输入时频率点尖峰向高频偏移。同时由于高压输入时，输入电流减小，对应的干扰能量也减少，相应的 EMI 结果要优于低压输入时的情况。

　　接下来看辐射的表现情况，因为是欧洲地区使用的照明类产品，我们可以采用 CDN 法来测试结果，如果产品是出口至北美地区，还是遵循平常的天线法。不同情况下的 CDN 法辐射测试结果如图 4-53~ 图 4-56 所示。

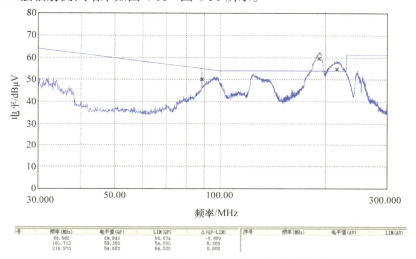

序号	频率 (MHz)	电平值 (QP)	LIM (QP)	Δ (QP-LIM)	序号	频率 (MHz)	电平值 (AV)	LIM (AV)
	88.560	49.942	55.634	-5.692				
	191.710	59.300	54.000	5.300				
	215.970	54.600	54.000	0.600				

图 4-53　CDN 法辐射测试结果（驱动开通电阻用 51R，关断电阻 10R）

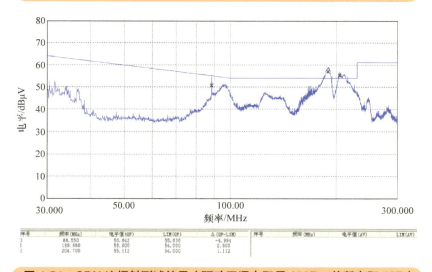

序号	频率 (MHz)	电平值 (QP)	LIM (QP)	Δ (QP-LIM)	序号	频率 (MHz)	电平值 (AV)	LIM (AV)
	88.550	50.842	55.636	-4.994				
	189.880	56.800	54.000	2.800				
	204.700	55.112	54.000	1.112				

图 4-54　CDN 法辐射测试结果（驱动开通电阻用 100R，关断电阻 10R）

　　图 4-53 为 CDN 法辐射测试结果，分析 3 个点：

　　1. 90MHz 附近的单一尖峰，可能是由于环境因素引起，如走线接触不好，可以忽略；当然你也可以验证这个尖峰到底是否由产品产生，最简单的办法是多次测试，或是 EMI 测试工程师采用一定的滤波衰减，对比测试即可知道是否是外界干扰所致。

2. 191MHz 和 215MHz，频谱是包络状，而非单一频率点（这和 1 完全不同），分析一般为开关引起，以下加以确认。

从 51R 变为 100R，有一定效果，但不是很明显，证明主要的原因不是驱动的快慢。

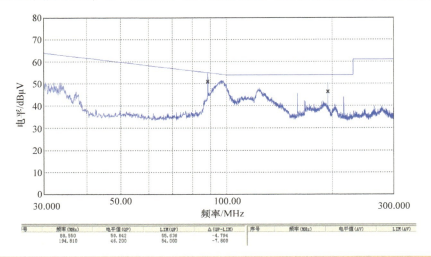

图 4-55　CDN 法辐射测试结果（更换 PFC 的 MOSFET 为安森美 FQPF18N50）

更换 PFC 的 MOSFET 后解决，原来是英飞凌 IPA60R400CE，改为安森美 FQP-F18N50，封装一样，改善效果非常明显。

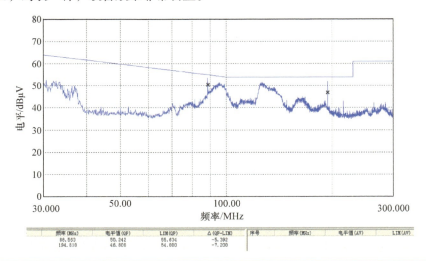

图 4-56　CDN 法辐射测试结果（更换 PFC 的 MOSFET 为英飞凌的 IPP60R190P6）

将 PFC 的 MOSFET 换成 IPP60R190P6，也比原来的 IPA60R400CE 效果好。这

两种 MOSFET 同样都是 Coolmos，证明并不单是由于 Coolmos 自身特性导致的超标，还与具体的内部结构有关。查阅三款 MOSFET 对应的规格书，见下表 4-4~ 表 4-6。三款 MOSFET 的寄生参数如图 4-57~ 图 4-59 所示。

表 4-4　英飞凌 IPA60R400CE 规格书参数部分节选

参数	符号	参数值			单位	测试条件
		最小值	典型值	最大值		
输入电容	C_{iss}	—	700	—	pF	$V_{GS}=0V, V_{DS}=100V, f=1MHz$
输出电容	C_{oss}	—	46	—	pF	$V_{GS}=0V, V_{DS}=100V, f=1MHz$
有效输出电容，能量相关	$C_{o(er)}$	—	30	—	pF	$V_{GS}=0V, V_{DS}=0...480V$
有效输出电容，时间相关	$C_{o(tr)}$	—	136	—	pF	$I_D=$ 常数　$V_{GS}=0V, V_{DS}=0...480V$
导能延时时间	$t_{d(on)}$	—	11	—	ns	$V_{DD}=400V, V_{GS}=13V, I_D=4.8V,$ $R_G=3.4\Omega;$ 参见表 10 测试电路
上升时间	t_r	—	9	—	ns	$V_{DD}=400V, V_{GS}=13V, I_D=4.8V,$ $R_G=3.4\Omega;$ 参见表 10 测试电路
关断延时时间	$t_{d(off)}$	—	56	—	ns	$V_{DD}=400V, V_{GS}=13V, I_D=4.8V,$ $R_G=3.4\Omega;$ 参见表 10 测试电路
下降时间	t_f	—	8	—	ns	$V_{DD}=400V, V_{GS}=13V, I_D=4.8V,$ $R_G=3.4\Omega;$ 参见表 10 测试电路

表 4-5　英飞凌 IPP60R190P6 规格书参数部分节选

参数	符号	参数值			单位	测试条件
		最小值	典型值	最大值		
输入电容	C_{iss}	—	1750	—	pF	$V_{GS}=0V, V_{DS}=100V, f=1MHz$
输出电容	C_{oss}	—	76	—	pF	
有效输出电容，能量相关	$C_{o(er)}$	—	61	—	pF	$V_{GS}=0V, V_{DS}=0...400V$
有效输出电容，时间相关	$C_{o(tr)}$	—	264	—	pF	$I_D=$ 常数 $, V_{GS}=0V, V_{DS}=0...400V$
导能延时时间	$t_{d(on)}$	—	15	—	ns	$V_{DD}=400V, V_{GS}=13V, I_D=9.5A,$ $R_G=3.4\Omega;$ 参见表 11 测试电路
上升时间	t_r	—	8	—	ns	
关断延时时间	$t_{d(off)}$	—	45	—	ns	
下降时间	t_f	—	7	—	ns	

表 4-6   安森美 FQPF18N50 规格书参数部分节选

符号	参数	测试条件	参数值			单位
			最小值	典型值	最大值	
动态特性						
C_{iss}	输入电容	$V_{DS}=25V, V_{GS}=0V, f=1MHz$	—	2200	pF	pF
C_{oss}	输出电容		—	330	pF	pF
C_{rss}	反向传输电容		—	25	pF	pF
开关特性						
$t_{d(on)}$	导通延时时间	$V_{DD}=250V, I_D=18A,$ $V_{GS}=10V, R_G=25\Omega$	—	55	120	ns
t_r	导通上升时间		—	165	340	ns
$t_{d(off)}$	关断延时时间		—	95	200	ns
t_f	关断下降时间		—	90	190	ns
Q_g	总的栅极电荷	$V_{DS}=400V, I_D=18A,$ $V_{GS}=10V$	—	45	60	nC
Q_{gs}	栅-源极电荷		—	12.5	—	nC
Q_{gd}	栅-漏极电荷		—	19	—	nC

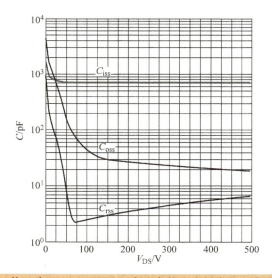

图 4-57   英飞凌 IPA60R400CE 寄生参数（资料来源于产品规格书）

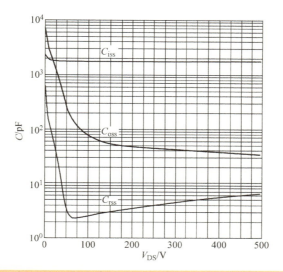

图 4-58 英飞凌 IPP60R190P6 寄生参数（资料来源于产品规格书）

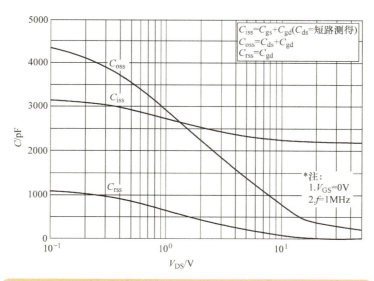

图 4-59 安森美 FQPF18N50 寄生参数（资料来源于产品规格书）

参考以上三款 MOSFET 规格书的数据进行罗列对比：

- IPA60R400CE (TO220 封装)：$C_{iss}=700pF$，$C_{oss}=46pF$，$C_o=30pF$；
- IPP60R190P6 (TO220 封装)：$C_{iss}=1750pF$，$C_{oss}=76pF$，$C_o=61pF$；
- FQPF18N50 (TO220 封装)：$C_{iss}=2530pF$，$C_{oss}=76pF$，$C_o=150pF$。

从上面最直观的能看出来影响 EMI 的参数是 C_{iss} 和 C_o，可作为后续整改辐射的一个参考点，这同时也给我们一个警示，近几年全球电力电子物料（包括主动或被动器件）供货紧张，许多工程师面对不同替代料之间的选择，所以需要对此高度重视，经过多项评估才可导入替代料。

4.6.2　系统接地与否的影响

　　LED 灯管只有 L/N 两线，而没有第三根地线，但与灯具配套测试，灯具备有地线接地，所以这有时存在一个误区，以为我们只需要接 L/N 线测试即可，但实际上需要对最终客户进行了解，这样才能够满足实际的情况。对此 LED 灯管进行测试。

　　采用测试条件和标准：AC230V/50Hz，EN 55015 B 类限值。

　　测试产品：LED 灯，满载功率 20W，T8 全塑灯管，但塑料灯管内部存在长条形铝散热片。

　　测试结果：有地线与无地线差 10dB，接地线后测试发现已超过限值，去掉地线后有 10 几个 dB 的裕量。

　　LED 灯管与灯具一起接地线的结果如图 4-60 所示。

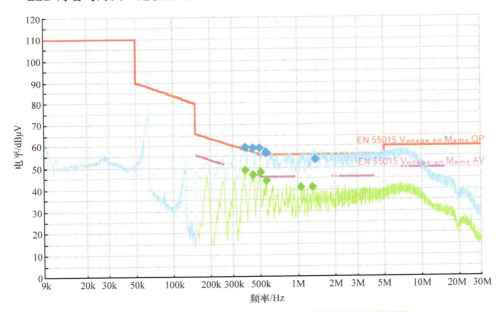

图 4-60　整体传导 EMI 测试结果（三线输入，灯具接地）

　　LED 灯管与灯具一起不接地线的结果如图 4-61 所示。

　　显而易见，由于接了地线，灯管与外壳之间形成的寄生电容也产生了差模噪声，这需要我们在 LED 灯管的驱动设计时要提前考虑，留出裕量，并和灯具一起配合测试。由于 LED 灯管和测试板之间的容性耦合不确定，所以我们需要尽量减少高频信号对地（测试板）的干扰。如图 4-62 和图 4-63 是一个实物的摆放和配置测试图。

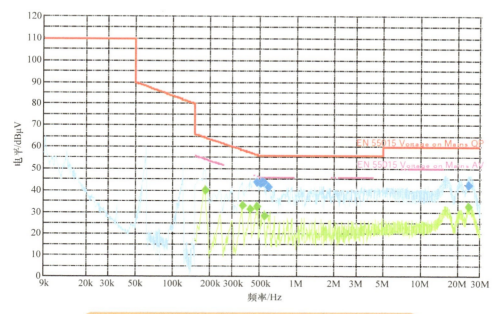

图 4-61　整体传导 EMI 测试结果（两线输入，灯具不接地）

图 4-62　实际测试传导 EMI 时的摆放和配置（一）

图 4-63　实际测试传导 EMI 时的
摆放和配置（二）

　　可以看到，由于 LED 灯管的特殊性（其长度和走线，以及测试方法），接地与否的影响很大。这里提供一种比较简单的办法，用于将走线高频干扰减少，进而减弱对地共模噪声。一般的 LED 灯管都是将驱动电源分两端摆放，一端为前级，这一级主要包括输入级和 EMC 电路；另一级置于 LED 灯管的另一端，这即为功率转换级，两端之间通过中间走线连接，这走线需要经过 1m 甚至更长的距离，如果走线上存在高频分量的话，则对于 EMC 很不利，如图 4-64 所示。

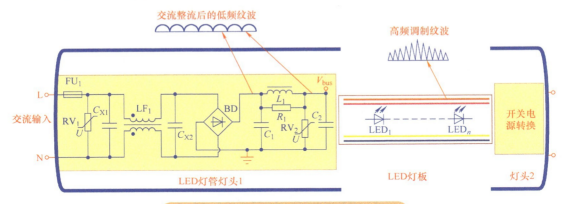

图 4-64　LED 灯管电源实际电路信号分析

可以看到，EMC 这级如果采用现有的电路配置的话，由于 $C_1/L_1/C_2$ 的存在，形成的 PI 型滤波，电感 L_1 之后的波形上面叠加了开关信号的高频调制波，此信号对于 EMI 会产生不利影响，所以我们需要对器件布局进行优化，很简单的办法就是，如图 4-64 中的箭头所示，我们将差模电感 L_1 移到功率级一侧即可。如图 4-65 是改进前后的信号流向图。

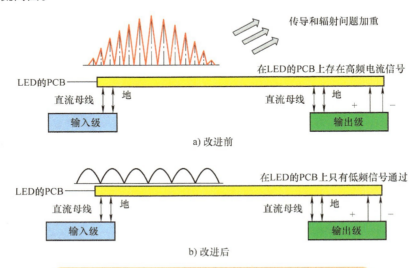

图 4-65　LED 灯管电源实际干扰和优化后的电路信号链

当然，为了验证这种设计优化的有效性，我们直接进行了实际模拟测试，在相同的负载和输入条件下，对两种不同的电源布局进行了 EMI 传导测试，分别如图 4-66

和图 4-67 所示。

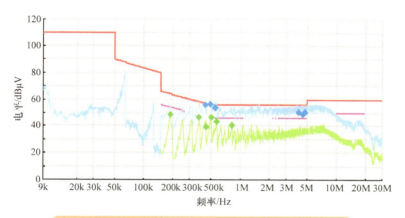

图 4-66 LED 灯管电源 PCB 未进行优化的 EMI 结果

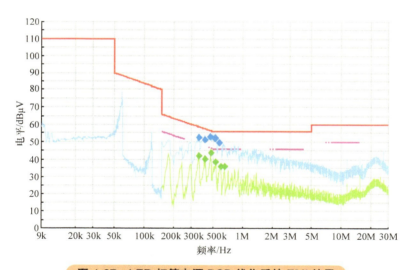

图 4-67 LED 灯管电源 PCB 优化后的 EMI 结果

可以看到，整个中频段（1~10MHz）的 EMI 传导辐射得到了抑制，这种方法并不需要增加任何 EMI 器件，只是简单地调整 PCB 布局即得到了很大的改善。

4.6.3 变压器外屏蔽的影响

整改一个 LED 电源的 EMI，传导在 100~600kHz 处超标，仔细测试波形发现，此频段超标引发的情况有很多，包括变压器漏感等均会导致此处的 EMI 超标，这个时候主要以共模噪声为主，测试的结果如图 4-68 所示。

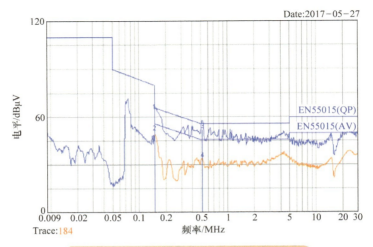

图 4-68　LED 灯管电源 EMI 传导测试结果

可以看到，整体并不是特别理想，如果考虑到量产时的器件偏差等不确定性因素，此 EMI 结果是不符合要求的，所以需要进行整改，最简单的办法是将变压器进行接地屏蔽处理，将变压器加个外铜箔屏蔽并接一次侧的地，将整体电磁干扰水平降低了，主变压器屏蔽接地实物图如图 4-69 所示，屏蔽接地后的 EMI 传导测试结果如图 4-70 所示。

图 4-69　主变压器屏蔽接地实物图

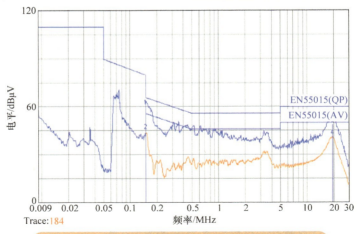

图 4-70　主变压器屏蔽接地后的 EMI 传导测试结果

增加外屏蔽后，将变压器的杂波和干扰抑制住了，优化了整体 EMI，所以从两个波形对比来看，曲线的走向也有所变化，除了同比降低外，高频区（共模区）也得到了抑制。但变压器加外铜箔工艺复杂，成本较高，生产上的一致性很难控制，对于一次侧干扰占主导的变压器，加这个屏蔽有效，如果是二次侧干扰占主导的变压器，加这个屏蔽反而会恶化。

4.6.4　EMI 测试 L、N 线差异

一般的电源进行 EMI 传导测试时，L 线和 N 线基本上是一致的，但有些情况下会存在一定的差异，我们可以通过测试接收机的等效电路图（见图 4-71）来进行分析。

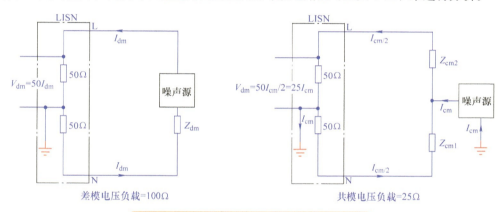

图 4-71　LISN 中的共模和差模负载示意图

可以看到，共模电压负载为 25Ω，而差模电压负载为 100Ω，从而得到对应的 L 线和 N 线上的噪声电压（测试时不区别差模电压还是共模电压）如下：

$$V_L = 25I_{cm}+50I_{dm} \qquad V_N = 25I_{cm}-50I_{dm} \qquad (4\text{-}2)$$

可以看到，如果不考虑任意 EMI 滤波器存在的话，L 线上的噪声电压要高于 N 线上的噪声电压，这取决于差模电流的大小，L 线和 N 线还是存在细微的差异。

4.6.5　神奇的磁环

如果整改过 EMI 的读者可能会注意到，在第三方 EMI 实验室，经常可以看到有许多磁性材料供应商提供了一些免费的样品，其中很多是磁环，如图 4-72 所示的这样。这种磁环一般用于高频辐射的抑制，很多工程师用其作为抑

图 4-72　EMI 高频信号抑制磁环

制 EMI 的最后一个绝招。因为简单易操作，只需要在输入或是输出线上绕几圈即可以看到很明显的效果，这对于测 EMI 时争分夺秒的过程来讲，也不失为一个好的办法。当然，对于磁环供应商而言，这是一个极好的营销策略。因为磁环种类千差万别，所以工程师最终还是需要重新找到测试时的磁环供应商。

　　如图 4-73 所示是一个灯具的拆解图，可以看到驱动前级的 EMI 防护不足，这可能是因为驱动是第三方公司外购的，而第三方公司并没有在这上面花太多的成本和精力，这样的系统就存在很大的风险，进行 EMI 辐射测试，得到结果如下图 4-74 所示。

图 4-73　灯具内部用驱动的拆解图

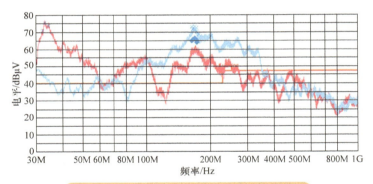

图 4-74　LED 灯具系统 EMI 测试时的结果

　　从图 4-75 看来，加入 EMI 滤波器，系统 EMI 结果要改善很多（见图 4-76），这在情理之中，但仍然不是很理想，我们可以再试用磁环，因为结果显示在 90~100MHz 处的辐射能量很高，所以对症下药，我们直接选择一个谐振频率为 100MHz 的磁环加在输入线上，如图 4-77 所示。加入磁环和 EMI 滤波器后的辐射结果如图 4-78 所示。

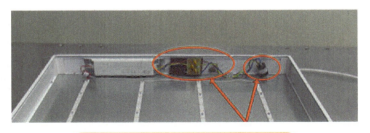

图 4-75　在驱动外部增加 EMI 滤波器

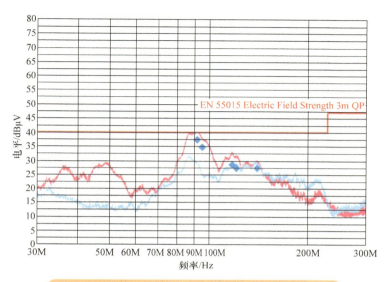

图 4-76 灯具驱动电源加入 EMI 滤波器的辐射结果

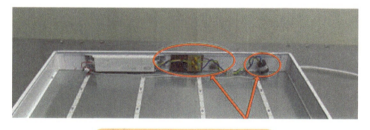

图 4-77 在输入线上加入磁环

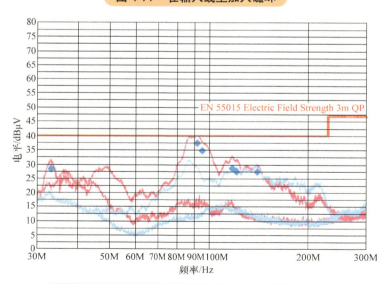

图 4-78 灯具加入磁环和 EMI 滤波器后的辐射结果

灯具厂家直接采用外置磁环后的结果表明这种方法效果很好，对于整机组装厂家来说，这是一个比较简单的方法，唯一的缺陷就是成本略高以及如何向终端客户说明这个附件的作用，这就变成了一个客户认可和接受的问题。但厂家为了销售产品，已经解决了这个问题，即将磁环直接组装在线缆里面，如图 4-79 所示。

图 4-79　各种各样的外接 EMC 磁环产品（各种成品后附加的磁环）

4.6.6　调光及功率变化的影响

随着现在照明产品对于多种工作模式的要求，可以调光的照明产品越来越多，包括传统的晶闸管调光，或是分段式调光，还是智能数字化调光，FCC 或是 IEC 标准在这方面也有定义在不同组合下的 EMI 要求，实际上操作起来比较复杂，不同组合导致测试工作量很大。中国的 CCC 标准（于 2018 年 7 月 1 日正式实施的 GB/T 17743—2017《电气照明和类似设备的无线电骚扰特性的限值和测量方法》）也有要求，见图 4-80。但是一个现实的问题是，一般 LED 电源或是适配器电源在设计时，均是以满载或是接近满载去优化设计，而当接近空载或是极轻载时，为了满足能效要求，频率会改变，这样可能会造成 EMI 性能恶化。举例说明，现在许多 LED 灯是用于代替传统荧光灯系统，而对应的功率基本为荧光灯系统功率的一半甚至更小，这样如果前面的电子镇流器存在的时候，接上 LED 灯的话，很可能会让电子镇流器工作于不稳定区域，因为对非调光的荧光灯系统，电子镇流器一般工作于满载，也是基于满载设计的电路，而 LED 灯的代替，严重改变了电子镇流器的电路特性，所以很容易导致系统层面 EMI 不满足要求。即使是一个不带电子镇流器的电源，降低功率到一定程度后，工作时候的频率和特性变化，例如从连续工作变为跳周期工作，这也可能导致 EMI 在低功率时超出限值。

8.1.4　调光控制器

8.1.4.1　总则

如果照明设备含有一个调光控制器或由一个外部装置调光，那么测量骚扰电压时应用下列方法：

——对于直接改变电源电压的调光控制器，类似于调光器，电源端、负载端和控制端的骚扰电压（如有）应按照 8.1.4.2 和 8.1.4.3 规定加以测量。

——对于通过镇流器或转换器调节光输出的调光控制器，电源端和控制端的骚扰电压（如有）应在最大和最小光输出时加以测量。

9.1.4　调光控制器

如果照明设备含有一个内装的调光控制器或由一个外部装置控制调光，辐射电磁骚扰应用下列方法测量：

对于通过镇流器或转换器调节光输出的调光控制器，应在最大和最小光输出时测量。

图 4-80　GB/T 17743—2017《电气照明和类似设备的无线电骚扰特性的限值和测量方法》中关于调光控制器电源的 EMI 测量节选

实际上由于调光器在市场广泛存在，特别是北美地区，所以现在有种现象就是为了降低成本，灯具厂家只是保证裸灯（即不带调光器）的 EMC 性能，但是却不保证接入调光器时的 EMC 性能，这是严重脱离实际使用情况的。如图 4-81 和图 4-82 为一个 LED 球泡灯带调光器和不带调光器的 EMI 传导测试结果，可以看到，调光器的加入恶化了 EMI，所以此产品需要进一步整改方能满足真正的客户使用环境。但我们也意识到，因为调光器种类繁多，要保证所有调光器组合时均能符合要求，这样成本和周期都变得不可接受，所以企业从品质角度上来讲，能做的就是尽量去满足多种不同应用下的调光器要求。

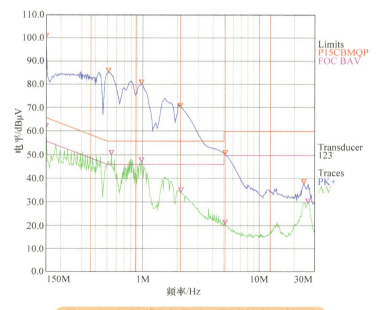

图 4-81　LED 球泡灯带调光器测试 EMI 的结果

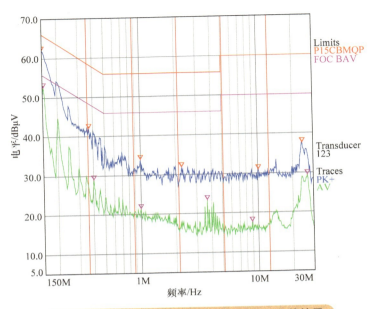

图 4-82   LED 球泡灯不带调光器测试 EMI 的结果

4.6.7   一个完整的 LED 球泡灯 EMI 传导整改过程

从海关出口数据可以看到，2017 年全年 LED 球泡灯的出口额度为 33 亿美元，这占所有出口灯具的 27%~30%，2018 年会持平或是超过此数值，可以窥见许多工程师在这个细分领域奋斗着。正是因为量大，技术成熟度高，要求也都很清晰，所以本节将关注 LED 球泡灯的 EMI 设计和整改过程，具体地，我们先来看一个典型球泡灯的分解图，它一般包括散热结构、LED 电源、光源以及光学部件，如图 4-83 所示。

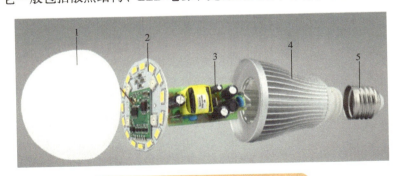

图 4-83   典型 LED 球泡灯的结构图

1—光学外壳   2—LED 灯板和控制板   3—LED 驱动   4—散热外壳   5—灯头

随着技术的发展，LED 球泡灯以及其电源设计技术飞速发展，笔者的亲身经历就有如下几个过程。

1. 起步阶段，2007 年以前，以工频阻容降压为代表的第一代 LED 球泡灯出现在市场上，那时配以低端的 LED 灯珠（一般即为俗称的草帽灯珠），LED 球泡灯雏形形成。此阶段由于标准的缺失，大家并没有对 LED 电源的 EMI 问题给予重视，而阻容降压方案天生也不存在 EMI 问题，故行业一直在摸索中前进。

2. 接着，以日系松下、东芝为代表的产品，开始了真正意义上的 LED 球泡灯，但是日本市场的特殊性，产品使用较为复杂的隔离式开关电源，同时外壳以塑料和金属辅助散热，但在产品光学属性、能效等方面并没有实质化的规格要求，基本上只是满足外观和为了 LED 而 LED 化，即是把 LED 和电源人为地塞入到球泡之中，EMI 问题仍然处于空白期。

3. 2008 年，美国能源部（DOE）设立"L Prize"竞赛，是首个由政府赞助的技术项目，旨在推动超高效率固态照明产品的开发，从而代替传统照明光源。其中一大挑战就是要开发出 60W 白炽灯泡（A19）的替代产品。这个项目对色温、光通量、功率、光效、寿命、显色指数等有明确要求，开创了高端 LED 球泡灯之先河，有趣的结果是，飞利浦是第一个提交方案，历经近 9 个月的研发，向 DOE 提交了 2000 个样品，以及 18 个月的测试，于 2011 年拿下此奖。严苛的测试条件要求对 LED 驱动电路设计和散热设计都提出了新的要求。此时 FCC 等规则已经开始将 LED 灯具列入管控范围。

4. 2011 年左右，飞利浦率先以 Prince 产品的独创性设计，开启了 LED 球泡灯设计的多元化市场，一个普通球泡灯通过设计也可以变成一个高端的产品，其电源变得多样化，如晶闸管调光进入细分市场，驱动电源内部也从隔离演变为非隔离，方案从反激式慢慢退化成升降压式或是纯粹的降压式。这几年是百花齐放的时代，也是芯片厂家大力爆发布局的时代。下游生产厂商均全力进入此领域，大批企业出口量增长，从这时候开始，LED 灯具的 EMC 问题变得异常关键，已不是简单的 EMI 问题，EMS 问题也很突出，特别在大功率路灯等场合，浪涌设计和输入电流谐波问题成为设计方案的一个占比高的权重。

5. 2012 年左右，仍然是飞利浦，其智能 LED 球泡灯 Hue 的推出，在其后很长一段时间占据着智能球泡灯的风口，这是一款颠覆性的产品，它重新定义了光源，也给全球照明厂商开创了 LED 照明智能化、市场化的先河。由于驱动电源中无线射频模块的加入，赋予了 LED 灯更多功能的同时，技术门槛难度得以提高，而随着后来欧盟将对于含有无线通信的灯也归于信息类设备，对于 EMI 的要求进一步提高，这可以参见本章前述部分内容。

6. 2012~2014 年，LED 电源和 LED 驱动芯片厂商的磨合期已过，价格战已经到来，驱动电源去芯片化又再度被提出来，以分立元件为代表的 RCC 方案占有一定的市场，同时低端的 LED 驱动芯片层出不穷，本着能省一个电阻电容的想法，LED 的芯片厂商和驱动电源厂商在这里苦心经营。同时晶闸管调光、普通调光、智能调光调色、分段式调光等各种新潮概念与复古概念并存。这里面由于线路的复杂程度增加，而同期对成本的苛求，EMI 问题变得异常严重。

7. 2014 年以后，整个 LED 球泡灯的市场已经十分成熟，随着 LED 驱动芯片的成本进一步降低，所以 RCC 方案由于其性能和复杂度而被摒弃，而线性方案由于其无电磁干扰问题，设计简单而逐渐涌现。特别是在一些高电压输出场合，更是得到了很好的应用。从而 EMI 问题也变得简单，而更倾向于 EMS 问题的处理。LED 球泡灯的驱动部分实物体如图 4-84 所示。

所以现在我们来看这个实际的例子，LED 球泡灯仍然是标准的代替 40W 的 A19 灯泡，额定功率 5W，由于标准并没有对 THD 和 PF 有严格的要求，所以采用的方案是广泛使用的非隔离 Buck 恒流方案，大概电路图如图 4-85 所示，可以看到电路中存在两个耦合支路，即：

图 4-84　LED 球泡灯的驱动部分

1. 灯头 (金属) 与 MOSFET 源极的容性耦合；
2. 主电感由于与熔断器电阻靠得太近，而导致的感性耦合。

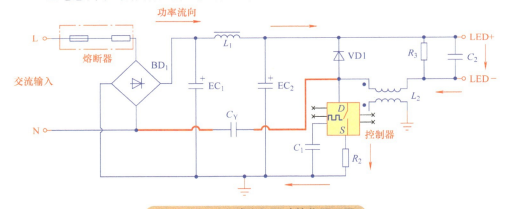

图 4-85　LED 球泡灯驱动简化原理图

第一次传导测试结果如图 4-86 所示。

可以看到，中频段开始整体超标，但超标的幅度不大，怀疑到上述的容性耦合，我们直接对比实验，将驱动电源从灯头位置处拉出来，即悬空测试，如图 4-87 所示。LED 驱动远离灯头外壳后的 EMI 传导测试结果如图 4-88 所示。

惊讶吧，效果很明显，减少容性耦合直接将结果优化了 10dB，但这只是一个试验性的方案，真正实施需要另想办法。所以开始了我们的整改之路。当然一般整改都会设定几个条件，也就是说整改的方向如下：

1. 简单易实施；
2. 低成本；
3. 尽量不改变 PCB 布局，如果需要大规模的重新进行 PCB 布局，这种迭代过程意义不大。

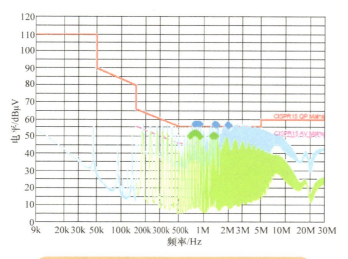

图 4-86　LED 球泡灯的初步 EMI 传导测试结果

图 4-87　将驱动电源从 LED 球泡灯头壳体中抽出来

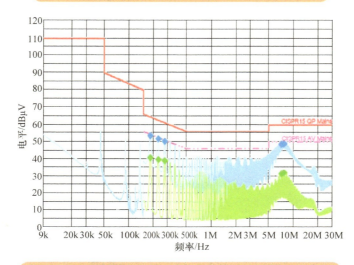

图 4-88　LED 驱动远离灯头外壳后的 EMI 传导测试结果

在中频段超标，我们一般会认为是直接采用 X 电容的方案，故在输入侧（整流桥前）加入一个 X2 电容（值为 10nF），用于差模干扰的抑制。增加 X 电容后的电路原理图及 EMI 传导测试结果如图 4-89 所示。

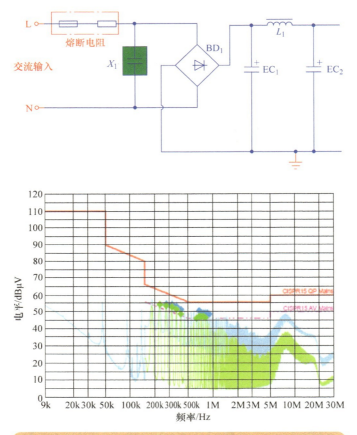

图 4-89　增加 X 电容后的电路原理图及 EMI 传导测试结果

表面上看来是很不错的效果，能够直接将 EMI 的 QP 值整体超标消除，但仔细看 AV 平均值结果的话，仍然是超标的，所以这并不是一个很完善的办法，所以继续想办法整体降低干扰幅值。由于怀疑漏极存在容性耦合，故采取常用的 D-S 增加电容的办法，增加一个 50pF 的瓷片电容，以期望能缓解 $\mathrm{d}v/\mathrm{d}t$。电路原理图及 EMI 传导测试结果如图 4-90 所示。

实际上可以看到，并没有完全解决这个问题，电容的并入效果并不明显，而且不利于整机的效率。D-S 并电容的方式是一种被动的办法，不建议经常采用。然而我们试着从另一个地方增加一个电容，即采样电阻处，如图 4-91 所示，可以看到，这次却很好地解决了 AV 值超标的问题，这貌似是一个很完美的解决方案，新增加的电容容值为 33~200nF，普通的 X7R 类型电容即可以满足，但是这个电容却改变了电路参数，如调制时间、调制频率，以及线性调整率均受影响，这种损失比上述 D-S 并电容的方法更加恶劣，故仍然不值得在量产中去采用。

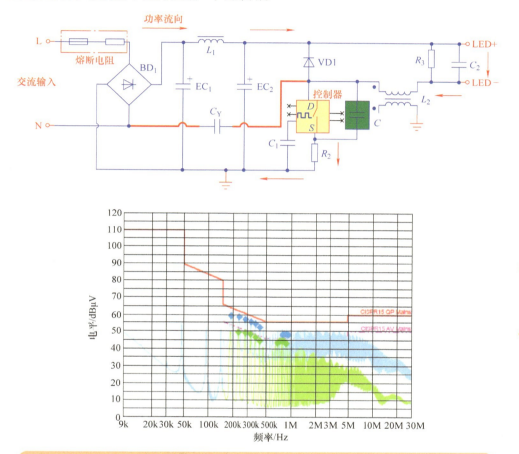

图 4-90 在 MOSFET 的 D-S 增加缓冲吸收电容后的电路原理图及 EMI 传导测试结果

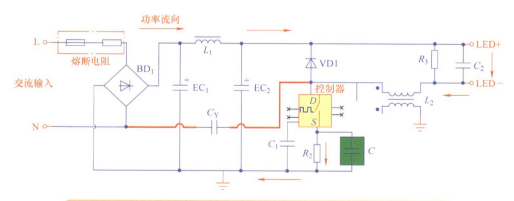

图 4-91 在采样处增加平滑电容后的电路原理图及 EMI 传导测试结果

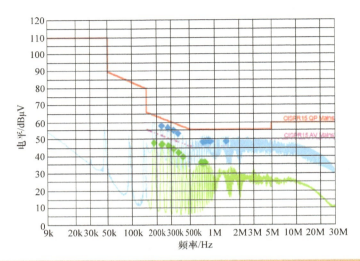

图 4-91　在采样处增加平滑电容后的电路原理图及 EMI 传导测试结果（续）

注意，这里所采用的方法都是在想用一个简单、低成本且不过多改变现有 PCB 布局的前提下去达到目标，然而理想和现实之间的差距太远了，让我们不得不放弃这个想法。因为采用的熔断电阻，其绕制结构导致存在一定的感量，再加之 LED 球泡灯的体积小，这存在相互感性耦合，屏蔽也就成为了一个很好的办法，现在我们先从屏蔽熔断电阻开始，得到如下结果，虽然只是简单的一个环形屏蔽，但效果非常好，如图 4-92 所示。

同时，为了进一步验证这个干扰源，我们做一个对比实验，将主变压器进行屏蔽并接地，可以看到，整个结果和上述方法基本一样，所以这个办法也是可行的，如图 4-93 所示。

关于此案例的小结：可以看到 EMI 整改在一定程度上是一个试错的过程，一般比较理想的结果是在上述所说的三个方面取得平衡，整改方法多种多样，屏蔽干扰源和切断干扰路径都可以实现 EMI 的抑制。

但是我们需要考虑到实际中生产和控制的方便，在此案例中，如果在熔断电阻上加屏蔽铜箔的话，会导致熔断电阻加工困难，因为它上面为了防止炸裂而需要加一层热缩套管，如果再在上面增加一个铜箔屏蔽的话，工厂前置加工处理变得异常困难，工序复杂度增加，而且这个没有办法量化，如加在哪里合适，用多宽的铜箔，所以从质量管控角度来看，这不是一个很好的办法。如果在主变压器上增加铜箔的话，这是一个行业内很常用的办法，在变压器厂商生产时即可以解决，研发设计人员只需要提供屏蔽铜箔接地位置即可以实现，对于整机生产商的要求降低了。

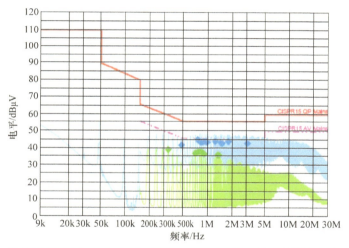

图 4-92　将熔断电阻屏蔽后的实物图及 EMI 传导测试结果

图 4-93　将变压器屏蔽后的实物图及 EMI 传导测试结果

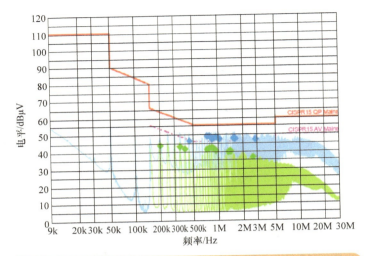

图 4-93　将变压器屏蔽后的实物图及 EMI 传导测试结果（续）

4.7　本章小结

至此，我们需要知道，EMC 问题不是玄学，虽然对于电源本身，对 EMC 问题的建模需要很丰富的理论支持，然后通过仿真等手段去验证设计，这往往就挡住了刚入门的电源工程师。网络资料以及信息交流的发达，我们也经常可以看到各种资料上都对 EMC 问题进行了许多经验总结，但往往 EMC 问题是一个因"机"而异的情况，哪怕同一个 PCB 和原理图，稍微更换一个器件即可造成显著的差异，更不要说每个工程师面对的是基本上完全不同的产品。所以，目前在中小型公司，EMC 问题还是以一种试错的方式在进行，这样严重依赖工程师的经验和能力，所以也是大家的一个痛点，企业研发成本在这里投入很大。本书此章的目的不是提供给大家一个解决方案，实际上也不可能提供出一个归一化的经验。笔者在这里只是给工程师，特别是刚入门的工程师一些细节性的指导，特别是在一些操作过程中能够避免浪费的情况。既然 EMC 不是玄学，其背后的理论承载着很多知识点，读者可以根据自己的实际情况去挖掘研究，笔者这里对于 EMC 问题总结如下：

1. EMI（传导 / 辐射）问题尽量用非损耗方式去解决，如 PCB 布局，所以合理选择开关频率和芯片设计方案是重中之重。

2. EMS 问题一般主要就是器件的选择和 PCB 布局的优化。

当然，本书后面的参考文献也给出一些笔者认为是 EMC 领域的经典之作，供大家参考。

4.8　参考文献

[1] 钟远生 . LED 照明产品电磁兼容测试项目要求 [J]. 电气技术，2012(5):92-93.

[2] 舒艳萍, 陈为, 毛行奎. 开关电源有源共模 EMI 滤波器研究及其应用 [J]. 电力电子技术, 2007(6):10-12.

[3] 帅孟奇. LED 驱动电源及其控制技术的研究与应用 [D]. 广州：华南理工大学, 2011.

[4] 房媛媛, 秦会斌. 反激式开关电源传导干扰的 Saber 建模仿真 [J]. 电子器件, 2014(5): 958-961.

[5] 陈治通, 李建雄, 崔旭升, 等. 反激式开关电源传导干扰建模仿真分析 [J]. 电源技术, 2014(5): 953-956.

[6] 李建婷, 熊蕊. 抖频-有效降低开关电源 EMI 噪声容限的技术 [J]. 电源技术应用, 2006(5):40-42.

[7] 卢杰, 邝小飞. 频率抖动技术在开关电源振荡器中的实现 [J]. 物联网技术, 2014(12):39-40,43.

[8] R. VIMALA, K. BASKARAN, K. R. ARAVIND BRITTO. Modeling and Filter Design through Analysis of Conducted EMI in Switching Power Converters[J]. Journal of Power Electronics, 20124(4):632-642.

[9] 文家昌, 叶祥平. 建设 EMC 测试实验室的技术研究 [J]. 电子测量技术, 2013(9):1-4.

[10] 马海军. 产品开发过程中的 EMC 设计 [J]. 电子产品世界, 2015(11):39-41.

[11] 符荣梅. 3 米法半电波暗室 (EMC 检测试验室) 的建设及 EMI 测试技术实践 [J]. 计算机工程与应用, 2001(4):118-120,126.

[12] S. B. Worm, On the relation between radiated and conducted RF emission tests [C]. 13th Int. Symposium on EMC, Zurich, 1999.

第5章

电源设计小技巧和工程化经验方法

闻道有先后，术业有专攻。本书前几章有提到过，虽然现在电力电子开始了模拟电路、数字电路、模拟数字混合电路三分天下的局面，但国内有近 90% 的电源工程师一开始还是从事模拟电路的研发设计工作，而他们的工作模式一般不外乎于如下几种方式。

小型公司，完全没有人带，自己边找资料，通过各种论坛、QQ 群、微信群，边炸机边学，处于没有人关爱的一种类型，这是最痛苦的一种情况。

中型公司，有前辈老师傅带，有代理厂或是原厂的 FAE 支持，对于刚入门的工程师来说这种情况就比较幸运，并不会感到茫然，但是这类型公司可能缺少标准化和文档化管理。

大型公司，完善的流程体系和学习系统，也有各种水平层次的同事带着做项目，原厂技术上门服务，时常有专题技术培训，所以不缺技术上的积累和解惑者。但在这种大公司，也有一个弊端，由于职能的细分化，可能数年专注于某一个细分领域而知识面较窄。

如何从授人以鱼变成渔人，业界也想了很多办法，一时间技术社区、公众号、公开课、专题培训等不断涌现，但后来越来越多广告商的介入，以及工程师们在技术上研究的时间比较少，一般都是直接针对性的寻找问题的答案，所以现在反而直接的 QQ、微信社交成为了主要的信息来源。这往往没有经过沉淀，缺乏系统性。而有时所谓的技巧只是其他人的经验，而不具有普适性。

所以本章也是抛砖引玉，希望介绍和引入一些技巧，这些技巧具有一定的通用性，对于初级工程师来说，只需要了解这些模块化电路，对于日后更为复杂的电路设计打下基础。这章仅是电源电路设计中的一些小知识点，来源于笔者实践中的整理和经验总结。

5.1 启动时间和效率以及 V_{CC} 供电技术

5.1.1 待机功耗的降低

待机功耗指的是在无负载状态下的功耗，借用第 1 章的单级 PFC 原理图来说明，见图 5-1。

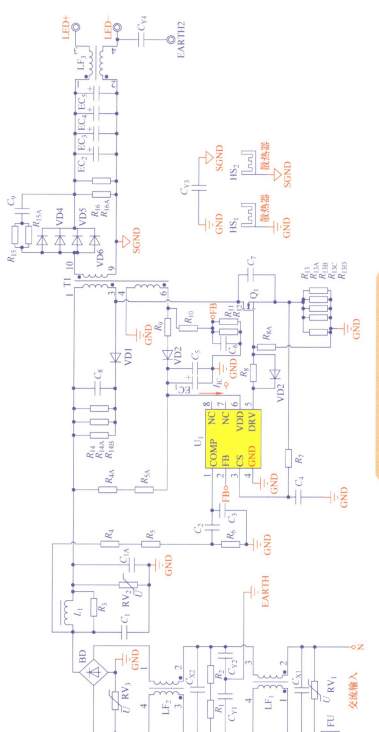

图 5-1　一次侧单级 PFC 电路原理图

1. X 电容的放电电阻损耗，R_1 和 R_2，在输入电压最高的时候功耗最大，假设 $R_1 + R_2 = 1\text{M}\Omega$，则：

$$P_1 = \frac{264\text{V} \times 264\text{V}}{1\text{M}\Omega} = 0.07\text{W} \tag{5-1}$$

在满足放电时间的要求下，这两个电阻阻值越大，则损耗越小。

2. 启动电阻的损耗，R4A 和 R5A，在输入电压最高的时候功耗最大，假设 R4A + R5A = 480kΩ，则：

$$P_2 = \frac{(264\text{V} \times 1.414\text{V})^2}{480\text{k}\Omega} = 0.29\text{W} \tag{5-2}$$

在满足启动时间的要求下，这两个电阻阻值越大，则损耗越小。

3. 芯片损耗，假设芯片正常工作电流有效值为 3mA，工作电压为 18V，则：

$$P_3 = 0.003 \times 18\text{W} = 0.054\text{W} \tag{5-3}$$

在保证芯片在全范围下不会进入欠电压状态时，应按比较低的工作电压选取，这样损耗最小。

4. 假负载的损耗，R16 和 R6A，在输出电压最高的时候（假设空载电压 40V）功耗最大，假设 R16 和 R16A 都取 30kΩ，则：

$$P_4 = \frac{(40\text{V})^2}{15\text{k}\Omega} = 0.11\text{W} \tag{5-4}$$

对上面的图 5-1，总的待机损耗 $P = P_1 + P_2 + P_3 + P_4 = (0.07 + 0.29 + 0.054 + 0.11)\text{W} = 0.524\text{W}$，从上面的分析可以看出，除开芯片这个因素，功率损耗最大在启动电阻和假负载，若想降低待机的损耗，就需要重点考虑这两点。启动电阻的大小与启动时间的快慢相关联，假负载的大小与输出电容放电快慢相关联，根据实际情况，可以选择不同大小的启动电阻和假负载。

5.1.2　快速启动设计

我们常见的快速启动，主要是以下两种，图 5-2 为高压快速启动电路，图 5-3 为常规的两级快速启动电路。

图 5-2 所示电路，开通时刻：假设 V_{bus} 为 100V，VS_1 为 0.2W/15V，V_{bus} 通过 R_4、R_5、R_6、VS_1 串联，把 Q_2 的 G 级电压稳压到 15V，稳压管降额 50% 使用。假设 MOSFET 正常上升时间内所需的驱动电流为 20mA，则：

$$R_4 + R_5 + R_6 = \frac{V_{\text{bus}} - 15\text{V}}{I_{\text{ZD2}} + 20\text{mA}} = 3.2\text{M}\Omega \tag{5-5}$$

图 5-2 中 V_{CC} 端口连接一个比较大的电解电容 C，容量一般为 100~330μF，假设

为 220μF，R_7 起到限流作用，假设 V_{CC} 的电压达到 20V 所需的时间为 0.3s，则：

$$I_{VCC} = \frac{C \times V_{CC}}{t} = 14.7\text{mA} \tag{5-6}$$

$$R_7 = \frac{\text{VIN}}{I_{VCC}} = 6.8\text{k}\Omega \tag{5-7}$$

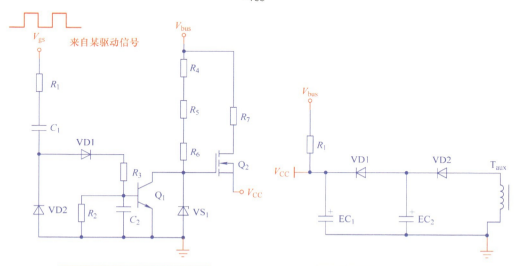

图 5-2　高压快速启动电路　　　　图 5-3　两级快速启动电路

关断时刻：V_{CC} 达到需要的电压后，主拓扑回路开始工作，V_{gs} 为主拓扑的驱动信号，通过 R_1 和 C_1，让 Q_1 一直处于导通状态，从而 Q_2 的 g 极一直处于低电平，Q_2 在后级工作后处于关断状态。

假设最大 V_{bus} 为 375V，则在后级开始工作后，在 R_4、R_5、R_6 上的损耗为

$$P_d = \frac{375^2}{3.2\text{M}\Omega} = 0.04\text{W} \tag{5-8}$$

图 5-3 中，通常称为两级启动，第一级 VD1/EC$_1$，通过 V_{bus} 串联电阻 R_1 限流给 EC$_1$ 充电，EC$_1$ 选用比较小容量的电解电容，用比较大的启动电阻也能实现快速充满 EC$_1$。达到芯片启动电压后，第二级开始工作（VD2 和 EC$_2$），工作后的电流比较大，所以 EC$_2$ 选择比较大容量的电解电容，也能快速充满电，实现快速启动的目的。

从上面的分析可以得出结论：这两个电路不只是开机时速度快，还能降低损耗。

5.1.3　电荷泵辅助电源供电技术

这里介绍一种经常用到，但容易被大家忽略的技术，一般称之为 dv/dt 供电，或是电荷泵供电，其实在模拟芯片设计中，自举驱动等芯片内部应该应用得很广泛，但是功率电路中由于受到了一些限制，用到的场合比较单一，典型的两种可用的原理图如图 5-4 所示。

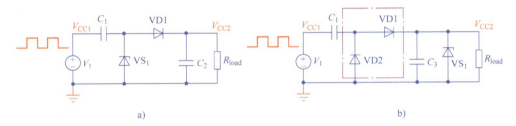

图 5-4　电荷泵供电电路

图 5-4a 的好处是用 VD2 作为预稳压和整流复合使用，但需要选择一个更为可靠的稳压管（功率等级、漏电流水平），图 5-4b 电路是在输出后级进行电压稳压，更符合我们常规的应用思路，同时 VD1/VD2 可以使用两个共阳或是共阴封装的二极管，如 BAV99W、BAV56W、BAV70W 等。复合封装二极管如图 5-5 所示。

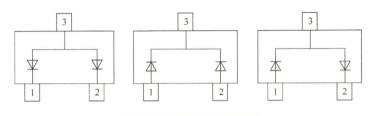

图 5-5　复合封装二极管

关键工作状态如图 5-6 所示，其核心主要是电容利用变化的斜率产生电流，形成一个类恒流源并提供给输出负载，所以充电、供电电流由电容、V_{CC1} 的频率，以及幅值变化度决定，即 $i=Cdv/dt$，所以这种电路得到的 V_{CC1} 供电可靠性不高，对电容的要求比较严格，同时也不适合于频率变化范围太大的场合，目前主要是用于给芯片供电（一般为 mA 级），并利用变压器绕组或是 MOSFET 节点作为电压源来使用（如果读者需要详细的理论分析，请联系笔者）。

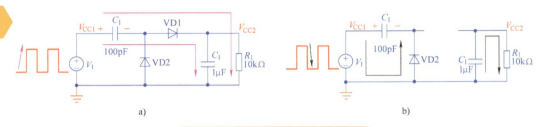

图 5-6　电荷泵电路具体工作流程

具体波形如图 5-7 所示，可以看到，在输入电压的上升沿和下降沿会产生电流，即 $i=Cdv/dt$。

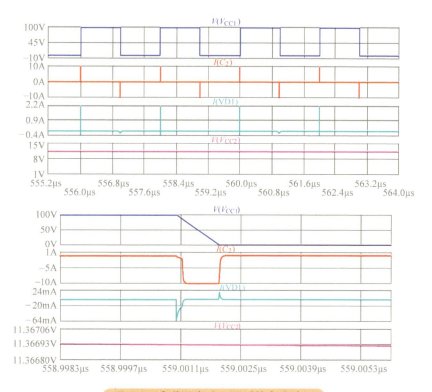

图 5-7　电荷泵电路工作时的电流波形

　　在一些小功率、小型化的应用场合，这种电荷泵电路能够提供一定功率大小的能量，故在一些便携式电子设备中得到广泛使用，如图 5-8 所示为几种典型的使用场合。

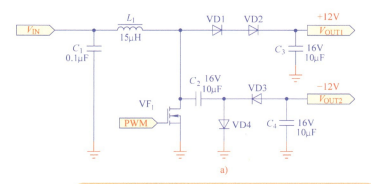

图 5-8　电荷泵电路典型应用情况（来源于网络整理）

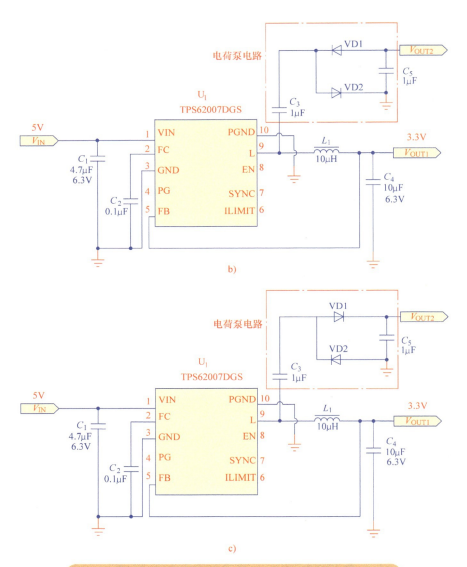

图 5-8　电荷泵电路典型应用情况（来源于网络整理）（续）

　　而下图 5-9 堪称经典电路，其为基于 ST 半导体 L6562 的 Boost APFC 典型应用图，其中采用的即为这种供电方式，正是这个图，许多工程师一直在模仿和应用，但不知其所然。

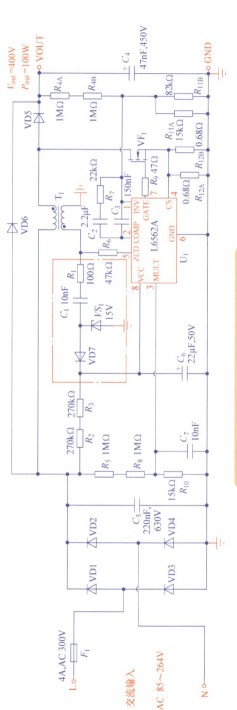

图 5-9　电荷泵电路在 L6562 供电中的应用

现在我们需要在数值上计算下此电路的参数选择，以便真正工程上能够用到。芯片供电采用辅助绕组以及电荷泵供电如图 5-10 所示。

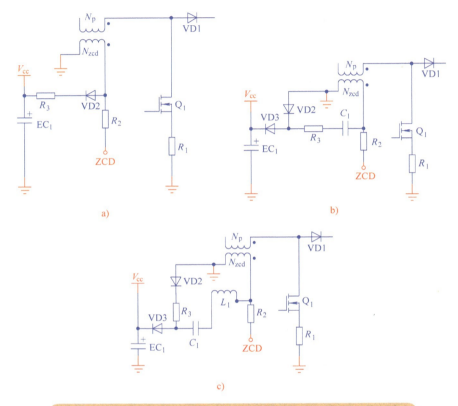

图 5-10　芯片供电采用辅助绕组以及电荷泵供电（来源：英飞凌）

一般地，给芯片供电的最常用的办法是使用检测绕组（第三绕组），但在利用检测绕组进行供电时，必须小心加入的电源电路不会影响检测信号。图 5-10a 中，可以使用一个二极管、一个电容 EC_1 和一个限流电阻 R_3，这在实际应用中效果很不错，其参数的经验值为

$$\frac{V_{ZCD}}{N_P} = \frac{V_{ZCD}}{V_{out} - V_{innom}} \quad V_{ZCD} = 22 \sim 24\text{V}, \quad R_3 = 220 \sim 270\Omega \tag{5-9}$$

考虑到 R_3 上的损耗，我们采用电荷泵电源，使用两个二极管、两个电容 EC_1、C_1 和一个退耦电阻 R_3 或退耦电感 L_1（减小损耗）（见图 5-10b）和一个限流电阻 R_3（见图 5-10c），以避免在谐振时损坏电路。这种供电方式更适用于宽输入电压范围的 SMPS 应用。电源电流在轻载时随着工作频率升高而增加，并不依赖于输入电压。其参数的经验值为（对于图 5-10b 而言）

$$\frac{V_{ZCD}}{N_P} = \frac{V_{ZCD}}{V_{out}} \qquad V_{ZCD} \approx 80V, \quad C_1 = 3 \sim 4nF, \quad R_3 = 270 \sim 390\Omega \qquad (5\text{-}10)$$

或是取 C_1=1~1.5nF，L_1=50~100μH，R_3 与之一起组成一个低通贝塞尔滤波器。

5.2　保护相关技巧

5.2.1　LED 电源中的抗浪涌设计

压敏电阻是我们最常用的抗浪涌器件，对于相同的电路，选用不同品牌的压敏电阻会有很大的离散性，除此之外还跟 PCB 布局有关，应特别注意，有的能通过测试，有的可能连一次都通过不了。我们在第 1.7.2 节中已经讲了压敏电阻的选型，这里将不再赘述。

差模防护：第一级尽量降低浪涌，第二级少量吸收，保证整流桥前浪涌残压小于整流桥的耐压值，并尽可能的低。如果需要保护的电路是单级 PFC 类似的电路，则需要在整流桥后再加一个压敏电阻才能保证后面的 MOSFET 不被损坏。上面提到不同品牌有不同结果，所以以下给出的应用图不配置具体参数。

差模 1~2kV 防护电路应用图如图 5-11 所示，一般采用压敏电阻即可以实现，但压敏电阻电压的选取需要认真考虑，这在前几章我们有分析，这个等级的浪涌电压并不是太高，应用的产品也均是室内使用为主。

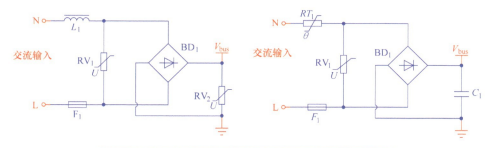

图 5-11　简单的浪涌防护电路，一般水平的浪涌保护

差模 3~4kV 防护电路应用图如图 5-12 所示，这个级别的，单一的压敏电阻很难实现了，需要再增加一些保护器件，如气体放电管之类，因为此类浪涌防护电路一般处于室内外使用的临界点，所以往往需要较多的考虑，因为在不确定产品应用条件时，尽量往高要求上靠近。

差模 6kV 或是共模 6kV 以上的话，这个一般为室外使用的产品，需要多级保护，这样现在已有专用的器件来实现，一般称之为浪涌保护器（Surge Protection Device，SPD），它内部其实就是各种浪涌保护器件的组合，同时具有多重安全认证，终端产品厂家只需要将其接在线路前端即可，具体如图 5-13~ 图 5-15 所示。

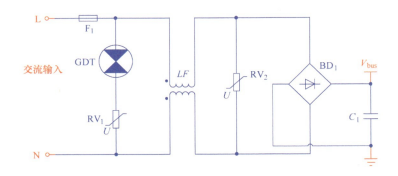

图 5-12　较为复杂的浪涌防护电路，中等水平的浪涌保护

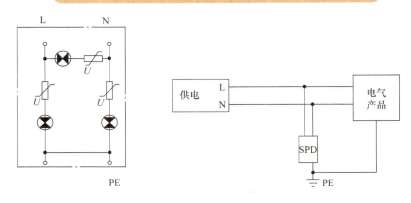

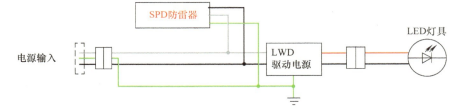

图 5-13　SPD 内部电路图以及典型接线示意图

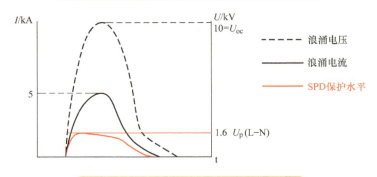

图 5-14　SPD 差模浪涌电压保护示意图

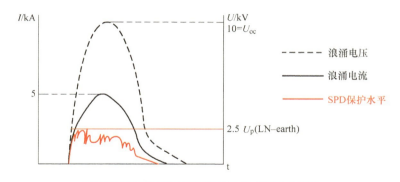

图 5-15　SPD 共模浪涌电压保护示意图

5.2.2　电源软启动和抗饱和设计

软起动：现在的芯片基本上都已经内置了软启动的功能，软启动能有效避免开机瞬间各种应力过大所导致的炸机状况出现。

电感抗饱和：

1. 最简单的做法就是在 PFC 电感上并一个二极管，这样开机瞬间由于大电解电容上的低电位，通过二极管直接给大电解电容充电，当 PFC 电路开始工作的时候，大电解电容上的电压高于前面电压，二极管截止，这在本书的前几章有分析过。

2. 芯片内部控制，开机瞬间通过提高工作频率来防止电感的饱和。

3. 输出过冲：基于现在一次侧单级 PFC 来说，输出的过冲是很容易处理的了。只需要调节反馈补偿脚的参数就能解决，一般是芯片的 COMP 脚。

对于二次侧反馈的方案，就需要注意环路的调节，主要在光耦合器，TL431 或者是双运放的补偿，调整不当不仅会发生过冲，还会有振荡，表现为空载电压跳动，空载 / 带载转换的时候电压跳动等。至于此点的理论计算，个人认为太理想化，跟本书以实践为主的理念相悖，所以不做考虑。有兴趣的朋友可以从以下几方面考虑：主控芯片 / 光耦合器参数，PCB 布局走线，基准电压 431 品牌 / 工作频率 / 运放型号和品牌等。

5.3　电源性能相关技巧

5.3.1　LED 灯出现关机回闪或开机多次启动

这在中小功率的单级反激式 PFC 电路中经常遇到。

关机回闪现象：就是关掉 AC 电源后，LED 负载在灭掉后再重新亮一下再熄灭。

根本原因分析：主要原因是芯片在发生重启，就是 V_{CC} 还未下降到欠电压点的时候，输出电容已经放完电。

解决方案：加大输出端假负载电阻的阻值或者加大输出电容的容量，让输出放电稍慢。

开机多次启动：

现象： 开机后 LED 不亮，V_{CC} 正在不停重启，或者闪几下再亮。

根本原因分析：
- COMP 脚电压无法达到，导致芯片一直重启让其达到阈值；
- 输出电压与 LED 负载电压接近，开机闪几下后灯珠温度升高，V_F 值降低，驱动工作正常。

解决方案：
- 减小 COMP 脚电容的容量；
- 提高输出电压。

5.3.2　电源低温或高温时的设计技巧

一般的电子产品都会需要满足一定的工作温度范围，如 −25~45℃，或是更宽的高低温范围。

低温 −40℃时刻需要特别注意低压输入情况下的启动问题，常见的是增加 V_{CC} 电容容量（注意所选电容的耐温范围），并联稍大容量的 MLCC（积层贴片陶瓷片式电容器），用固态电解电容，增加芯片启动电流等。

高温情况下，假设环境温度为 60℃，为满足设计需求，各个器件的裕量，必须要留得足够大，特别在低压输入的情况下，前端的损耗很大，可以选用多器件并联的方法，例如桥堆 /MOSFET 等的并联使用。同时高温时需要注意半导体器件的漏电流，以及本身器件寄生参数的影响，特别是稳压管、晶体管等作为保护时的用法，防止产生误动作。因为小信号晶体管的放大倍数受温度影响很大，用作保护时需要充分考虑其极限值。

5.4　非隔离类辅助电源设计指南

5G 和物联网（IoT）时代已经到来，现在各种智能终端产品已经开始走进我们的生活，无线产品的丰富程度让我离万物互联的世界越来越近，现在已有许多智能插座、灯泡和照明开关均允许我们逐个房间或逐个插座地追踪和控制其能源使用情况，智能音箱可以方便地实现语音及云端控制。仅单独照明而言，到 2022 年，全球 LED 照明市场预计将达到 540 亿美元，市场总值几乎会翻一番。到 2020 年，售出的所有灯具中将有 25% 成为智能互联照明系统的一部分，70% 的新建商业楼宇将实现智能照明。那所有这一切与开关电源有什么关系呢？我们所举的实例都已经提供了电源，不过是主功率级的电源。对于智能设备中的传感器和微处理器、无线模块来说，我们需要低电压、低电流的 AC/DC 电源，电压一般在 5V 或 3.3V 这样，而且电流一般在 250mA 以下。这些电源通常不需要安全隔离，因为它们一般安装在设备里面，用户通常都接触不到它们。虽然所需要的功率小，但同时也需要电源所占空间要小。在不需要安全隔离的情况下，低功耗降压式电源可提供低成本、高效率的解决方案。对于智能家居设备，以及智能灯具中的无线控制来说，普遍使用的是非隔离架构。

我们先来看下主流的无线通信协议所需的电流消耗（见表 5-1）以及功耗对比（见图 5-16）。

表 5-1　现行主流无线通信协议模块功耗示意图

协议	Bluetooth	UWB	ZigBee	WiFi
芯片组	BlueCore2	XS110	CC2430	CX5311
VDD/V	1.8	3.3	3.0	3.3
TX/mA	57	~227.3	24.7	219
RX/mA	47	~227.3	27	215
比特率 / (Mbit/s)	0.72	114	0.25	54

对于此种电源需要，我们一般采用如图 5-17 所示的多级电源构架，可以看到，无线模块供电有两种方式，一种是直接从前级交流转换；另一种是从 AC-DC 电源再转换。这两种现在均得到广泛使用。

这样的话，需求就变得很直观了，即从一个输入全电压范围的 AC 交流转换成一个极低电压的电源，

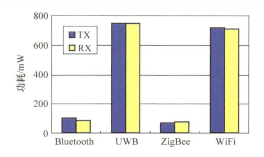

图 5-16　现行主流无线通信协议模块功耗对比

拓扑为非隔离降压浮地拓扑，针对于此应用场合，要求也就很明确，如下是选择一个 IoT 设备辅助电源的清单。

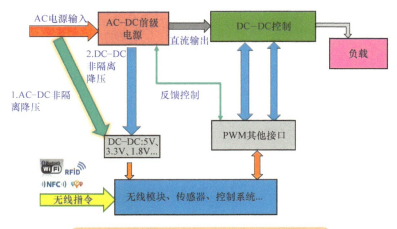

图 5-17　物联网 (IoT) 设备典型电源供电构架

➢ 能处理的功率等级，如上所述，有的仅需要十几 mA，而有的场合需要几百 mA，正因为无线设备或是智能设备并不是一直处于工作状态，在休眠时的电流需求很小，而在工作时电流却十分大，以某一 ZigBee 模组为例，待机时电流仅需要 10mA，但在发射瞬间电流可达 100mA 甚至更大，这时需要考虑电

源芯片的峰值功率，在设计时也要考虑防止无线指命发射产生的脉冲电流不会让电源芯片进入保护状态。

➢ 内置开关器件的额定电压水平，一般从 500~900V 不等。

➢ 输出电压的范围，以及准确度。

➢ 线性调整率，因为需要从全电压输入，可能是 AC90~305V 的输入条件。

➢ 尽量小的待机功耗，随着市场对产品待机功耗的要求越来越高，智能产品也受到重视，仍以前述 ZigBee 模组为例，目前主流给其供电线路待机功耗在 100~200mW，只有极少数的电源芯片能够达到 10mW 的水平。

➢ 动态响应，环路稳定性，因为无线模块等很可能工作于间隙模式，负载的快速变化而不能产生任何不利影响。

➢ 完善的保护功能，因为它直接供电于控制系统，不希望当有异常发生时会导致控制系统紊乱。

➢ 频率的选择性，以满足高频小型化设计，并同时具备良好的 EMC 兼容能力。

➢ 设计友好，外围元件少，PCB 空间占用少。

➢ 供应链管理、成本、交期，以及是否有 PIN 对 PIN 直接替换的型号，这在未来越来越重要。

当然上述所列的，对于一个芯片来说，很难全部满足，我们只能理想化的要求我们所选择的芯片能尽量多的满足以上要求。现在我们来看看，此类产品的设计难度在哪，因为目前许多芯片公司都有类似的产品，但总体下来，都不够完美。

1. 产品的稳定性问题，从极高压的 400V 降压输出到 3.3V 或是 5V，其占空比极小，有时仅为 1% 左右，受限于芯片的关断和开通极限时间，这种情况下系统一般工作于深度 DCM 或是突发工作模式，容易导致系统不稳定或是输出纹波增加。

2. 全范围下的线性调整率，有些时候，我们希望通过一级来实现 5V 或 3.3V 输出，而省掉 LDO，这种情况下，希望纹波小，且动态时超调或是失调也小，这和 1 有点矛盾。

3. 效率不高，一般在 50%~60%，这样在某些情况下，待机功耗比较高，一般在 100~200mW 等级，如果想实现更高的待机功耗（10mW 级别），仍然是一个巨大的挑战。

现实中的一般用法如图 5-18 所示。

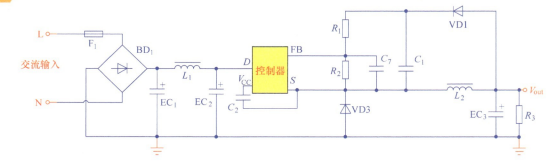

图 5-18　高压浮地 Buck 电路应用图

$$V_{FB}=V_{C1}R_2/(R_2+R_1) \tag{5-11}$$

$$V_{C1}=V_{out}+V_{VD3}-V_{VD1} \tag{5-12}$$

因此有：

$$V_{FB}=(V_{out}+V_{VD3}-V_{VD1})R_2/(R_2+R_1) \tag{5-13}$$

而二极管的 V_F 与其流过的电流正相关，电流越大，V_F 也越大。而流过 VD3 的电流远大于 VD1 中的电流。因此有，$V_{VD3}>V_{VD1}$，一般地，$V_{VD3}-V_{VD1}=0.3V$ 左右。在 3.3V 的应用中，有：

$$V_{out}(3.3V)=V_{FB\text{-}ref}(2.5V)*(R_1+R_2)/R_2-0.3V \tag{5-14}$$

可以看到，如果 V_{out} 电压越低的话，这两个二极管中的压差影响越大。实际应用中，VD1 一般选择高 V_F 的二极管（如慢管 1N4007 之类），而 VD3 由于是高频续流管，一般是选用快恢复管，这样可以弥补压差的影响。

5.5　其他设计杂谈

5.5.1　电解纹波电流测试

在第 1 章和第 2 章，我们都提及过电解电容纹波的重要性，现在在这里我们讨论下如何准确测量电解电容的纹波电流。将待测电容连接上导线时要将电容移动至基板的锡面侧，以方便电流探头能够进入，利用 A 或 B 方法测定，此外，尽可能将导线缩短。电解电容纹波测量方法和设置如图 5-19 和图 5-20 所示。

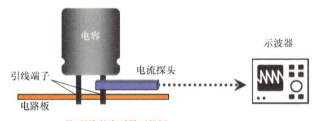

图 5-19　电解电容纹波测量方法

如果连续存在两个以上的电解电容时，请同时连接上导线测量每个电容的纹波电流。如将导线一个一个连接起来测量的话，无法测出正确的电流值，如图 5-21 所示。多个电解电容纹波测量示意图如图 5-22 所示。

其实理论上，我们可以通过基本的电路理论来间接测出电容上的纹波电流。如图 5-23 所示，如果输出只存在一个电容或是多个相同规格的电容并联的话，我们可以通过测试二极管 VD1 上的电流有效值，以及负载上的电流有效值，就可以间接知道电解电容上的电流有效值，这可以减少测试电解电容导致的误差。

$$I_{\text{VD1(RMS)}}^2 = I_{\text{电解电容 (RMS)}}^2 + I_{\text{负载 (RMS)}}^2 \qquad (5\text{-}15)$$

a)单边线长<6cm　　　　　　　　　　　b)每边线长<3cm

图 5-20　电解电容纹波测量设置

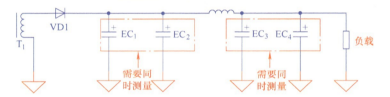

图 5-21　多个电解电容纹波测量设置

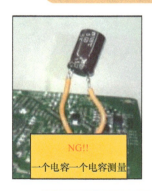

图 5-22　多个电解电容纹波测量示意图

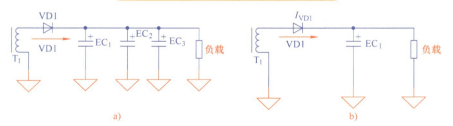

图 5-23　理论上可以计算出电解电容上的纹波电流

5.5.2　待机功耗测试具体要求

无论是现在的适配器还是充电器，以及 LED 驱动电源，对待机功耗都提出了明确的要求，如欧盟的 ErP、能源之星以及加州能效标准等，这可以参考我们第 2 章的能效标准部分。

但现在一个很大的问题是，对于待机功耗的测量方法和设备，却是很多人忽略掉的问题。其实关于待机功耗的测量，是有严格的标准定义的，截止本书写作时，欧盟 ErP 最新标准即为 EN 50564—2011 电气和电子家用和办公设备 - 低功耗的测量（或是《IEC 62301—2016 家用电器待机功耗的测量》），它详细定义了所适应的产品范围、测试仪器和条件，我们这里简单抽取做以介绍，详细的请参考原标准文件。对于测试的设备要求，主要是对供电电源和功率测量仪有一定的要求。

其中供电电源要求如下：

1. 电源电压和频率不能超过标准值的 ±1%。

2. 在整个测试过程中，供电电源输入电压 THD<2%，其谐波次数算到 13 次。

3. 在整个测试过程中，电源的波峰因子，即最大值与有效值之比必须在 1.34~1.49。

以上第 2 点即要求我们需要用一个比较纯净的供电电源来进行测量，通常的墙面插座上出来的电源，由于是和许多负载接在一起，所以一般存在失真以及偏差，所以最精确的是采用一个交流稳压电源来提供供电。

其中功率测试仪（或功率分析仪）要求如下：

1. 具有谐波测量功能，用于检验电源电压质量，测量谐波次数需要大于等于 49 次。

2. 仪器带宽：0Hz（直流），10~2000Hz，推荐带宽大于 2.5kHz。

3. 功率测试仪的解析度要求：

0.01W	负载 <10W 或更小功率（同时要求最小电流测量范围 <10mA）
0.1W	负载 10~100W
1W	负载 >100W

4. 功率测试仪要具有能够测量间隔时间的平均功率，或是能够有电能累积功能，这对于测量一些类似于 burst mode 或是 IoT 类设备的待机功耗具有重要意义。

5. 功率测试仪还需要有一定的不确定度要求。

所以综上看来，用来测试待机功耗的功率测试仪要能够测量实时功率、电压电流有效值，电压电流峰值，且功率分辨率 ≤ 1W，以及最小电流量程 ≤ 10mA，还要能够具有连续定时间隔采样能力。这样看来，一般功率计并不能够满足如此高的要求，所以工程师们经常看到的一些 DEMO 报告中的待机功耗数据，以及效率数据时要留意下，其测试仪是什么，而不要盲目相信规格书或是宣传资料上的数据。

5.5.3　元器件噪声和振动处理

在电源之中，有许多元器件会导致振动，进而产生音频噪声，主要来自于大家熟悉的磁性元器件、电容，还有工作模式（如突发工作模式）下的噪声。对于磁性元器件，一般通过机械紧固方式，以及在电路设计上限制磁通摆幅来实现噪声的降低。而电容的噪声我们可以稍做分析。开关电源中可能使用瓷片电容并产生噪声的位置如图 5-24 所示。在开关电源中，有如下几个地方可能会用到 MLCC，并会产生噪声的可能。

- 常见的 RCD 或是 RC 吸收电路
- 整流桥后与其他大电容并联的 MLCC
- 与 MOSFET 的 D-S 并联的 MLCC 作为 EMI 缓解
- DC-DC 的输入或输出用 MLCC
- V_{CC} 供电处的 MLCC
- 其他地方的解耦电容

高介电常数的陶瓷电容器具有给电介质施加电压时，电介质会变形（失真）的特性，这是压电效应的相反现象，被称为"逆压电效应"。此外，有时也将这种特性表达为"压电性"或"逆压电性"。如果施加的是 DC 电压，则仅产生相应的失真，而如果是有振幅的电压，则使 MLCC 周期性地变形并引起 PCB 的振动。如果其频率是可听频段 20Hz~20kHz，就可听到声音。从开关电源的角度考虑，输出电压是 DC，包括开关频率引起的纹波电压，这也可能诱发输出电容器 MLCC 的振动。MLCC 逆压电效应与振动如图 5-25 所示，PCB 上 MLCC 产生噪声的成因如图 5-26~ 图 5-28 所示。

在 PCB 中，由于在 MLCC 两端的电极为焊接，电极间的长度方向的变形（图 5-26 中蓝色的双箭头）使 PCB 表面（图 5-26 中黄绿色的双箭头）变形，如此反复导致振动。该振动通过 PCB 的传导被放大，从而被人听到。当然，条件是振动的频率为可听频段。

瓷片电容啸叫不仅与电介质材料和电容器的形状有关，也与 PCB 的尺寸和安装状态等有关，实际上需要从电容器自身的对策和布局两方面进行探讨。不管怎样，让啸叫完全消失是相当难的，可采用改善到容许范围内的方法。具体的可以参考村田（Murata）和三星（Samsung）的低噪声系列产品，它们在 MLCC 本身结构、安装方式、引线方式、材质等方面进行了改进，这些都能在一定程度上减少噪声。

电容噪声被认为对 MLCC 自身没有影响。MLCC 自身的振动非常小，仅为微米到纳米级别。相比之下，利用压电效应制成的压电蜂鸣器和陶瓷振荡器等，具有充分的可靠性。从这点看也可以理解 MLCC 的逆压电效应对可靠性并没有特别的影响。啸叫如前面所提到的，不仅与 MLCC 的材料和形状有关，也与 PCB 和安装有关，因此有些情况需要从不同的角度来多方研究。不仅是改善效果的大小，为了改善啸叫有可能要变更 PCB 布局和元器件。现实中，这些有可能是限制事项，有时需要权衡。

图 5-25~ 图 5-28 均来源于村田和三星的官网技术资料，这两家也是目前对于 MLCC 噪声研究得比较全面的厂家。

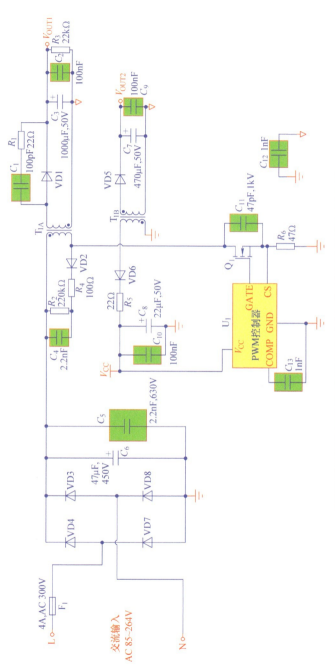

图 5-24　开关电源中可能使用瓷片电容并容易产生噪声的位置

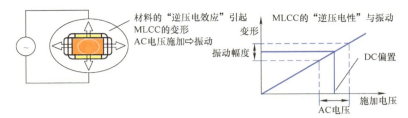

图 5-25 MLCC 逆压电效应与振动

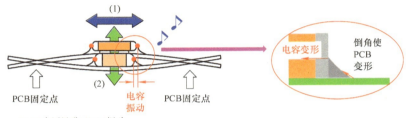

(1)AC电压导致MLCC振动
(2)MLCC的振动导致PCB振动⇨从PCB产生啸叫

图 5-26 PCB 上 MLCC 产生噪声的成因 1

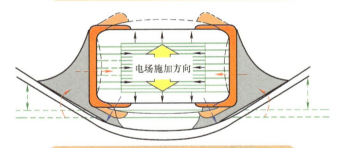

图 5-27 PCB 上 MLCC 产生噪声的成因 2

箭头的颜色	啸叫的产生原理	测量评估项目
黄	介电质元件上施加电压(电场)时	电压变动
黑	介电质元件向电场施加方向膨胀，相对于电场施加方向，向垂直平面方向收缩	基板的位移量
红	芯片贴装部位(焊盘部位)表面向芯片中央方向拉伸，向基板平面垂直方向弯曲	基板的位移量
蓝	向芯片的外部电极贴装部位倾斜，基板向平面垂直方向弯曲	基板的位移量
绿	无电压施加时，基板回归初始状态	基板的位移量
—	伴随着电压的振动基板随之振动，振动的周期就是可听领域的频带(20Hz~20kHz)时，人耳可以识别啸叫(声音)	声压级

图 5-28 PCB 上 MLCC 产生噪声的成因 3

5.5.4 反激多路输出计算

反激电源由于其可以方便实现多路输出，而且也可以很方便实现正负电压输出，只需要在同一个磁性元件上用多个绕组耦合输出即可，但交叉调整率仍然是一个问题，一般来说，多路输出最基本的构架如图 5-29 所示。图中 n、m、p 为匝比数，D 为占空比，$D'=1-D$。

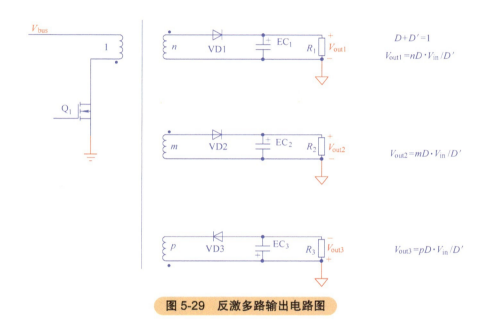

图 5-29 反激多路输出电路图

此图的每个绕组输出没有过多的关联，只是通过变压器匝比来实现输出电压稳定，这是最简单的，当然问题也最大，也就是每路都没有受到调整，几乎是裸奔，简单的改善方法是对其中一路加入反馈控制，这当另外一路不需要太精确的调整时可以采用。反激双路输出反馈电路图如图 5-30 所示。这是一种主从控制方式，主路由于接入了反馈控制，所以可以很好的得到调节，而其他路则处于"失控"状态。如果仅有两个输出支路的话，可以有很多办法提高调整率，如采用叠加控制，或是箝位控制等方法。

如果要实现多路均可控，这就引出了我们常见到的多路复合反馈，这是一种权重系数分配过程，具体如图 5-31 所示。

具体设计公式即为

$$i_0 = i_1 + i_2 = W_1 i_0 + W_2 i_0 = i_0 (W_1 + W_2) \tag{5-16}$$

$$W_1 + W_2 = 1 \tag{5-17}$$

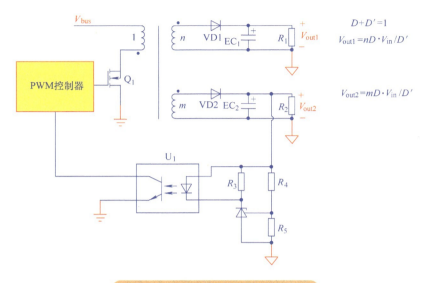

图 5-30　反激双路输出反馈电路图

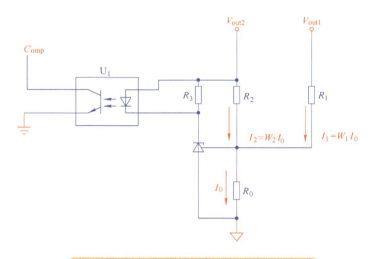

图 5-31　通过权重分配来控制反激双路输出

$$V_{out1} - V_{ref} = i_1 R_1$$

$$R_1 = \frac{V_{out1} - V_{ref}}{i_1} = \frac{V_{out1} - V_{ref}}{W_1 i_0}$$ (5-18)

$$R_2 = \frac{V_{out2} - V_{ref}}{i_2} = \frac{V_{out2} - V_{ref}}{W_2 i_0}$$

在这里，W 即代表权重，通俗地来说，哪种你希望控制（调整）得更好的话，就

加大此路的 W 值（权重值）。

同理可知，只要你愿意，此方法可以扩展到任意多路的反激输出，扩展到无限多路的反激输出调节如图 5-32 所示。如下表 5-2 是一个 8 路输出的计算表示例，可以看到，基于此表格仅为理论计算，由于考虑的是满载运行，所以真实的情况下，此方案稳压精度具有很大的偏差，仅为理论参考，不建议实际多路输出中单纯采用此方法来稳压，可以考虑更复杂的耦合方式加以多级稳压的方法以满足实际设计要求。

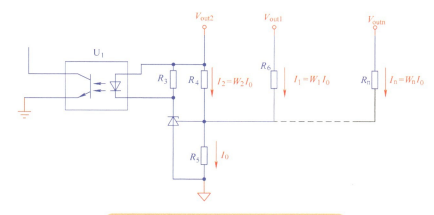

图 5-32　扩展到无限多路的反激输出调节

5.5.5　平面 MOSFET 和超结 MOSFET

现在有一种这样的趋势，电源工程师总是习惯性地想要谈到超结 MOSFET（英飞凌有单独商标称之为 Coolmos），这是相对于平面结构的另一种工艺，它极大地降低了导通阻抗和寄生电容。这种技术已实现多年，只是最近国内半导体厂家也开始涉足此领域，而全球能效要求也越来越严格，故逐渐推广开来。但众所周知，小的结电容是实现快的开关速度的关键，但事物都具有两面性，超结 MOSFET 对走线、驱动设计要求也更高，需要防止由于电压尖峰的产生，或是 MOSFET 误动作，造成严重的 EMI 问题。同时极低的寄生电容，意味着它对噪声和耦合更为敏感，这样很容易在门极驱动上看到振荡，有时不得不通过高的驱动电阻或是小的驱动电流抑制此现象发现，这其实又浪费掉了超结 MOSFET 的系统效率这一最大优势。平面 MOSFET 和超结 MOSFET 结构区别如图 5-33 所示。

由图 5-33 可以看到，平面 MOSFET 的导通电阻可以分为三个部分，即是 $R_{\text{DS(on)}}$ 可表示为通道、外延层 epi 和衬底三个部分之和为

$$R_{\text{DS(on)}}=R_{\text{ch}}+R_{\text{epi}}+R_{\text{sub}} \tag{5-19}$$

表5-2　一个8路输出的反激权重计算表示例

	V_{out1}	V_{out2}	V_{out3}	V_{out4}	V_{out5}	V_{out6}	V_{out7}	V_{out8}
$V[n]$	5.00V	12.00V	5.00V	24.00V	10.00V	8.00V	5.00V	28.00V
$C[n]$	6.00A	2.00A	1.00A	0.50A	1.00A	2.00A	2.00A	1.00A
$P[n]$	30.00W	24.00W	5.00W	12.00W	10.00W	16.00W	10.00W	28.00W
P	135.00W							
W/n	0.222222222	0.177777778	0.037037037	0.088888889	0.074074074	0.118518519	0.074074074	0.207407407
i_o	0.0010000000A	0.0010000000A	0.0010000000A	0.0010000000A	0.0010000000A	0.0010000000A	0.0010000000A	0.0010000000A
$i[n]$	0.0002222222A	0.0001777778A	0.0000370370A	0.0000888889A	0.0000740741A	0.0001185185A	0.0000740741A	0.0002074074A
R_o	2.50K							
V_{ref}	2.500V	2.500V	2.500V	2.500V	2.500V	2.500V	2.500V	2.500V
$R[n]$	11.25kΩ	53.44kΩ	67.50kΩ	241.88kΩ	101.25kΩ	46.41kΩ	33.75kΩ	122.95kΩ

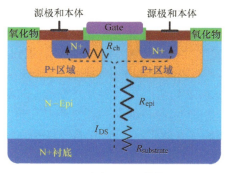
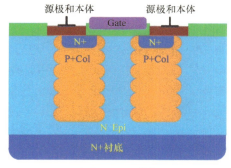

a)平面MOSFET结构   b)超结MOSFET结构

图 5-33 平面 MOSFET 和超结 MOSFET 结构区别（来源于 VISHAY）

平面式 MOSFET 情况下构成 $R_{DS(on)}$ 的各个分量。对于低压 MOSFET，三个分量是相似的。但随着额定电压增加，外延层需要更厚和更轻的掺杂，以阻断高压。额定电压每增加一倍，维持相同的 $R_{DS(on)}$ 所需的面积就增加为原来的五倍以上。对于额定电压为 600V 的 MOS-FET，超过 95% 的电阻来自外延层。显然，要想显著减小 $R_{DS(on)}$ 的值，就需要找到一种对漂移区进行重掺杂的方法，并大幅度减小 R_{epi}。因此超结 MOSFET 的概念由此提出，英飞凌首先将其商业化。平

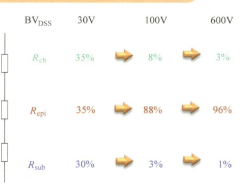

图 5-34 平面 MOSFET 内阻构成图
（来源于 VISHAY）

面 MOSFET 内阻构成图见图 5-34，平面 MOSFET 和超结 MOSFET 结电容比较见图 5-35。

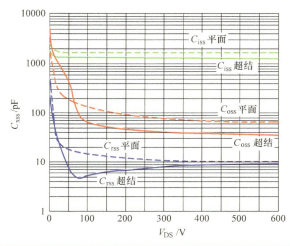

图 5-35 平面 MOSFET(SiHP17N60D) 和超结 MOSFET(SiHP15N60E)
结电容比较（来源于 VISHAY）

可以看到，超结 MOSFET 的结电容在整个层面都比平面 MOSFET 的要小，这也是实现更高开关速度的一个前提。虽然超结 MOSFET 在开关速度、导通阻抗方面和同规格的平面 MOSFET 相比具有一定的优势，但其设计的考虑、体二极管的性能方面，以及雪崩能力上均需要加强，因此我们还是需要多方考虑，如成本、物料的通用性等方面。但我们至少知道了一点，平面 MOSFET 和超结 MOSFET 不能轻易代替使用，需要再做优化设计，这就告诉了我们在一些场合下，不能轻易去使用替代料，而不加任何验证，特别如第 3 章 LLC 电路中，以及第 4 章 EMC 设计中都有提及。

5.5.6　取代电解电容

电解电容因其多样化、大容量、高耐压、低成本，而成为电源中使用极为广泛的一种无源元件。但随着高频化、小体积、长寿命、高功率密度的要求，电解电容以及钽电容貌似在逐渐失去优势，不仅因为其大容量需要很大的体积空间，且波纹电流导致自发热温度较高等问题。所以在一些成本不太敏感的应用场合，取代电解电容的呼声也越来越高，如 TDK、AVX 等均开始策略性地将部分品类从电解电容甚至钽电容转向其替代器，如 MLCC 或是其他薄膜电容。

由表 5-3 可以看到，在我们特别关心的滤波功能中，如采用 MLCC 的话，只需要铝电解电容容量的五分之一，这大大减小了体积尺寸，当然实际上远远没有这么简单，后续我们会继续讨论到。

近年来，100μF 以上的大容量 MLCC 实现产品化，从而可用其更换钽电解电容与铝电解电容。MLCC 拥有高额定电压、优异的纹波抑制能力、寿命长及可靠性高等特点，从民用设备到产业机器，在诸多领域中不断被使用。不同电容的使用频率与容量范围如图 5-36 所示，不同电容在同一频率下可容许的纹波电流大小如图 5-37 所示。

表 5-3　不同功能场合时 MLCC 所需容量对比（来源于 TDK）

用途	MLCC 的容量标准	
去耦	钽 / 铝电解电容的容量	×10%～
	导电性高分子电容的容量	×50%～
滤波	钽 / 铝电解电容的容量	×20%～
	导电性高分子电容的容量	×50%～
时间常数	钽 / 铝电解电容的容量	×100%～
	导电性高分子电容的容量	×100%～

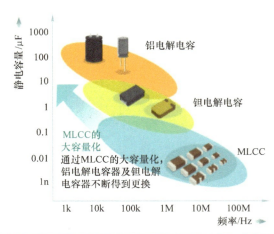

图 5-36　不同电容的使用频率与容量范围（来源：TDK）

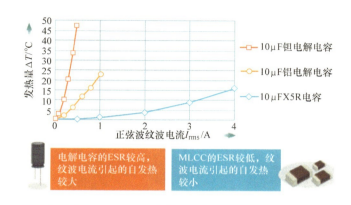

图 5-37　不同电容在同一频率下可容许的纹波电流大小（来源：TDK）

　　电解电容拥有大容量的特点，但由于其 ESR 过高，因此纹波电流导致发热过大是其缺点。

　　铝电解电容的寿命一般为 10 年左右，这是由于电解液干涸（蒸发）导致静电容量降低而引起的（容量流失）。电解液的消失量与温度有关，其基本符合被称为"阿伦尼乌斯定律"的化学反应速度理论。该定律表示，若使用温度上升 10℃则寿命会变为原来的 1/2，若下降 10℃则寿命会变为原来的 2 倍，此定律也称之为 10℃/2 倍定律，这是现在许多工程师用于计算电解电容寿命的最直接的经验法则。因此，在纹波电流导致自己发热较大的条件下进行使用时，寿命将会进一步缩短。而 MLCC 的寿命和温度范围，在相同条件下，要远远优于电解电容。不同电容的电压耐压等级和寿命预估对比如图 5-38 和图 5-39 所示。

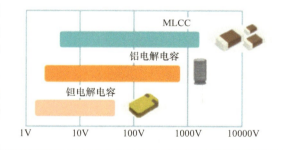

图 5-38　当今不同电容的电压耐压等级（来源：TDK）

　　同时，电解液的干涸也会使 ESR 上升。ESR 越小的电容，能够将纹波电压抑制到更小。如图 5-40 所示，MLCC 的特点在于 ESR 极小，仅为数 mΩ 左右。因此，使用 MLCC 更换电解电容将能够发挥极佳的表现。

　　但高介电常数系列的 MLCC 存在通过温度变化与施加直流电压会使静电容量下降的弱点（温度特性、直

图 5-39　MLCC 和铝电解电容寿命预估对比（来源：TDK）

流偏压特性）。电容尺寸越小，静电容量的减少量则会越大。在选择容量时，也需要

考虑直流偏压特性。同时，由于其拥有极低的 ESR，因此反而会造成异常环路问题，因此在更换时需要注意；另一个方面，大容量、大体积的 MLCC 容易在生产过程中受力而裂开，这也是 MLCC 的一个重大课题，同时由于天然的压电效应，MLCC 也容易产生噪声，如本章之前所述。MLCC 的直流偏置特性如图 5-41 所示。

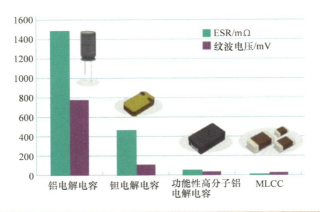

图 5-40　不同电容处理纹波电压的能力 (ESR 的纹波的关系)（来源：TDK）

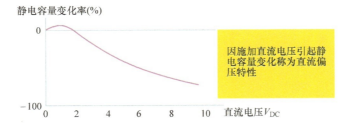

高介电常数系列的MLCC会因施加直流电压而发生容量降低。因此，需要考虑直流偏压特性选择容量

图 5-41　MLCC 的直流偏置特性（来源：TDK）

综上，虽然 MLCC 代替电解电容看起来很美好，但也不是一步到位的，也需要考虑很多因素，至少是直流偏置能力以及物料可选择性仍然是一个难点，后续的环路再次检查也是必不可少。

5.5.7　磁心几何形状的影响

对于中小型功率的磁心选择，一般大家可能都直接从常规磁心形状中选择，如 EE\EF\RM\PQ 或是其衍生形状。一般地，圆形截面积和方形截面积的磁心形状如图 5-42 所示，其截面积及周长对比公式如图 5-43 所示。

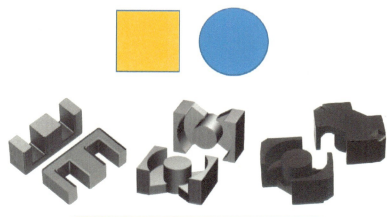

图 5-42　方形和圆形磁心截面积及磁心形状

方形
$S=a^2$

圆形
$S=\pi R^2$

$l=4a=4\sqrt{S}$

$l=2\pi R=2\sqrt{\pi S}$

图 5-43　方形和圆形磁心截面积及周长公式

可以看到，对于同样的一匝绕组，圆形所需要的长度比方形的要短，这意味着圆形截面积磁心的绕组损耗，在相同截面积下，会要比方形磁心要小。同时圆形磁心绕线更为平滑，这样窗口利用率也要高于方形磁心，同时 RM/PQ 这类磁心的屏蔽效果好。当然这些的结果就是成本远比一般的 EE/EF 磁心高出很多，所以在一些低成本的设计中，主要还是 EE/EF 为主。

5.5.8　电网对电源的影响

如第 1 章所描述的，LED 灯具这几年得到快速发展，各种各样的设计方案层出不穷，有一些低端产品仍然采用的是阻容降压方案，严格意义上来说，此种方案在电路小功率、电压稳定的场合，效率还是相当不错的。但在用户端，其实很难知道灯是采用的哪种方案，就算阻容降压功率因数低，THD 不好，但终端用户无法感受，有一些场合下，电源批量性损坏比例却很高，如现在灯闪或是灭掉失效这样。总之，电网的波动，或是电网的畸变都会导致此类产品出现批量性失效，从而产生用户投诉，同时由于 THD 过高也会导致客户中线出现谐波分量过大的情况，这也是一个潜在风险。

如图 5-44 所示即为一个通过阻容降压方案设计的 LED 灯（额定功率 15W）输入和输出波形，可以看到当输入电压稳态时，流过 LED 的电流比较平稳，但只要当电网电压有波动时即反映出来在 LED 输出电流上，最终表现为灯出现不同程度的闪烁，如图 5-44 中红色圆圈表示这在照明应用场合是一个很严重的问题。

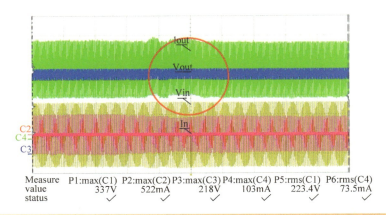

Measure	P1:max(C1)	P2:max(C2)	P3:max(C3)	P4:max(C4)	P5:rms(C1)	P6:rms(C4)
value	337V	522mA	218V	103mA	223.4V	73.5mA
status						

图 5-44　LED 输出电流出现不规则的波动（红色通道：输入电流，黄色通道：电网输入电压，蓝色通道：LED 输出电流，绿色通道：LED 输出电压）

　　我们进一步来观察具体波形，如下面图 5-45 两幅图所示，图 5-45a 为在电网输入电压存在畸变时的状态，LED 的输出电流开始呈现出跳变，而如图 5-45b 所示时，电网畸变越明显时，LED 的输出电流会发生更明显的上下跳变，如图 5-45b 中红色框中所示，人眼视觉会出现明显的闪烁。

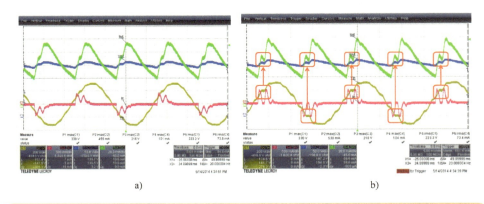

a)　　　　　　　　　　　　　　　　b)

图 5-45　波形展开图（红色通道：输入电流，黄色通道：电网输入电压，蓝色通道：LED 灯输出电流，绿色通道：LED 灯输出电压）

　　驱动输出电流会随着输入电压改变而改变，产品的可靠性取决于输入电压的稳定性。如果这种产品工作在电网电压波动、瞬变、畸变的环境，引起输出电流急剧增大并且处于不稳定状态，LED 和其他元器件最终会因过电流失效。而电网波动的原因有很多，如电网稳压不太好，或是接的负载设备如电机类、大功率交流传动设备等，都有可能导致电网的变化。

　　仍对上述 LED 在一实际应用场合做长期监测，如得如下结果，见表 5-4 和图 5-46，可以看到，在深夜由于用电设备减少，而电机类负载仍然在工作，导致电网在某些时间出现了畸变，虽然有效值并没有改变，而峰值电压却变大，导致输入功率超出原始规格 50%（22W/15W×100%=146.7%），这种情况如果持续时间过久的话，很容易造成 LED 灯珠过热而失效。

表 5-4　对此灯进行长期监测结果

时刻	输入电压 V_{in}/V	输入功率 P_{in}/W	输入电压 最大值 /V	输出电流 I_{orms}/A
21:00	222.4	21.9	415	105
22:00	220.1	18.96	385	91.5
23:00	222.9	22.07	405	103
0:00	222.7	22.02	405	112
1:00	222.4	21.87	395	103
2:00	222.9	22.12	405	107
3:00	222.9	22.04	405	107
4:00	222.2	21.83	405	104
5:00	222.1	21.05	405	104
6:00	222.5	21.53	405	108
7:00	222.7	22.01	405	109
8:00	222.9	22.1	405	108
9:00	220.3	19.76	385	98.4
10:00	218.2	17.69	375	90.9
11:00	218.1	17.6	375	94.8
12:00	217.7	17.68	375	89.2
13:00	217.7	16.89	365	84.8
14:00	219.5	18.75	385	91.1

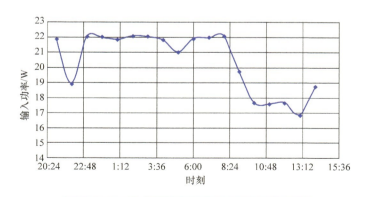

图 5-46　对此灯进行长期监测功率变化曲线

我们对实际电网进行监测发现，电网的峰值电压存在较大的畸变，有时可以达到 400V 甚至更高，如图 5-47 是实测波形，图 5-48 是波形畸变分析示意图。

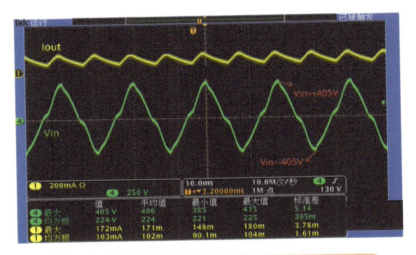

图 5-47   实测交流电源的输入交流电压波形和输出电流波形

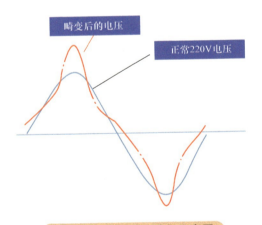

图 5-48   波形畸变分析示意图

其实，日常中的电网波动还是比较大的，我们可以看看对电网实际监控的情况，图 5-49 给读者提供了亚洲一些国家的 24h 电网波动曲线，从曲线上看，电网电压或多或少都存在一定的波动。所以对于 LED 灯具，特别是低成本的方案，在产品出售时还是需要弄清楚终端用户的使用条件，这样也可以避免售后的麻烦。

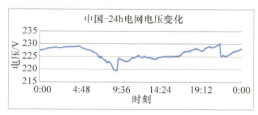
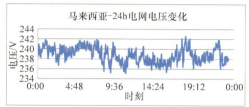
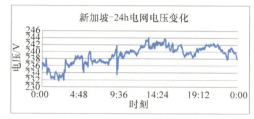
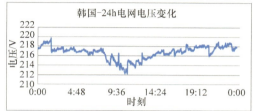
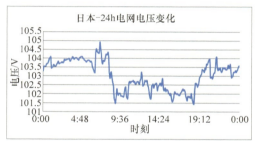
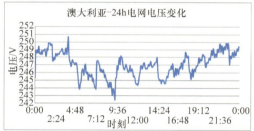

图 5-49　亚洲部分国家电网运行图

5.5.9　输入开机浪涌电流的意义

如果你去问一个电源设计工程师，怎么抑制输入开机浪涌电流（inrush），他可能会给你说很多种方法，如加电阻、加电感、加软启动、继电器电路，或是其他等办法。如果你继续追问，抑制输入浪涌电流的目的是什么？他也许会很快速地告诉你，防止熔断器坏掉，被浪涌冲击损坏，可能他也许会回答你，防止交流前端的元器件损坏，这包括熔断器、整流桥，或是共模或是差模电感等。

其实在第 1 章，我们就看到在熔断器的选择中，有一个参数称之为 I^2t，这个参数就是熔断器的熔断能力值 - 熔化热能，测定方法是给熔丝施加一个电流增量并测量熔化发生的时间，在约为 8ms 之内。进行这一测试步骤的目的是确保所产生的热能没有足够的时间从熔丝部件通过热传导跑掉，也就是说，全部热能（I^2t）都用于熔化。当熔化过程结束时，先出现电弧，紧接着熔断器的熔丝就断开了。熔化热能 I^2t 对每种熔丝元件设计不仅是个常量而且与温度及电压无关。熔断器 I^2t 参数及其定义条件如图 5-50 所示。

电气特性							安规认证						
代码	额定电流	最大电压	最大压降	最大功耗	熔化热能值	分断能力	cURus	VDE	CQC	PSE	KC	TUV(250V)	TUV(300V)
			/mV	/mW	I²t/A²s								
0100	100mA		350	170	0.034		●	○	○	○	○	●	○
0125	125mA		300	180	0.053		●	○	○	○	○	●	●
0160	160mA		280	190	0.073		●	○	○	○	○	●	●
0200	200mA		260	200	0.141		●	○	○	○	○	●	●
0250	250mA		240	220	0.331		●	○	○	○	○	●	●
0315	315mA		220	250	0.348		●	○	○	○	○	●	●
0400	400mA		200	280	1.32		●	●	●	○	○	●	●
0500	500mA		190	310	1.49		●	●	●	●	●	●	●
0630	630mA		180	360	2.46		●	●	●	●	●	●	●
0800	800mA		160	430	5.52	100A@AC 125V	●	●	●	●	○	●	●
1100	1.00A	AC 300V	140	500	6.25	100A@AC 250V	●	●	●	●	●	●	●
1125	1.25A		130	600	9.80	50A or	●	●	●	●	●	●	●
1160	1.60A		120	730	16.8	100A@AC 300V	●	●	●	●	●	●	●
1200	2.00A		100	870	28.1		●	●	●	●	●	●	●
1250	2.50A		100	1000	49		●	●	●	●	●	●	●
1315	3.15A		100	1200	77		●	●	●	●	●	●	●
1400	4.00A		100	1400	132		●	●	●	●	●	●	●
1500	5.00A		100	1400	210		●	●	●	●	●	●	●
1630	6.30A		100	1400	250		●	●	●	●	●	●	●
1800	8.00A		100	1400	364		○	●	●	●	●	●	●
2100	10.00A		100	1400	484		○	●	●	●	●	●	●

图 5-50　熔断器 I²t 参数及其定义条件（来源：贝特卫士）

同时我们可以看到，整流桥或是二极管也有这个熔断额定值参数，而定义一般是以单相半正弦工频波输入，阻性或是感性负载来标注的，即时间为 8~10ms，以对应工频电网输入的 50~60Hz。因为整流桥和熔断器串联使用，所以根据木桶原理，在浪涌电流来临的时候，I^2t 较小的器件承受的压力较大，如第 1 章计算得到的 I^2t 能量值，在这里整流桥也需要满足要求。二极管 / 整流桥的 I^2t 参数及其定义条件如图 5-51 所示。

极限值及电气参数 (如无特别说明，均为 T_A=25℃ 的参数值)						
参数	符号	GBU404-K	GBU405-K	GBU406-K	GBU407-K	单位
丝印标识		GBU404	GBU405	GBU406	GBU407	
可重复峰值反向电压	V_{RRM}	400	600	800	1000	V
方均根电压(RMS)	$V_{R(RMS)}$	280	420	560	700	V
最大直流阻断电压	V_{DC}	400	600	800	1000	V
正向电流	$I_{F(AV)}$	4				A
正向浪涌电流，8.3 ms 单一正弦半波	I_{FSM}	150				A
熔断能力 (t<8.3ms)	I^2t	93				A²s
结温	T_J	- 55 ~ +150				℃
存储温度	T_{STG}	- 55 ~ +150				℃

图 5-51　二极管/整流桥的 I^2t 参数及其定义条件（来源：DIODES 半导体 DBF210 整流桥规格书）

至于其他前端器件，如差模、共模电感由于是导线属性，一般只要线径合理即不需要考虑此值的影响。

回到更高阶的问题，开机浪涌电流是不是还有其他意义？答案：是。浪涌电流还有一个更为重要的意义，即在实际使用环节中对前端线路的影响，通俗地来说，对已安装的微型断路器或空气开关（Miniature Circuit Breaker，MCB）的影响。这个影响甚至远比器件选型更为重要，试想一下，如果你的产品输入浪涌电流很大，开机上电时即将断路器合闸，那整个供电全部断掉，这是十分严重的事故，从实际应用角度来说是不可接受的。其实这个问题在照明应用场合暴露得比较多，这是因为照明设备的特殊性，一个断路器连接着几十上百个灯具，同时上电的可能性很大，故浪涌电流叠加得到的数值十分可观，所以照明类设备上均给出了一个安装说明，即在某一个空气开关下能够安装此类照明设备的最大数量，也即推荐值。

现在对于这个参数越来越重视的原因是，许多工程改造，从原来的荧光灯系统替换成 LED 照明灯具，这中间一般不会去动前端的布线，包括断路器还有整个建筑物的电力走线，所以对于替换型场合，这即成了一个盲区，因为工程改造方是不会去考虑这个参数，而市场上的灯，或是 LED 驱动并没有标明这个参数，遗憾的是，在国内，不仅仅是一般的公司，哪怕国内知名的这些照明厂商都没有在产品规格书上给出提示，特别是对于工程照明或者说是商业照明应用来说，这是一种很不负责的方式，安装方一般不具备此能力来评估直接替换带来的影响。

飞利浦作为全球照明品牌的领导者，一直在技术上保持着严谨和专业的态度，从荧光灯时代，到现在的 LED 时代，我们都能在其产品规格书上找到关于浪涌电流和断路器关联性设计的影子。

HF-P 118/136 TL-D III 220~240V 50/60 Hz，其通用型荧光灯电子镇流器，就明确标明了在 16A 和 B 型 MCB 能接的个数，其他的电子镇流器同样给出了相关参数，并辅以详细应用说明，如图 5-52 和图 5-53 所示。

HF-P 118/136 TL-D III 220 ~ 240V 50/60 Hz

TLD荧光灯专用的环保、超低能耗、高频电子镇流器

产品数据

基本信息

应用代码	III
类型型号	IDC
灯具类型	TL-D
灯具数量	1 piece/unit
MCB 上的产品数量（16A 类型 B）（标称）	28
自动重新启动	Yes

基本信息

Order Code	Full Product Name	MCB 上的产品数量（16A 类型 B）（标称）	灯具数量	灯具类型	Order Code	Full Product Name	MCB 上的产品数量（16A 类型 B）（标称）	灯具数量	灯具类型
913713031566	HF-P 118/136 TL-D III 220-240V 50/60 Hz	28	1 piece/unit	TL-D	913713031866	HF-P 158 TL-D III 220-240V 50/60Hz IDC	28	1 piece/unit	TL-D/PL-L
913713031666	HF-P 218/236 TL-D III 220-240V 50/60 Hz	28	2 piece/unit	TL-D	913713031966	HF-P 258 TL-D III 220-240V 50/60Hz IDC	12	2 piece/unit	TL-D/PL-L

图 5-52　飞利浦照明电子镇流器对于 MCB 可接设备个数的说明（一）

安装的微型断路器或空气开关（Miniature Circuit Breaker，MCB）的影响。这个影响甚至远比器件选型更为重要，试想一下，如果你的产品输入浪涌电流很大，开机上电时即将断路器合闸，那整个供电全部断掉，这是十分严重的事故，从实际应用角度来说是不可接受的。其实这个问题在照明应用场合暴露得比较多，这是因为照明设备的特殊性，一个断路器连接着几十上百个灯具，同时上电的可能性很大，故浪涌电流叠加得到的数值十分可观，所以照明类设备上均给出了一个安装说明，即在某一个空气开关下能够安装此类照明设备的最大数量，也即推荐值。

现在对于这个参数越来越重视的原因是，许多工程改造，从原来的荧光灯系统替换成 LED 照明灯具，这中间一般不会去动前端的布线，包括断路器还有整个建筑物的电力走线，所以对于替换型场合，这即成了一个盲区，因为工程改造方是不会去考虑这个参数，而市场上的灯，或是 LED 驱动并没有标明这个参数，遗憾的是，在国内，不仅仅是一般的公司，哪怕国内知名的这些照明厂商都没有在产品规格书上给出提示，特别是对于工程照明或者说是商业照明应用来说，这是一种很不负责的方式，安装方一般不具备此能力来评估直接替换带来的影响。

飞利浦作为全球照明品牌的领导者，一直在技术上保持着严谨和专业的态度，从荧光灯时代，到现在的 LED 时代，我们都能在其产品规格书上找到关于浪涌电流和断路器关联性设计的影子。

HF-P 118/136 TL-D III 220~240V 50/60 Hz，其通用型荧光灯电子镇流器，就明确标明了在 16A 和 B 型 MCB 能接的个数，其他的电子镇流器同样给出了相关参数，并辅以详细应用说明，如图 5-52 和图 5-53 所示。

HF-P 118/136 TL-D III 220 ~ 240V 50/60 Hz

TLD荧光灯专用的环保、超低能耗、高频电子镇流器

产品数据

基本信息

应用代码	III
类型图号	IDC
灯具类型	TL-D
灯具数量	1 piece/unit
MCB 上的产品数量（16A 类型 B）（标称）	28
自动重新启动	Yes

基本信息

Order Code	Full Product Name	MCB 上的产品数量（16A 类型 B）（标称）	灯具数量	灯具类型	Order Code	Full Product Name	MCB 上的产品数量（16A 类型 B）（标称）	灯具数量	灯具类型
913713031566	HF-P 118/136 TL-D III 220-240V 50/60 Hz	28	1 piece/unit	TL-D	913713031866	HF-P 158 TL-D III 220-240V 50/60Hz IDC	28	1 piece/unit	TL-D/PL-L
913713031666	HF-P 218/236 TL-D III 220-240V 50/60 Hz	28	2 piece/unit	TL-D	913713031966	HF-P 258 TL-D III 220-240V 50/60Hz IDC	12	2 piece/unit	TL-D/PL-L

图 5-52 飞利浦照明电子镇流器对于 MCB 可接设备个数的说明（一）

浪涌电流

镇流器类型	每一个16A C类MCB 上可接的最大数量镇 流器	浪涌电流峰值/脉冲宽度
HF-P X 149 TL5	28	20A/250μs
HF-P X 249 TL5	12	33A/310μs
HF-P X 154 TL5	28	20A/250μs
HF-P X 254 TL5	12	33A/310μs
HF-P X 180 TL5	12	33A/310μs
HF-P X 280 TL5	8	35A/370μs
HF-P Xt 136TL-D EII	28	18A/250μs
HF-P Xt 236TL-D EII	28	18A/250μs
HF-P Xt 158TL-D EII	28	18A/250μs
HF-P Xt 258TL-D EII	12	31A/350μs

断路器类型	与B-16A断路器相比可接的镇流器数量 百分比(%)
B - 10 A	63
B - 16 A	100
C - 10 A	104
C - 16 A	170
L/I - 10 A	65
L/I - 16 A	108
G/U/II - 10 A	127
G/U/II - 16 A	212
K/III - 10 A	154
K/III - 16 A	254

图 5-53　飞利浦照明电子镇流器对于 MCB 可接设备个数的说明（二）

而到了 LED 时代，其 LED 驱动电源上也给出了对应的相关参数和应用指导。其 CertaDrive 15W 0.4A 36V 230V 系列 LED 驱动，不仅给出典型电压下的浪涌电流参数（电流值和持续时间），而且还给出了测试方法，MCB 下能接的产品个数。可以看到，这里的测试浪涌电流的方法为，测量电流上升到 50% 最大值，和电流下降到 50% 最大值的时间区间，如图 5-54 所示。

浪涌电流

具体项目	数值	单位	测试条件
浪涌电流峰值 I_{peak}	4.6	A	输入电压230V
浪涌电流时间宽度 T_{width}	52	μs	输入电压230V,测量于50%I_{peak}
驱动个数/以16A的 B类MCB为参考	s60	pcs	

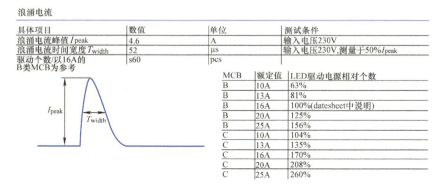

MCB	额定值	LED驱动电源相对个数
B	10A	63%
B	13A	81%
B	16A	100%(datesheet中说明)
B	20A	125%
B	25A	156%
C	10A	104%
C	13A	135%
C	16A	170%
C	20A	208%
C	25A	260%

图 5-54　飞利浦照明 LED 驱动电源中对浪涌电流和 MCB 的应用说明

就算如此，在面对实际应用场合时，还是存在很大的不确定性，但至少有一定的数据支持，可以为我们提供一定的指导，至少我们在工程操作中进行替换时，可以先看一下断路器的型号，然后再对照产品规格书合理地进行安装。而回到电源设计者，我们也可以基于目前一些计算方法，自己对设计的产品进行评估，具体计算和评估方法读者可以搜索或是咨询我们。

最后我们提及两小技巧，由于浪涌电流一般数值较大，有时达百 A 级，一般不建议用交流变频电源或是稳压电源进行测试，因为功率受限以及存在线路滤波，会导致测量不准，所以我们一般采用直流放电的形式来测量，这样可以模拟线电压 90°

相位时的情况（即测到最大值），详见 IEC 60969 ed 2.0 定义的浪涌电流测试线路图如图 5-55 所示，然而此电路中的参数仅作参考。实际的一种浪涌电流测试线路图如图 5-56 所示。

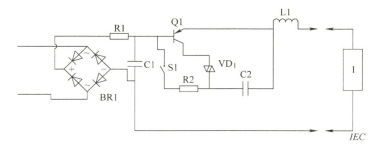

图 5-55　IEC 60969 ed 2.0 定义的浪涌电流测试线路图

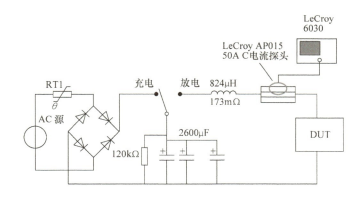

图 5-56　实际的一种浪涌电流测试线路图

同时，笔者也建议直接用电流探头测试，而不是通过中间串小电阻用电压探头来进行测试，这样可以避免测试误差和转换误差。但即算是采用电流探头测试，对于绝大多数照明公司，一般的电流探头在 30~50A，带宽 10~100MHz，这样很可能无法测量准确。如果测试出的电流大小大于电流探头量程，此测试结果不被认可，需要重新测量。可以采用将输入线用 N(推荐 N 为 2) 根同样等长的线材并联，测试其中一根，然后总的开机浪涌电流需要乘以 N，为了减少误差，可以一根测试 5 次，再同样测试另一根 5 次，取平均值。

5.5.10　电感失效问题

在 EMI 滤波器中，经常大量使用着工字电感、共模电感，以及色环电感，而由于工艺所限，这些电感的圈数特别多，这类产品在引线，以及出线焊接处的可靠性一直是一个问题，特别是产品在包装、运输中的振动等均有可能导致此处失效。结果成在报告中可以附上这些文件。

4. 报告内容清单表，即需要在正式报告项目前给出此报告内所有的测试项，并增加评判结论，这样可以让其他人很直观简单地了解此报告的核心内容

5. 报告中所用的测试设备、辅助设备，以及设备检验时间和周期，这是一个必须项，很多工程师会忘记这一项，也有许多公司的测试设备基本不计量、不校验，这样测试出来的数据就需要打个问号了。

6. 具体到每一项测试项目，必须清楚地列出测试目的、测试条件、测试引用的规范、测试方法、测试所对应操作指导书、测试结果，以及评判标准。

7. 对于测试时的数据、波形、异常或是其他现象均应该如实记录，以备查验。

以上几个方面只是一个总的原则，在实际操作层面，大家可能关注最多的是第 6 点，这也是最花费时间的，一个具有良好素质的电源工程师一定要对测试报告有很强的认知和撰写能力，这是一种软实力的体现，也是为以后产品的升级，或是后续工程技术人员开展项目的一个指引。

5.5.12　LED 驱动电源和适配器电源测试项目异同

本书着重在分析 LED 驱动电源和适配器电源的设计和工程化，当然，如下表 5-5 是一个简单的对比表，可以看到，LED 驱动电源有一些特别的测试项目，这主要是因为灯具的特殊应用场合导致的。更为完整的测试项目请大家仔细阅读相关的 UL 或是 CE 报告上的内容，以及终端用户提供的一些特殊情况。

● 代表必须测试项
◎ 代表可选择测试项
○ 代表不需要测试项

表 5-5　LED 驱动电源和适配器电源不同电源测试项目对比（部分）

	测试项目	适配器电源	LED 驱动电源	差异备注
功能测试 / 基本性能测试	电源调整率	●	●	无差异
	负载调整率	●	●	无差异
	输出纹波电压	●	○	适配器电源更看重纹波电压
	输出纹波电流	○	●	LED 电源更看重纹波电流
	系统效率	●	●	无差异
	功率因数	●	●	LED 电源更为严格
	电流总谐波失真 (THD)	●	●	LED 电源更为严格
	动态负载	●	○	适配器电源有要求，LED 电源基本上无要求
	开机时间	●	●	LED 电源更为严格，如 0.5s 以内
	关机时间	○	●	LED 电源更为严格
	保持时间	●	○	适配器电源有要求，LED 电源基本上无要求

（续）

	测试项目	适配器电源	LED 驱动电源	差异备注
可靠性相关测试	器件应力测试	●	●	无差异
	热应力测试	●	●	无差异
	电解电容寿命计算	○	●	LED 电源更为严格
	输出工作区间测试	●	●	无差异
	环路稳定性测试	●	●	无差异
	输入过电压测试	●	●	无差异
	开路保护	○	●	适配器电源不允许开路保护
	短路保护	●	●	无差异
	过电流保护	●	●	无差异
	过功率保护	●	●	无差异
	过热保护	●	●	无差异
	锤刀实验	○	●	适配器电源无此测试要求
	电网电压波动	○	●	适配器电源无此测试要求
	开关寿命测试	○	●	适配器电源无此测试要求
	雷击浪涌测试	○	●	适配器电源无此测试要求
	高低温启动测试	●	●	无差异
	调光性能测试	○	●	适配器电源无此测试要求
	不同设备的兼容性测试	○	●	适配器电源无此测试要求
	输入浪涌电流测试	●	●	LED 电源更为严格
	频闪测试	○	●	适配器电源无此测试要求
安规认证相关测试	EMI 测试	●	●	适配器电源标准更严格

5.5.13　对标准的理解和批判

电源工程师每天面对的不仅仅产品性能要满足标准要求，还有产品安全层面的要求，这就意味着我们需要对标准有深入的理解，以满足或是规避风险。在许多小型公司，不一定有专门的标准认证团队来帮助处理，那就完全靠电源工程师的经验和对标准的理解能力。笔者经常提及，对于标准来说：一流的企业制定标准，二流的企业遵循标准，三流的企业无视标准。当然这话也有些绝对，但实际上，标准的制定过程中，往往是许多公司博弈的过程，越是有影响力的公司，标准的推行力度，以及在国际标准化组织中的话语权越大，一项国际标准从筹划到真正全面实施，一般都需要很多年，各标准化成员单位、利益团体多次协商讨论，并广泛收集相关厂家、研究机构的意见和建议后才开始定稿，并不断地进行修正和更新。

而中国的标准，基本上是参照 IEC 的标准或是欧盟的标准，所以读者可以看到，国际标准一般都会比国家标准（GB）提前几年发布，这是因为中国标准化组织也需要对国际标准进行吸收和部分修正，以符合我们的国情。但总体来说，在电源这个类别上，我们还是基本上参考国际主流标准。我们最熟悉的一个标准：GB 4943《信息技术设备的安全》，下面来进一步说明。GB 4943 首次发布于 1990 年 12 月 28 日，即为 GB 4943—1990。有据可查到，目前经历了 4 个版本，GB 4943—1990、GB 4943—1995、GB 4943—2001、GB 4943—2011。不同版本的 GB 4943 标准首页信息见图 5-59。

- GB 4943—1990 为第一次制定和实施，它等效于 IEC 950—1986 第一版，实施日期为 1990 年 12 月 28 号。
- GB 4943—1995 为第一次修订，它等效于 IEC 950 — 1991 第二版，并于 1996 年 8 月 1 号实施。
- GB 4943—2001 为第二次修订，它等效于 IEC 60950 — 1999 第三版，并于 2002 年 5 月 1 号实施。
- GB 4943.1—2011，本部分使用重新起草法修改采用国际标准 IEC 60950—1:2005《信息技术设备的安全—第 1 部分：通用要求》第二版 (英文版)，并于 2012 年 12 月 1 号实施。

可见中国标准一般都滞后国际标准三年以上的时间。

中华人民共和国国家标准

信息技术设备
(包括电气事务设备)的安全

GB 4943—1995
idt IEC 950：1991

代替 GB 4943—90

Safety of information technology
equipment including electrical
business equipment

本标准等同采用国际标准 IEC 950：1991《信息技术设备 (包括电气事务设备) 的安全》。

a) GB 4943—1995

中 华 人 民 共 和 国 国 家 标 准

信 息 技 术 设 备 的 安 全

GB 4943—2001
eqv IEC 60950：1999

代替 GB 4943—1995

Safety of information technology equipment

b) GB 4943—2001

ICS 35.020
L 09

中 华 人 民 共 和 国 国 家 标 准

GB 4943.1—2011
代替 GB 4943—2001

信息技术设备　安全
第 1 部分：通用要求

Information technology equipment—Safety—Part 1：General requirements

(IEC 60950-1:2005, MOD)

c) GB 4943—2011

图 5-59　不同版本的 GB 4943 标准首页信息

我们在研究和规避标准条款的同时，需要知道标准只是产品质量的一个最低层面，有时候，我们的产品满足标准是远远不够的，还需要在标准文档规定的要求下去做更多的性能或是安全保障。因为标准的设定需要考虑多方的利益，所以最后往往会让步于一些团体的要求，所以标准并不是神圣不可侵犯的，只要事实根据足够，同样可以向 UL 或是 IEC 等标准制定机构提出自己的观点。

5.5.14　开关电源 PCB 设计实际经验

本小节以 Boost+ 反激两级式开关电源的布局为例，来简单说明下 PCB 设计的实际经验。

1. PCB 上爬电距离和电气间隙的要求（见图 5-60）

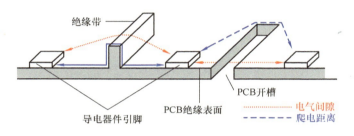

图 5-60　PCB 上爬电距离和电气间隙的示例

关于爬电距离（Creepage Distance）和空气间隙（Clearance Distance），首先，读者可以通过图 5-60 来直观了解其定义。但实际许多标准有不同的要求，许多工程师也是一头雾水，因为涉及产品类别、安装场合、污染等级、环境因素等。本小节试图将前提定义好，针对电源输入电压为 250V 以下的电源，列出大家经常面对的一些产品的要求。至于其他场合，请参考相应的标准。

如下表 5-6 是适配器电源所参考的部分标准，可以看到，医疗类的标准最为严格。

表 5-6　适配器电源电气间隙和爬电距离所参考的部分标准

适配器电源的爬电距离和电气间隙要求，工作电压有效值 <250V（峰值电压 420V）

标准号	标准对应章节	熔断器前 / 熔断器二级之间		一次侧和二次侧器件之间		一次侧器件与接地线，一次侧器件与金属外壳		带电器件与可接触部件	
		电气间隙	爬电距离	电气间隙	爬电距离	电气间隙	爬电距离	电气间隙	爬电距离
IEC/EN/UL 60950—1	2.10	1.5mm	2.5mm	4.0mm	5.0mm	2.0mm	2.5mm	4.0mm	5.0mm
IEC/EN/UL 60065	13	1.6mm	2.5mm	4.0mm	5.0mm	2.0mm	2.5mm	4.0mm	5.0mm
IEC/EN/UL 60601	57.1	1.5mm	3.0mm	5.0mm	8.0mm	2.5mm	4.0mm	5.0mm	8.0mm
IEC/EN 60335—2—29	59	1.5mm	2.5mm	3.0mm	5.0mm	1.5mm	2.5mm	3.0mm	5.0mm

在这里有：

IEC/EN/UL 60950—1 信息技术设备的安全第一部分：一般要求

IEC/EN/UL 60601 医疗电气设备：一般安全要求

IEC/EN/UL 60065 音频、视频及类似电子设备安全要求

IEC/EN 60335—2—29 家用和类似用途电器．安全．第 2-29 部分：电池充电器的特殊要求

同样，我们也列出 LED 驱动电源所适应的一些标准，不过它作为一种现在广泛使用的电源，也有单独的一些标准来管控，见表 5-7。

表 5-7　LED 驱动电源电气间隙和爬电距离所参考的部分标准

LED 驱动电源的电气间隙和爬电距离要求，工作电压有效值 <250V（峰值电压 420V）

标准号	标准对应章节	熔断器前 / 熔断器二级之间		一次侧和二次侧器件之间		一次侧器件与接地线，一次侧器件与金属外壳		带电器件与可接触部件	
		电气间隙	爬电距离	电气间隙	爬电距离	电气间隙	爬电距离	电气间隙	爬电距离
IEC/EN 61558—2—17	26	3.0mm	3.0mm	5.5mm	5.5mm	3.0mm	3.0mm	5.5mm	5.5mm
IEC/EN 61347—2—13	18（附录 I.11）	1.7mm	2.5mm	6.0mm	6.0mm	3.0mm	3.0mm	6.0mm	6.0mm
UL1310	24	6.4mm（外壳有开孔）4.8mm（外壳无开孔）	9.5mm（外壳有开孔）4.8mm（外壳无开孔）	6.4mm（外壳有开孔）4.8mm（外壳无开孔）	9.5mm（外壳有开孔）4.8mm（外壳无开孔）	12.7mm（外壳有开孔）6.4mm（外壳无开孔）	12.7mm（外壳有开孔）6.4mm（外壳无开孔）	6.4mm（外壳有开孔）4.8mm（外壳无开孔）	9.5mm（外壳有开孔）4.8mm（外壳无开孔）
UL8750	7.8	6.4mm	9.5mm	6.4mm	9.5mm	6.4mm	9.5mm	6.4mm	9.5mm

EN 61558—2—17 对开关模式的功率变压器的特殊要求

IEC/EN 61347—2—13 灯的控制装置 - 第 2-13 部分：LED 模块用直流或交流电子控制装置的特殊要求

UL 1310 CLASS II（提供有限电压和容量的电源）电源设备安全标准

UL 8750 用于灯具产品的发光二极管（LED）光源安全通则

2. EMI 部分的布局

（1）在空间允许的情况下，X 电容和各电感的排布尽量简短，方向尽量统一，保证 L 线和 N 线的走线阻抗基本一致，如图 5-61a 所示。

（2）若整流桥前有用到两个工字电感的，应尽量避免平行放置，如图 5-61b 所示。若平行放置，则需要标记好起绕点，生产时起绕点必须同进同出，不然线路振荡严重，还会伴随机械振动发出异响。

（3）桥前的 L 线和 N 线应尽量远离变压器，避免输入线上的差模信号与变压器高频信号互相干扰，特别是对于 L/N 线上存在熔断电阻器，或是工字电感的情况下，特别需要注意此距离。

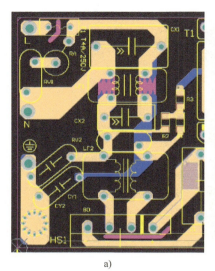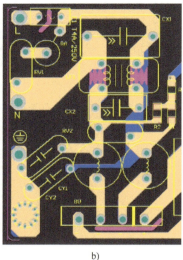

a)   b)

图 5-61　输入级 EMI 元件 PCB 布局实例

（4）对于 I 类产品，Y 电容最好放置在两个电感之间，这样对地的回路均有电流经过电感，EMI 滤波效果明显。

3. 主功率回路部分的布局

（1）功率回路走线必须粗短，如图 5-62 所示。功率回路的高压走线和低压信号走线完全分开，保证芯片周围均为低压小电流走线，避免高低压走线交叉导致信号的干扰，同时增加布局走线难度。

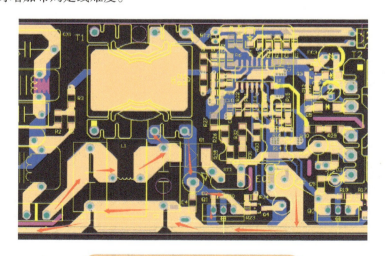

图 5-62　主功率回路 PCB 走线实例

（2）功率回路的地，先经大电解后再回到 CBB 电容的地，再回到整流桥的负端，此铜箔需要粗短。

4. 信号回路部分的布局

信号反馈回路的 PCB 实例如图 5-63 所示。

（1）与芯片相连的电容电阻等，必须靠近芯片摆放。

（2）驱动回路走线尽量短，若无法把芯片和 MOSFET 放在一起，则可以采用晶体管就近拉地关断的方式。

（3）V_{CC} 供电回路，尽量靠近芯片，以达到较好的滤波效果，这也是解耦电容通用的办法。

（4）电流采集信号的地，必须与主功率回路的地直接相连，避免出现由于大电流走线导致的压差，从而导致采集信号不准确，这对于大功率电源场合，尤其需要注意。

5. PCB 开槽的要求

槽宽必须大于 1mm，原因如下：

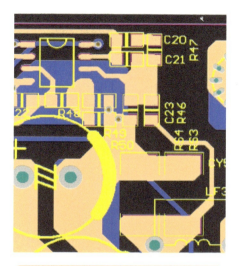

图 5-63　信号反馈回路的 PCB 实例

（1）安规的要求，对小于 1mm 的开槽不承认其存在意义

（2）PCB 生产厂家的要求，锣针太小，在锣槽的时候走针容易断针

6. 共模电感底下 PCB 放电针的要求

如图 5-61a 所示，放电针间距为 1~1.5mm，必须两端尖端一一对应，底部开窗，PCB 制作时不覆盖绿油，露出铜箔基材，为了能有更好的拉弧条件。

注意：此放电针的使用并不适合所有状况，例如需要设计较大雷击承受能力的电路时，建议采用贴片式的气体放电管。

5.5.15　从研发到量产的过程

本书的题目为工程化设计指南，重点讲述从研发到量产的设计过程，故此，本书以第 1 章的单级 PFC 电路为例，在某工厂跟踪了一款 LED 电源的量产过程。

一般的工厂对于 LED 电源（不含有软件的通用照明用 LED 驱动电源）的研发到生产流程大致分成如下几个阶段：

1. 产品需求定义。这一般是由工厂业务部或是市场部分析或是接到客户订单进行分析，然后形成可以下达的订单需求；

2. 研发定义。这一般由研发人员进行前期研发方案选型论证，包括结构、电子等各部门一起评审需求的合理性，并反馈给业务部门；

3. 样品试制及测试评审。这意味着经历了研发评审，订单需求明确，可以进行原型样机的制作，并初步得到产品的性能，此时研发部门内部会对测试结果进行评审，决定是否需要调整研发设计参数，在此处我们一般只是依据经验和理论选择参数，由此铜箔需要粗短。

4. 信号回路部分的布局

信号反馈回路的 PCB 实例如图 5-63 所示。

（1）与芯片相连的电容电阻等，必须靠近芯片摆放。

（2）驱动回路走线尽量短，若无法把芯片和 MOSFET 放在一起，则可以采用晶体管就近拉地关断的方式。

（3）V_{CC} 供电回路，尽量靠近芯片，以达到较好的滤波效果，这也是解耦电容通用的办法。

（4）电流采集信号的地，必须与主功率回路的地直接相连，避免出现由于大电流走线导致的压差，从而导致采集信号不准确，这对于大功率电源场合，尤其需要注意。

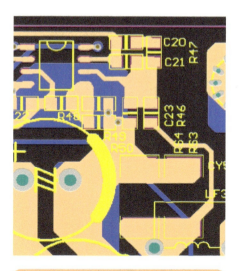

图 5-63　信号反馈回路的 PCB 实例

5. PCB 开槽的要求

槽宽必须大于 1mm，原因如下：

（1）安规的要求，对小于 1mm 的开槽不承认其存在意义

（2）PCB 生产厂家的要求，锣针太小，在锣槽的时候走针容易断针

6. 共模电感底下 PCB 放电针的要求

如图 5-61a 所示，放电针间距为 1~1.5mm，必须两端尖端一一对应，底部开窗，PCB 制作时不覆盖绿油，露出铜箔基材，为了能有更好的拉弧条件。

注意：此放电针的使用并不适合所有状况，例如需要设计较大雷击承受能力的电路时，建议采用贴片式的气体放电管。

5.5.15　从研发到量产的过程

本书的题目为工程化设计指南，重点讲述从研发到量产的设计过程，故此，本书以第 1 章的单级 PFC 电路为例，在某工厂跟踪了一款 LED 电源的量产过程。

一般的工厂对于 LED 电源（不含有软件的通用照明用 LED 驱动电源）的研发到生产流程大致分成如下几个阶段：

1. 产品需求定义。这一般是由工厂业务部或是市场部分析或是接到客户订单进行分析，然后形成可以下达的订单需求；

2. 研发定义。这一般由研发人员进行前期研发方案选型论证，包括结构、电子等各部门一起评审需求的合理性，并反馈给业务部门；

3. 样品试制及测试评审。这意味着经历了研发评审，订单需求明确，可以进行原型样机的制作，并初步得到产品的性能，此时研发部门内部会对测试结果进行评审，决定是否需要调整研发设计参数，在此处我们一般只是依据经验和理论选择参数，由于样品数量不多（视产品复杂度，一般为几个到几十个），看不到太多的器件参数导致的差异带来的影响。

4. 小批量试制及测试评审。经过原型样机的测试数据，如果全部或是大部分能够满足产品需求，可以进行小批量试制，此时样品数量一般为几十到几百个，这一步涉及工厂所有的职能部门配合完成。小批量试产完成后，会需要进行进一步的产品性能验证，这其中包括可靠性测试等。

5. 认证准备及量产生产线准备。如果小批量的产品能够满足客户订单需求，则接下来需要进行认证申请，同时工厂需要进行量产前的生产线准备。

6. 量产进行。此阶段需要品质部进行全程监控，以保证产品大批量生产时仍符合产品初始规格。

7. 机种后续维护（功能升级、成本降低等）。如果不是一次性的订单，业界都会对产品进行更新换代，这也是需要研发部门重新来评估整个过程。

当然以上完全是理想状态，实际工厂在生产过程中会面临着各种各样的问题，如订单临时取消，客户需求变更，认证出现问题等，这可能会需要经过多次迭代过程。而最重要的是在整个过程中，第 1 步产品需求定义是最为重要的，一个清晰明了的产品需求对于后续产品研发生产至关重要，而且大大减少产品的无效工作量。而第 3、4步则是考验研发工程师的关键步骤，在一些小型公司，评审流程并不很健全，需要工程师自己做决定是否进入下一步的流程，所以工程师的经验和技术水平直接决定着产品的质量。

我们以一个实际 LED 电源作为实际案例，对从小批量到量产得到的生产线数据进入分析。驱动电源规格为输出功率 54W，采用双面贴片、部分插件的工艺，整个过程中有三站进行电气数据监测，如图 5-64 所示。

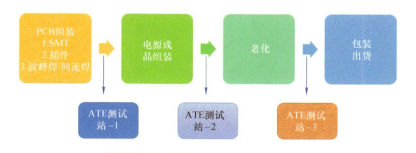

图 5-64 一般电源生产工厂关键工位

在电源生产厂家的生产线上，ATE（自动化测试设备）是一大利器，它一般是组装成机柜的形式，包括功率计、交流 / 直流电源、电子负载、万用表、示波器等设备组成，具有可编程、可远程控制、可以保存和调取数据等功能。这样可以对每个量产的电源进行数据记录和追溯，同时也方便进行统计分析。但是需要知道 ATE 测试虽然方便，但由于测试数据量过多的话，会严重降低生产效率，在本次量产中，工厂定义了如下测试参数（见表 5-8），同时设置了参数的上下限。各种类型的 ATE 测试台见图 5-65。

图 5-65　各种类型的 ATE 测试台

表 5-8　量产时 ATE 测试项目

测试条件
测试初始化
空载电压测量（120V）
输出电流测量（120V）
输入电流（120V）
输入功率（120V）
功率因数（120V）
电源效率（120V）
输入电流（120V）
THD（120V）
输入电流（277V）
输入功率（277V）
功率因数（277V）
电源效率（277V）
THD（277V）
输出电流测量（277V）
短路输出电压（277V）

笔者分析了整个产品量产过程的各工位生产情况，此批量产数量为 24000 个，各个工位的生产报表统计见表 5-9。

可以看到本电源产品中的不良很大比例是由于器件移位不良，这是由于 SMT 贴片机的精度，以及 PCB 在器件布局时没有充分考虑到生产工艺导致，这需要在下一版的设计中克服，因为首批次订单面临着生产线的磨合，所以在第一次小批量试产过程中，出现问题是合理的，也不要过分焦虑，只要找到问题的根源所在，就容易解决。

组装段因为电源复杂，采用了双面 SMT 以及插件等工序，回流焊的可靠性远高于红胶波峰焊工艺，所以大部分不良出现在波峰焊工艺上，如连锡、漏焊等，究其原因，一是 PCB 布局时没有认真考虑到各种工艺制程，另一种情况是工厂生产线的设备及操作流程，如波峰焊炉温曲线、焊料等。其他一部分是出现在电气性能上，如功率超上下限等，没有输出，这些经过与研发时的数据双向对照，主要问题是存在于生产线的 ATE 仪器精度导致。量产成品组装段不良统计分析和包装段不良统计分析见图 5-68 和图 5-69。

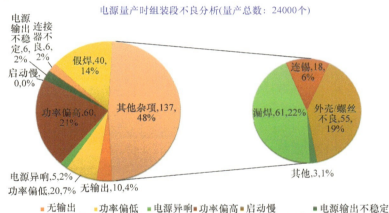

图 5-68　量产成品组装段不良统计分析

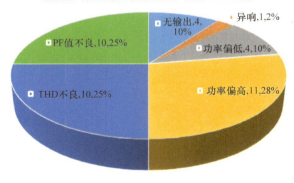

图 5-69　量产成品包装段不良统计分析

实际中，包装段的 ATE 测试是产品流入到用户的最后一道测试，所以在这里要尽可能检出不良品。从此次量产的结果来看，仍有少量不良，全检共发现 40 个电源不良，主要是高压时 PF/THD 不良，以及功率上下限问题，这仍然可以通过与研发实验室进行双向对照来判定最终是否是真的不良。而无输出的情况，最终还是连接器结构上松动导致。尽管如此，这些不良的情况仍然是指导工厂进一步改善产品升级的方向。

而真正进入量产后，并不意味着工程师可以高枕无忧，虽然后续生产线出现的问题可能会有工程部或是品质部负责处理，但是研发工程师需要对如下两个方面特别引起重视：

1. 器件的误差分布导致的产品规格偏移，由于驱动电源是直接驱动 LED 灯珠，也就是对光通量敏感，所以 LED 的输出电流的分布偏移是一个关键因素。这需要对 ATE 数据进行统计学分析，以求得量产产品的统计分布，并找到其主要影响因子，进行品质管控。此内容比较复杂，很难在本书中展开讨论，读者如果感兴趣，可以联系笔者进一步讨论。

2. 物料代换准则

最近几年，全球电子元器件物料短缺，各大供应商涨价成风，而工厂却面临着涨价和缺料的双重风险，这样不得不逼得研发上进行物料代换等工作。最简单的 MLCC 一货难求，高端 MOSFET 也奇货可居，所以在量产后再变更物料，特别是主器件场合时需要多方评估再进行变更，不可因为采购困难、成本因素等缺乏充分验证的原因就直接变更物料。一般来说，至少需要从器件应力、温度、EMC 性能这几个短期因子来双向比对。而实际上，一般换料都是从高端厂商往低端厂商切换，所以长期的可靠性测试是至关重要的，但现实中很难进行下去，这就会留下比较大的隐患。

5.5.16 专业英语的重要性

目前很多工程师在面对英语资料时总是很头痛，电源类相关英语也是阻碍工程师成长的一个很大困难。很多工程师一看到英文资料就变得十分无奈，虽然现在有机器翻译，而且涌现出来了更为高端的 AI（人工智能）翻译，但这些辅助工具在专业领域总显得不那么实际，同时绝大多数工程师所在的公司也缺失英语环境。而现实的情况是，各大电源相关厂家，如半导体厂家、无源器件厂家，当其新品研发出来之时，首发的资料基本上都是英语。国际上各主流标准、各主流研究电力电子的团体，其最新研究成果也是以英语作为首要语言向同行或是全世界发布。所以掌握本行业的一些基本的英语术语是极为必要的。

一些读者在本科或是研究生阶段，可能会有一门选修课叫专业英语，但其内容和后面工作所用到的术语相差甚远，对读者的帮助也是极为有限的。笔者多年从事电力电子行业英文资料的翻译、传播工作，深知其电源类专业英语的重要性和难度，也一直想编纂一本针对电源设计的专业英语词典，但在本书中，不可能完成此工作。读者可以多看看那些高频词汇，这些词汇一般出现在产品规格书、应用手册、设计报告、测试报告等之中，相信大家可以基于此而对电源类专业英语有所了解。但需要指出的是，有些英语不一定有对应的中文说明，或是说没有合适的中文来描述，故在许多场景中，我们可以看到有时用国际上通用的英语反而更好交流和理解，如 Or-ing，RCC 这类英语。

5.6 参考文献

[1] 王磊 . MLCC 在平板电源中的断裂原因分析与改进措施 [J]. 电子元件与材料，2013(1):42-44，47.

[2] 王天午 . MLCC 电容失效分析总结 [J]. 电声技术，2018,42(02):36-40，70.

[3] 刘超英，高康 . 电解电容器对 LED 照明灯具寿命的影响 [J]. 肇庆学院学报，2018，39(5):24-28.

[4] 陈锦辉，邱海军，符超，等 . 关于纹波影响电容鼓包的分析研究 [J]. 日用电器，2018(10):86-89.

[5] 郑钧曦 . 电能质量对建筑电气照明系统的影响及对策分析 [D]. 西安：长安大学，2017.